中文版SketchUp Pro 2019／VRay
效果图全能教程

主　编　徐　俊　傅　娜　王志鸿
副主编　王　凯　牛海涛　李佩瑶

机械工业出版社

本书详细介绍了SketchUp Pro 2019中文版的操作方法，主要针对零基础读者开发，是入门级读者快速而全面掌握SketchUp的必备参考书。本书从SketchUp的基本操作入手，结合大量的可操作性实例，全面而深入地阐述了SketchUp的建模、灯光、材质、渲染，以及在建筑、装饰、园林景观效果图制作中的运用。全书共16章，分为基础篇、提高篇、精华篇三大部分。讲解模式新颖，符合零基础读者学习新知识的思维习惯。本书附赠教学视频，内容包括本书所有实例的实例文件、场景文件、贴图文件与多媒体教学录像，同时作者还准备了常用单体模型、效果图场景、经典贴图赠送读者，以方便读者学习。本书根据制作效果图的需要还讲解了其他软件与SketchUp的联合使用方法，如3ds max、Photoshop、VRay、Lumion等，这些软件与SketchUp配合使用，可以达到更好的效果。

　　本书适合装修设计师、3d爱好者使用，也可供各类数码图片培训班作为教材使用，还适合大、中专院校学生自学。

图书在版编目（CIP）数据

中文版SketchUp Pro 2019 / VRay效果图全能教程 / 徐俊，傅娜，
王志鸿主编. —北京：机械工业出版社，2019.3（2025.1重印）
　ISBN 978-7-111-62166-9

　Ⅰ.①中… 　Ⅱ.①徐… ②傅… ③王… 　Ⅲ.①建筑设计—计算机辅助
设计—应用软件—教材 　Ⅳ.①TU201.4

中国版本图书馆CIP数据核字（2019）第040443号

机械工业出版社（北京市百万庄大街22号　邮政编码　100037）
策划编辑：张秀恩　责任编辑：张秀恩
责任校对：张　薇　封面设计：汤彦萱
责任印制：常天培
固安县铭成印刷有限公司印刷
2025年1月第1版第6次印刷
210mm×285mm·18.25印张·543千字
标准书号：ISBN 978-7-111-62166-9
定价：99.00元

前 言

SketchUp Pro 2019软件是一款流行的三维制作软件，广泛用于室内设计、展示设计、建筑设计、园林景观设计等各个行业，可快捷简便地制作三维模型效果图。虽然传统3ds max制作效果图会长期存在，但是上手更快捷的SketchUp更适合学生、初级设计师快速表现设计思想。配合Vray渲染器使用，能让效果图渲染质量不输于3ds max。

很多从业人员、青年学生都渴望掌握利用SketchUp制作效果图的基本技能，以在设计行业中获得成功。SketchUp软件的版本更新很快，1～2年就会推出新款，因此，SketchUp的教程要与软件同步上市，甚至抢先上市。

1. 操作案例真实

本书从零基础入手，由浅入深手把手地讲授SketchUp的操作方法，列举真实案例，将每个参数的设定与修改表述清楚。在提高篇与精华篇中，针对同一模型变换不同风格的效果图，特别适合在实践工作中根据客户要求修改效果图。

2. 操作步骤分级

本书分为3篇，第1篇模型创建，全面介绍SketchUp软件的基本功能，包括基本介绍、基础建模、材质贴图、灯光摄像机、简单渲染等操作；第2篇深入精髓，逐一介绍各种细节参数的设定与调整，包括渲染器的使用方法，并列举实践案例；第3篇实例制作，介绍同一模型变更为不同渲染效果的操作方法，特精选典型案例，对效果图进行多种效果处理，并讲解场景动画的制作方法，扩展本书内容，能彻底发挥读者潜能，适应实践工作需要。

3. 附赠视频素材与海量素材模型、图片

将全书所有内容制作成视频教程，附在下载文件中，让读者配合图书能快速掌握学习要领。此外，还自主制作了海量素材模型、图片，供读者在实践中选用，能快速提升作品效果。

每个章节贯彻先理论、后实践的讲解原则，每个操作步骤都有屏幕截取图片作支撑，都以实际设计案例为讲解媒介，贯通SketchUp软件的全部功能，不单独讲解某种工具的使用方法，避免让读者产生枯燥感。3篇之间既是循序渐进，又是相互补充。

在一般情况下，读者对照书上的方法、参数，采用随书附赠素材中的图片素材，均能达到书上的操作效果。本书在传统操作方法教学的基础上，增加了独立创意的内容，教会读者在操作之前须作创意设想，建立预想效果，再进行有目的的操作，最终才能取得满意的效果，激发了读者的创作兴趣。

参加本书编写工作的还有，毛颖、黄溜、吴刚、董道正、胡江涵、李星雨、雷叶舟、张达、廖志恒、彭曙生、曾令杰、刘婕、王文浩、肖冰、王煜、张礼宏、朱梦雪、张秦毓、钟羽晴、柯玲玲、赵梦、祝丹、李艳秋、邹静、刘雯、李文琪、张欣、刘岚、郑雅慧、金露、邵娜、邓诗元、蒋林、桑永亮、权春艳、吕菲、付洁、陈伟冬、汤留泉、邓贵艳、董卫中、鲍莹。本书汇集了大量关于SketchUp绘图的技巧，对于在绘图时遇到的疑难问题也做了统一汇总，扩展了一批与SketchUp相关的软件，如3ds max、Photoshop、VRay、Lumion等，这些软件的操作方法与SketchUp操作相搭配，紧密严谨，灵活应用可以达到更好的效果。同时，本书附赠了全程教学视频与大量素材资料，可由下面的网址下载。模型素材请用SketchUp2018以上版本打开。

教学视频下载：

https://pan.baidu.com/s/1bxvAvW237c28J-oR4NA3Pg

提取码：cnws

素材资料下载：

https://pan.baidu.com/s/1GLyi52mRtfvMH-I4HHNFtQ

提取码：w93w

编 者

目　录

前　言

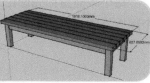

中文版SketchUp Pro 2019 / VRay

效果图全能教程

基础篇·模型创建

第1章　SketchUp介绍

操作难度☆☆☆☆★

章节介绍

　　本章介绍SketchUp Pro 2019的发展过程、应用领域、软件特点、安装与卸载方法。初步了解SketchUp Pro 2019的来龙去脉，熟悉该软件的基本状况，为后期正式学习打好基础。特别注意SketchUp Pro 2019的应用领域，它能跨专业、跨门类应用，符合当前社会对复合型设计人才的需要，SketchUp Pro 2019是当今设计界的新兴软件，熟练掌握该软件是设计师、绘图员、设计管理者等专业人士的必备技能。

1.1　SketchUp诞生与发展

　　SketchUp是一款通用型的三维建模软件，最初是由美国科罗拉多州博尔德市的Last Software公司开发设计，该公司对其开发了多个版本，功能日趋强大。

　　2006年3月，Google收购了Last Software公司，此后，SketchUp的用户可以使用SketchUp创建3D模型并放入Google Earth中，使得Google Earth具有立体感，更接近真实世界的三维空间。

　　从2007年开始，SketchUp得到了快速发展。SketchUp6于2007年1月上市发行，并推出了配套的产品Google SketchUp LayOut。

　　SketchUp7于2008年11月上市发行，添加了3D Warehouse搜索等功能。

　　SketchUp8于2010年9月上市发行，增加了新的布尔运算、建筑模型制作等工具，还添加了在3D Warehouse中搜索地理空间信息等功能。

　　2012年4月26日，Google将SketchUp 3D建模平台出售给Trimble Navigation，与Trimble整合后给SketchUp带来更多的发展机会。

　　2018年8月，Google公司发布了SketchUp 2019，具备更智能化的剖切功能、绘制图样更方便、BIM功能得到增强，并且提高了屏幕重绘的速度。

　　SketchUp最大的亮点是3D Warehouse模型库，现在可以在Google 3D Warehouse网站上寻找与分享SketchUp创建的模型，以获得更广阔的使用空间（图1-1）。

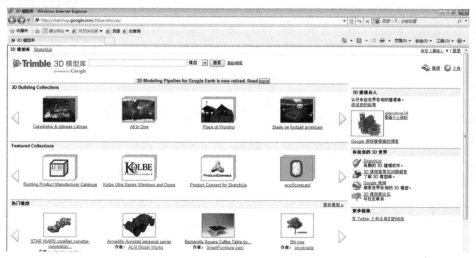

图1-1

1.2　SketchUp应用领域

SketchUp是一款非常强大的三维建模软件，它能够迅速地构建、显示和编辑三维模型，给设计师提供了一个虚拟和现实自由转换的空间，并且将其成品导入到其他渲染软件（如Vary、Maxwell等）后可生成照片级的效果图。因此，SketchUp具有非常广阔的应用领域。

1.2.1　城市规划

城市规划是研究城市的未来发展、城市的合理布局和综合安排城市各项工程建设的综合部署的学科，是城市建设和管理的依据。SketchUp具有直观、便捷的特点，深受城市规划师的喜爱，无论是宏观的城市空间形态，还是微观的详细规划，都可以使用SketchUp进行分析和表现。

1.2.2　建筑设计

SketchUp在建筑设计中应用广泛，使用SketchUp能提高建筑师的工作效率，快速修改方案，增强建筑师对方案的控制力。SketchUp因其直观、快捷的优点正逐步取代其他三维软件。

1.2.3　园林景观设计

SketchUp依托强大的3D Warehouse模型库，其丰富的素材能提高工作效率。SketchUp的表现效果类似手绘，很适合园林景观的设计。

1.2.4　室内装饰设计

室内装饰设计是从建筑设计的装饰部分演变出来的，是对建筑内部环境的再创造。其设计风格主要受业主喜好的影响。手绘效果图表现力弱，业主难以理解，3ds max等建模软件主要以渲染为主，不能灵活改动设计，而SketchUp可以快速建立模型，添加门窗、家具等组件，并附上贴图，能结合渲染插件制作效果图，让业主能更直观地感受设计效果。

1.2.5　工业产品设计

由于SketchUp的直观、便捷、精确等优点，它已被越来越多的工业设计师所喜爱，手机、计算机、汽车等产品都能够使用SketchUp进行设计、表现。

1.2.6　游戏动漫表现

SketchUp正被越来越多的设计师用于游戏动漫的制作中，使游戏动漫的制作门槛降低，促进了游戏动漫产业的发展。

1.3　SketchUp功能特点

1.3.1　界面简洁易学

SketchUp软件界面简洁、直观，在一个屏幕视口中可完成所有操作（图1-2），工具以图标形式显示，清晰明了（图1-3），用户还可以根据自己的使用习惯来自定义界面。

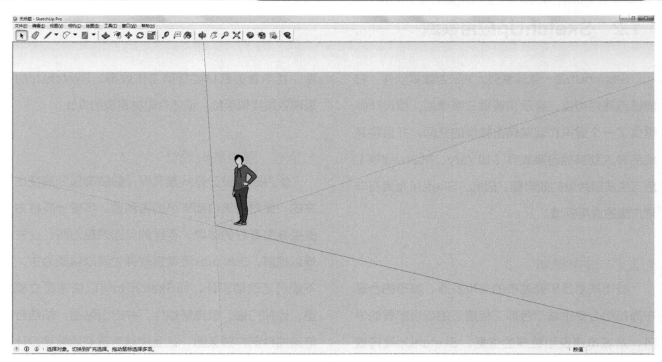

图1-2

图1-3

1.3.2 建模方法独特

SketchUp的建模方法很独特，不像其他三维

模型软件一样需要频繁地切换视图。

SketchUp的建模思路很明确，简单来说，就是连点成线、连线成面、拉面成体，所有模型都是由点、线、面组成（图1-4）。

图1-4

1.3.3 针对设计过程

SketchUp除了界面简洁、操作简单外，还具有快捷直观、即时显示的特点，可直接观察制作效果，所见即所得（图1-5）。

SketchUp拥有多种显示模式，表现风格也是多种多样，而且通过简单操作就能得到演示动画，能充分表现设计方案。

1.3.4 调整材质和贴图方便

调整材质和贴图在传统的计算机三维软件中是一个难点，存在不能即时显示等问题，而在SketchUp中调整材质和贴图非常方便，材质调节面板也很直观（图1-6），用户无须记住大量材质参数，就可以对材质进行调

节，而且在视口中还可以实时观察调节。

1.3.5 剖面功能强大

SketchUp的剖面功能能够让用户准确、直观的看到空间关系和内部结构，方便设计师在模型内部进行操作（图1-7），还可以制作各种剖面动画、生长动画等，也可以将剖面导出为矢量数据格式，用于制作图表、专题页等。

1.3.6 光影分析直观

在SketchUp中能够选择国家和城市，或输入城市的经纬度和时间，得到真实的日照效果，激活阴影选项后，即可在视口中观察到物体的受影和投影情况（图1-8），可用于评估建筑的各项日照指标。

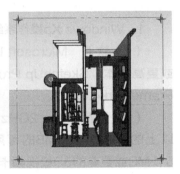

图1-5   图1-6   图1-7

1.3.7 编辑管理便利

SketchUp对实体的管理不同于其他软件的"层"与"组"，而是采用了方便、实用的"组"功能，并以"组件"作为补充，这样的分类更接近于现实对象，便于理清模型条理，方便管理，也更方便使用者之间进行交流与共享，极大地提高了工作效率。

1.3.8 文件高度兼容

SketchUp不仅能够将.dwg、.3ds、.dea等格式的模型导入操作界面中，还支持.jpg、.png、.psd等格式的材质贴图。

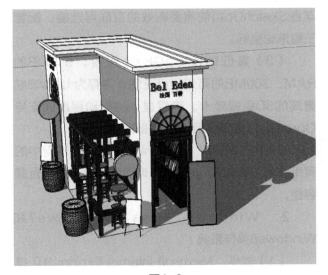

图1-8

此外，SketchUp还可以将模型导出为多种格式的文件（图1-9），导出的文件可以输出到Artlantis、Piranesi等软件中渲染，也可以导出通用的.3ds和.obj格式，方便在其他建模软件中进一步编辑。

所以最好结合其他软件一起使用。

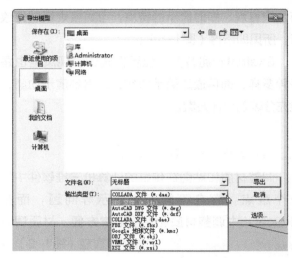

图1-9

1.3.9　缺陷解决方法

SketchUp在要求严谨的工程制图和仿真效果表现上显得较弱，所以在要求较高的效果表现中，最好配合其他软件一起使用。

SketchUp在曲线建模方面也表现得不够理想，当对曲线物体建模时，可以先在AutoCAD中绘制好轮廓或剖面图，再将文件导入SketchUp中作进一步处理。SketchUp本身的渲染功能也较弱，

1.4　SketchUp安装与卸载

1.4.1　SketchUp Pro 2019系统要求

1. Windows Xp操作系统

（1）软件　Microsoft Internet Explorer 7.0或更高版本。SketchUp Pro 2019需要安装.NET Framework4.0版本。

（2）推荐硬件　2GHz以上的处理器，2GB以上的RAM，500MB的可用硬盘空间，内存为512MB或更高的3D级视频卡。确保显卡驱动程序支持OpenGL 1.5或更高版本，并即时进行更新。某些SketchUp功能需要有效的互联网连接。配置三键滚轮鼠标。

（3）最低硬件　1GHz处理器，512MB的RAM，300MB的可用硬盘空间，内存为128MB或更高的3D级视频卡。确保显卡的驱动程序能支持OpenGL1.5或更高版本，并即时进行更新。

（4）Pro许可　SketchUp不支持广域网中的网络许可（WAN）。目前，许可证不具备跨平台兼容性。

2. Windows Vista、Windows7和Windows8操作系统

（1）软件　Microsoft Internet Explorer8.0 或更高版本。SketchUp Pro需要.NET Framework4.0

版本。

（2）推荐硬件　2GHz以上的处理器，2GB以上的RAM，500MB的可用硬盘空间，内存为512MB或更高的3D级视频卡。确保显卡驱动程序支持OpenGL1.5或更高版本，并即时进行更新。某些SketchUp功能需要有效的互联网连接。配置三键滚轮鼠标。

（3）最低硬件　1GHz处理器，1GB的RAM，300MB的可用硬盘空间，内存为128MB或更高3D类视频卡。确保显卡驱动程序支持OpenGL1.5或更高版本，并且及时进行更新。

3. Mac OSX 10.7、10.8或更高版本操作系统

（1）软件　可用于多媒体教程的QuickTime 5.0和网络浏览器Safari。不支持Boot Camp和Parallels。

（2）推荐硬件　2.1GHz以上的处理器，2GB的RAM，500MB的可用硬盘空间，内存为512MB或更高3D级视频卡。确保显卡驱动程序支持OpenGL 1.5或更高版本，并即时进行更新。配置三键滚轮鼠标。某些SketchUp功能需要有效的互联网连接。

（3）最低硬件　2.1GHz以上的处理器，不再

支持Power PC，需要1GB的RAM，300MB的可用硬盘空间。内存为128MB或更高的3D类视频卡。确保显卡驱动程序支持OpenGL1.5或更高版本，并即时进行更新。配置三键滚轮鼠标。

SketchUp Pro 2019不支持Windows2000、Linux、Boot Camp等操作系统。

1.4.2　安装SketchUp 2019

1）用户购买光盘或者登录SketchUp官方网站（http://www.sketchup.com/download）都可以得到SketchUp的安装程序。双击安装程序图标（图1-10），弹出安装"Extracting Installer"对话框（图1-11）。

2）初始化完成后，弹出"SketchUp Pro 安装"对话框（图1-12），在该对话框中单击"下一个"按钮。

3）弹出"软件最终用户许可协议"对话框（图1-13），在该对话框中勾选"我同意《SketchUp许可协议》"，并单击"继续"按钮。

4）弹出"目标文件夹"对话框，如需更改安装路径，单击"更改"按钮并设置路径，也可以使用默认的安装路径，设置完成后单击"下一个"按钮（图1-14）。

5）在弹出的"准备安装SketchUp Pro"对话框中单击"安装"按钮（图1-15），之后便开始进行软件的安装（图1-16）。

图1-10

图1-11

图1-12

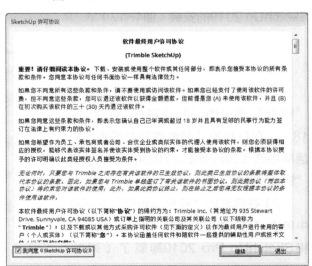

图1-13

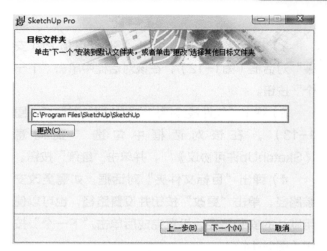

图1-14

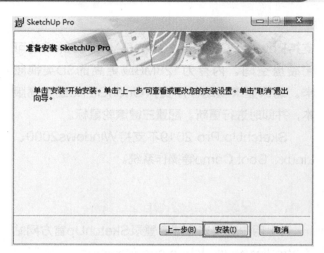

图1-15

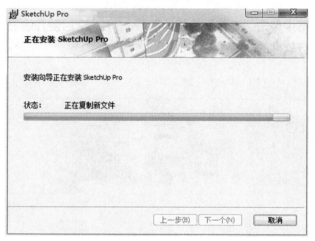

图1-16

图1-17

6）当对话框中显示"已完成SketchUp Pro"的安装向导后，单击"完成"按钮，即可完成SketchUp 2019的安装（图1-17）。

1.4.3　卸载SketchUp 2019

1）打开Windows控制面板，单击"程序"下面的"卸载程序"（图1-18），在打开的"卸载或更改程序"对话框中选择SketchUp 2019程序，单击"卸载"按钮（图1-19）。

2）在弹出的"程序和功能"对话框中单击"是"按钮（图1-20），就可以将SketchUp Pro 2019卸载了（图1-21）。

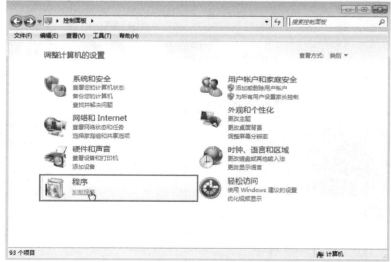

图1-18

图1-19

图1-20

图1-21

第2章 SketchUp Pro 2019操作界面

操作难度☆☆☆★★

章节介绍

本章介绍SketchUp Pro 2019的操作界面，熟悉操作界面能大幅度提高制图速度,是学习SketchUp Pro 2019的基础，操作界面中的工具、图标、设置应当熟记。在学习过程中，应当反复设置操作界面中的各项参数，观察操作界面的变化效果，这对后期熟练掌握该软件有帮助。在初学阶段了解操作界面的特征即可，不建议随意调整操作界面中的过多参数，以默认设置为准。

2.1 向导界面

将SketchUp Pro 2019安装好后，双击桌面上的快捷图标启动该软件（图2-1），首先出现的是SketchUp Pro 2019的向导界面（图2-2）。

在向导界面中单击"模板"前的三角按钮，在打开的"模板"下拉列表中可以选择需要的模板（图2-3）。在一般情况下，建筑设计选择"建筑设计 – 毫米"模板，产品设计选择"产品设计和木器加工 – 毫米"模板。

设置完成后单击"开始使用SketchUp"按钮，即可进入到SketchUp的工作界面。

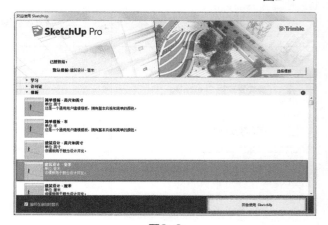

图2-1

图2-2

图2-3

2.2 工作界面

SketchUp 的工作界面由标题栏、菜单栏、工具栏、绘图区、控制框和状态栏组成（图2-4）。

本，最右侧是最小化、最大化和关闭窗口等控制按钮。这些与其他软件基本一致。

2.2.1 标题栏

标题栏位于工作界面最顶部，显示SketchUp图标、当前编辑的文件名称、软件版

2.2.2 菜单栏

位于标题栏下方的是菜单栏，由"文件""编辑""视图""镜头""绘图""工具""窗口"

图2-4

和"帮助"8个主菜单组成，如果安装有插件，还会
有"插件"菜单。

1. 文件

"文件"菜单中包含一系列管理场景文件的命
令，如"新建""打开""保存""打印""导
入""导出"等（图2-5）。

（1）新建　单击该命令可新建一个SketchUp文
件，并关闭当前文件，快捷键为〈Ctrl+N〉，如当前
文件没有进行保存，会弹出"是否将更改保存到无标
题？"提示信息（图2-6），如需同时编辑多个文
件，可另外打开SketchUp应用窗口。

（2）打开　单击该命
令可打开需要编辑的文件，
同样，如当前文件没有进行
保存，会弹出提示信息。

（3）保存　单击该命
令可保存当前编辑的文件，
快捷键为〈Ctrl+S〉。

图2-5

图2-6

（4）另存为　单击该命令可将当前编辑的文
件另存，快捷键为〈Ctrl+Shift+S〉。

（5）副本另存为　该命令用于保存过程文件，
该命令只有对当前文件命名后才能激活。

（6）另存为模板　单击该命令可将当前文件
另存为一个SketchUp模板。

（7）还原　单击该命令可返回到上一次保存的
状态。

（8）发送到LayOut　单击该命令可将场景模
型发送到LayOut中进行图纸布局等操作。

（9）在Google地球中预览/地理位置　将这两
个命令结合使用可在Google地球中预览模型场景。

（10）3D模型库　单击该命令下的子命令可在
3D模型库中下载需要的模型，也可将模型上传。

（11）导入　单击该命令，可在弹出的"打
开"对话框中选择其他文件插入SketchUp中，可
以是组件、图像、DWG/DXF文件、3DS文件等。

（12）导出　单击该命令，可在该命令的子命
令中选择导出文件的类型，包括三维模型、二维模
型、剖面和动画，后面章节会做详细的介绍。

（13）打印设置　单击该命令会弹出"打印设
置"对话框（图2-7），在此可设置打印机和纸张。

（14）打印预览　指定打印设置完成后，单击

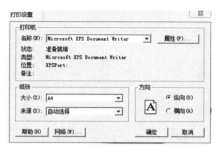

图2-7

该命令可预览打印在纸上的效果。

（15）打印　单击该命令可打印当前绘图区显示的内容，快捷键为〈Ctrl+P〉。

（16）生成报告　单击该命令可自动生成正在打开处理的文件信息，供查阅模型与场景文件的各种信息。

（17）最近的文件　该区域内会显示出最近打开的模型与场景文件名，点击相关文件名可快速打开该文件。

（18）退出　单击该命令可关闭当前文件和SketchUp应用窗口。

2. 编辑

"编辑"菜单中包含一系列对场景中的模型进行编辑操作的命令，如"撤销""剪切""复制""隐藏""锁定"等（图2-8）。

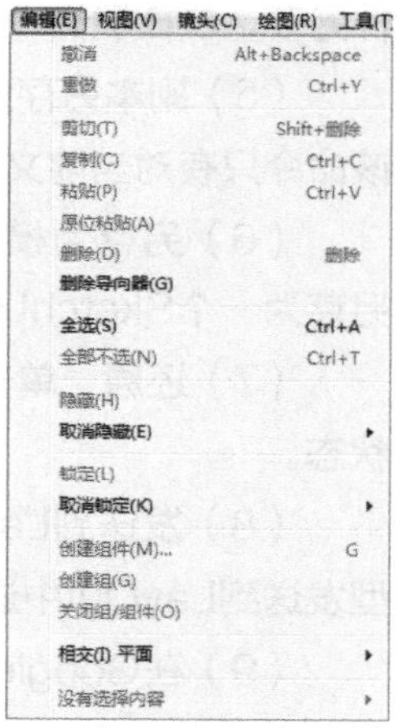

（1）撤销　单击该命令可返回到上一步的操作，快捷键为〈Ctrl+Z〉。

（2）重做　单击该命令可取消"撤销"的命令，快捷键为〈Ctrl+Y〉。

图2-8

（3）剪切/复制/粘贴　使用这三个命令可以将选中的对象在不同的SketchUp程序窗口之间进行移动，快捷键分别为〈Ctrl+X〉、〈Ctrl+C〉、〈Ctrl+V〉。

（4）原位粘贴　使用该命令可以将复制的对象粘贴到原坐标。

（5）删除　单击该命令可将选中的对象从场景中删除，快捷键为〈Delete〉。

（6）删除导向器　单击该命令可将场景中的所有辅助线删除，快捷键为〈Ctrl+Q〉。

（7）全选　单击该命令可将场景中的所有可选物体选择，快捷键为〈Ctrl+A〉。

（8）全部不选　单击该命令可取消当前所有元素的选择，与"全选"命令相反，快捷键为〈Ctrl+T〉。

（9）隐藏　单击该命令可将所选的物体隐藏，快捷键为〈H〉。

（10）取消隐藏　该命令里面包含三个子命令，分别是"选定项""最后"和"全部"（图2-9），单击"选定项"命令可将所选的隐藏物体显示，单击"最后"命令可将最近一次隐藏的物体显示，单击"全部"命令可将所有隐藏的对象显示，对不显示的图层无效。

图2-9

（11）锁定/取消锁定　单击"锁定"命令可将当前选择的对象锁定，使其不能被编辑，单击"取消锁定"命令可解除对象的锁定状态。

（12）创建组件/创建组/关闭组/组件　这一组命令能对单个模型进行组合，使零散模型组成一组并能进行编辑管理。

（13）相交（I）平面　选择多个相交模型时，可以通过此命令来找出多个模型之间的相交面。

（14）没有选择内容　当选择模型时，在此命令中可以查看模型的各种信息，并可以进行编辑。

3. 视图

"视图"菜单中包含与工具栏设置、模型显示和动画等功能相关的命令，如"工具条""截面""阴影""边线样式"等（图2-10）。

（1）工具条　单击该命令可弹出"工具栏"对话框（图2-11），将需要的工具栏勾选，即可在

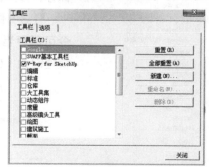

图2-10　　　　　图2-11

绘图区显示相应的工具栏。

（2）场景标签 用于设置绘图窗口顶部场景标签是否显示。

（3）隐藏几何图形 勾选该命令可将隐藏的物体以虚线的形式显示。

（4）截面 勾选该命令可将模型的任意截面显示。

（5）截面切割 勾选该命令可将模型的剖面显示。

（6）轴 勾选该命令可将隐藏的绘图区坐标轴显示。

（7）导向器 勾选该命令可查看建模过程中的辅助线。

（8）阴影 勾选该命令可将模型投射到地面上的阴影显示。

（9）雾化 勾选该命令可显示雾化效果。

（10）边线样式 该命令包含五个子命令（图2-12），"显示边线"和"后边线"命令用于激活模型显示的边线，"轮廓""深度暗示"和"延长"命令用于激活相应的边线渲染模式。

图2-12

（11）正面样式 该命令包含6种显示模式，分别是"X射线""线框""隐藏线""阴影""带纹理的阴影"和"单色"等模式（图2-13）。

图2-13

（12）组件编辑 该命令包含两个子命令，分别是"隐藏模型的其余部分"和"隐藏类似的组件"（图2-14），用于改变编辑组件的显示方式。

图2-14

（13）动画 该命令包含一些用于添加或删除页面，控制动画播放的子命令（图2-15）。

图2-15

4. 镜头

"镜头"菜单中包含一系列用于更改模型视点的命令，如"标准视图""平行投影""透视图""环绕观察""缩放"等（图2-16）。

（1）上一个/下一个 单击"上一个"命令可返回上一个视角，返回上一个视角后单击"下一个"命令可向后翻看下一个视角。

（2）标准视图 通过该命令下的子命令可以调整当前视图到标准角度，包括"顶部""底部""前""后""左""右"和"等轴"（图2-17）。

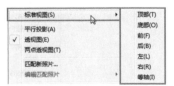

图2-16　　　　　　图2-17

（3）平行投影 勾选该命令可将显示模式改为"平行投影"。

（4）透视图 勾选该命令可将显示模式改为"透视图"。

（5）两点透视图 勾选该命令可将显示模式改为"两点透视图"。

（6）匹配新照片 单击该命令可导入照片作为材质，为模型贴图。

（7）编辑匹配照片　该命令用于编辑匹配的照片。

（8）环绕观察　单击该命令可对模型进行旋转查看。

（9）平移　单击该命令可对视图进行平移。

（10）缩放　单击该命令后，按住鼠标左键拖动，可对视图进行缩放。

（11）视角　单击该命令后，按住鼠标左键拖动，可使视角变宽或变窄。

（12）缩放窗口　使用该命令可将选定的区域放大至充满绘图窗口。

（13）缩放范围　单击该命令可使场景充满绘图窗口。

（14）缩放照片　该命令用于使背景照片充满绘图窗口。

（15）定位镜头　使用该命令可将镜头精确放置到眼睛高度或置于某个精确的点。

（16）漫游　使用该命令可以调用"漫游"工具，对场景模型进行动态观看。

（17）正面观察　使用该命令可以在镜头的位置沿Z轴旋转观察模型。

5. 绘图

"绘图"菜单中包含用于绘制图形的命令，例如"线条""圆弧""矩形"等（图2-18）。

图2-18

（1）线条　单击该命令后，可在绘图区绘制线条。

（2）圆弧　单击该命令后，可在绘图区绘制圆弧。

（3）徒手画　单击该命令后，可在绘图区绘制不规则的曲线。

（4）矩形　单击该命令后，可在绘图区绘制矩形。

（5）圆　单击该命令后，可在绘图区绘制圆。

（6）多边形　单击该命令后，可在绘图区绘制规则的多边形。

（7）沙盒　使用该命令下的子命令可以根据等高线或网格创建地形（图2-19）。

图2-19

6. 工具

"工具"菜单中包含SketchUp所有的修改工具，如"橡皮擦""移动""旋转""偏移"等（图2-20）。

（1）选择　单击该命令后，可选择特定的实体。

（2）橡皮擦　单击该命令后，可擦除绘图窗口中的边线、辅助线等。

（3）颜料桶　单击该命令后，可打开"使用层颜色材料"编辑器，为模型赋予材质。

（4）移动　单击该命令后，可移动、拉伸、复制几何体，也可旋转组件。

图2-20

（5）旋转　单击该命令后，可对绘图要素、单个和多个物体或选中的一部分物体进行旋转、拉伸或扭曲。

（6）调整大小　单击该命令后，可对选中的实体进行缩放。

（7）推/拉　单击该命令后，可对模型中的面进行移动、挤压或删除。

（8）跟随路径　单击该命令后，可使面沿着某一连续的边线路径进行拉伸。

（9）偏移　单击该命令后，可在原始面的内部和外部偏移边线，创造出一个新的面。

（10）外壳　单击该命令后，可将两个组件合并为一个物体并自动成组。

（11）实体工具　该命令可对组件进行"相交""并集""减去"等运算（图2-21）。

（12）卷尺　单击该命令后，可绘制辅助线，使建模更加精确。

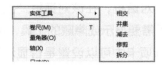

图2-21

（13）量角器　单击该命令后，可绘制一定角度的辅助线。

（14）轴　单击该命令后，可设置坐标轴，也可对坐标轴进行修改。

（15）尺寸　单击该命令后，可在模型中标注尺寸。

（16）文本　单击该命令后，可在模型中输入文本。

（17）三维文本　单击该命令后，可在模型中放置三维文字，并可对三维文字进行大小、厚度等的设置。

（18）截平面　单击该命令后，可显示物体的截平面。

（19）高级镜头工具　该命令下包含一系列设置镜头的命令，如"创建镜头""仔细查看镜头""选择镜头类型"等（图2-22）。

图2-22

（20）互动　单击该命令后，可以改变动态组件的动态变化。

（21）沙盒　该命令下包含五个子命令，分别为"曲面拉伸""曲面平整""曲面投射""添加细部""翻转边线"（图2-23）。

图2-23

7．插件

"插件"菜单需要额外安装，其中包含添加的大部分绘图功能插件（图2-24）。

8．窗口

"窗口"菜单中包含场景编辑器和管理器，如"模型信息""组件""图层""阴影"等（图2-25）。图2-26为"阴影设置"对话框。

（1）模型信息　单击该命令可弹出"模型信息"管理器。

（2）图元信息　单击该命令可弹出"图元信息"管理器。

（3）使用层颜色材料　单击该命令可弹出"使用层颜色材料"编辑器。

（4）组件　单击该命令可弹出"组件"编辑器。

（5）样式　单击该命令可弹出"样式"编辑器。

（6）图层　单击该命令可弹出"图层"编辑器。

（7）大纲　单击该命令可弹出"大纲"管理器。

（8）场景　单击该命令可弹出"场景"管理器。

（9）阴影　单击该命令可弹出"阴影设置"管理器。

（10）雾化　单击该命令可弹出"雾化"对话框。

（11）照片匹配　单击该命令可弹出"照片匹配"对话框。

（12）柔化边线　单击该命令可弹出"柔化边线"编辑器。

图2-24　　　图2-25　　　图2-26

（13）工具向导　单击该命令可弹出"工具向导"管理器。

（14）使用偏好　单击该命令可弹出"使用偏好"管理器。

（15）扩展程序库　单击该命令可弹出"扩展程序库"对话框。

（16）隐藏对话框　单击该命令可隐藏所有对话框。

（17）Ruby控制台　单击该命令可弹出"Ruby控制台"对话框，在此可编写Ruby命令。

（18）组件选项/组件属性　通过这两个命令可设置组件的属性。

（19）照片纹理　使用该命令可以直接从Google地图上截取照片作为贴图赋予模型表面。

9.　帮助

"帮助"菜单中包含查看软件的帮助、许可证、版本等信息的命令（图2-27），通过这些命令可以了解软件的详细信息。

图2-27

2.2.3　工具栏

工具栏通常位于菜单栏下方和绘图区左侧，包含常用的工具和用户自定义的工具和控件（图2-28）。

图2-28

在菜单栏单击"视图→工具条"命令，可以打开"工具栏"对话框，在该对话框"工具栏"选项卡中可以设置需要显示或隐藏的工具（图2-29），在"选项"选项卡中可以设置是否显示屏幕提示和图标的大小（图2-30）。

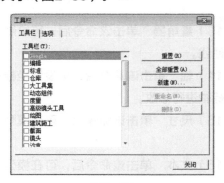

图2-29

图2-30

2.2.4　绘图区

占据界面中最大区域的是绘图区，绘图区也称为绘图窗口，与其他3D建模软件不同，SketchUp的绘图区只有1个视图，在绘图区中能够完成模型的创建与编辑，也可以调整视图（图2-31）。

SketchUp的绘图区通过红、绿、蓝三条相互垂直的坐标轴标识3D空间，在菜单栏单击"视图轴"命令可以显示或隐藏坐标轴。

补充提示

SketchUp Pro 2019菜单栏的目录虽然很多，但是分类特别有条理，每个菜单选项中的命令都相互关联，在记忆这些命令的位置时，应理清它们之间的逻辑关系。

"文件"与"编辑"菜单中的命令适用于基础操作管理，与其他软件基本一致。

"视图"与"镜头"菜单能控制操作界面的显示方式，应用频率不多，一般用于最后定位构图。

"绘图"与"工具"菜单较常用，但是多数命令都列在工具栏上了。

"窗口"菜单能对视图区中的场景设置显示效果。"插件"菜单需要额外安装才有，包括快捷高效的工具。"帮助"菜单能查阅软件信息。

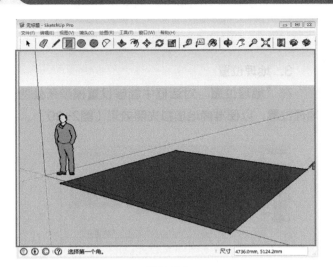

图2-31

2.2.5　控制框

控制框位于绘图区的右下方，绘图过程中的尺寸信息会显示于此，可以通过键盘输入控制当前绘制的图形（图2-32）。控制框支持所有的绘制工具，控制框具有以下特点。

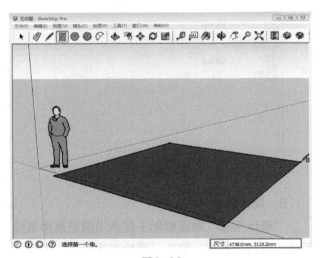

图2-32

1）绘制过程中，控制框的数值会随着鼠标移动动态显示。如果指定的数值不符合系统属性指定的数值精度，在数值前会显示"~"符号表示该数值不够精确。

2）数值的输入可以在命令完成前，也可以在命令完成后，在开始新的命令操作之前都可以改变输入的数值，但开始新的命令操作后，数值框就不再对该命令起作用。

3）键盘输入数值之前不需要单击数值框，直接在键盘上输入即可。

2.2.6　状态栏

状态栏位于控制框左侧，在此显示命令提示和状态信息，是对命令的描述和操作的提示（图2-33）。提示信息会因为对象的不同而不同。

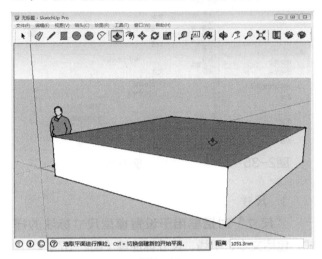

图2-33

2.2.7　窗口调整

窗口调整位于界面的右下角，是一个由灰色点组成的倒三角符号，倾斜拖动该符号能够调整窗口的长宽和大小。当界面最大化显示时，窗口调整为隐藏状态，在标题栏上将界面缩小即可再次看到窗口调整（图2-34）。

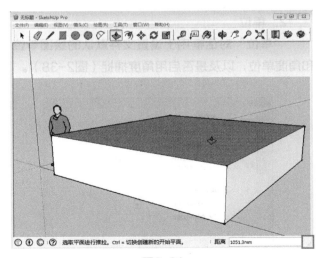

图2-34

2.3 优化设置工作界面

2.3.1 设置场景信息

在菜单栏单击"窗口→模型信息"命令，打开"模型信息"对话框（图2-35、图2-36），下面分别对各个选项对话框进行讲解。

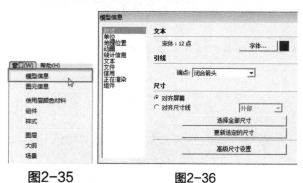

图2-35　　　　　图2-36

1. 尺寸

"尺寸"对话框用于设置模型尺寸标注的样式，包括文本、引线、尺寸标注等（图2-37）。

图2-37

2. 单位

"单位"对话框用于设置文件默认的绘图单位和角度单位，以及是否启用角度捕捉（图2-38）。

图2-38

3. 地理位置

在"地理位置"对话框中能够设置模型所处的地理位置，以便准确地模拟光照效果（图2-39）。

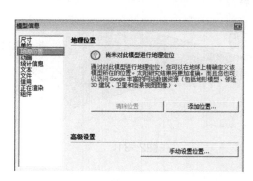

图2-39

4. 动画

"动画"对话框用于设置场景转换的过渡时间和场景延迟的时间（图2-40）

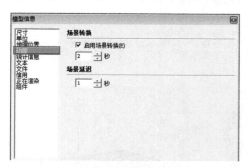

图2-40

5. 统计信息

"统计信息"对话框用于显示当前场景中各种元素的数目和名称，单击"清除未使用项"按钮，可以清除未使用的组件、材质和图层（图2-41）。

图2-41

6. 文本

"文本"对话框用于设置屏幕文本、引线文本和引线的字体颜色、样式和大小等（图2-42）。

图2-42

7. 文件

"文件"对话框用于设置当前文件的位置、版本、尺寸、说明等（图2-43）。

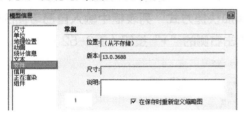

图2-43

8. 信用

"信用"对话框用于显示模型、组件作者和声明所有权（图2-44）。

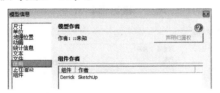

图2-44

9. 正在渲染

"正在渲染"对话框用于提高性能和纹理的质量，勾选"使用消除锯齿纹理"选项（图2-45）。

图2-45

10. 组件

"组件"对话框用于设置类似组件和模型的其余部分的显示或隐藏效果（图2-46）。

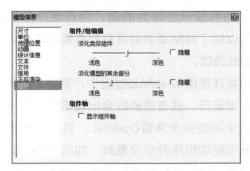

图2-46

补充提示

"窗口"菜单中的图元信息与模型信息门类特别详细，但是不宜随意更改，任何软件的初始设置都具有很广的实用性。修改这些信息参数可以营造出特殊的图面效果，但是对模型的创建与创意并无实际意义。在本书后面的章节会设置这些参数，在初学阶段仅作了解即可。

2.3.2　设置硬件加速

SketchUp是一款依赖内存、CPU、3D显卡和OpenGL驱动的三维建模软件，如想流畅、稳定地运行SketchUp，拥有一款完全兼容的OpenGL驱动必不可少。

如果计算机配备了完全兼容OpenGL硬件加速的显卡，那么在菜单栏单击"窗口→使用偏好"命令，就可以在"系统使用偏好"对话框的"OpenGL"对话框中进行设置（图2-47），勾选"使用硬件加速"选项后SketchUp将利用显卡提高显示质量与速度。

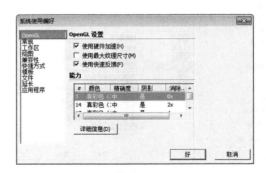

图2-47

在"系统使用偏好"对话框的"OpenGL"对话框中勾选"使用最大纹理尺寸"选项，能够让SketchUp使用显卡支持的最大贴图尺寸。勾选该项后，贴图显示会较为清晰，但也会导致操作变慢，所以除了对贴图清晰度有特殊要求之外，一般不勾选此选项。

如果在使用SketchUp过程中，有些工具和操作不能正常运行，或者渲染时会出现错误，有可能是因为显卡不能完全兼容OpenGL，遇到这种情况，先将显卡驱动程序升级至最新，如问题仍未解决，只能取消"使用硬件加速"选项的勾选，以提高稳定性。如显卡能够完全兼容OpenGL，那么使用硬件加速模式的工作效率将会比软件加速模式高得多。

2.3.3 设置快捷键

熟练地使用键盘快捷键能够极大地提高工作效率。在SketchUp中设置快捷键有3种方式，分别为在快捷键管理面板中直接编辑、导入快捷键.dat文件和导入注册表文件。

1. 快捷键的查看与编辑

1）SketchUp已经为大部分绘图工具和修改工具设置了快捷键，在菜单栏单击"工具"菜单，可以看到各个工具的快捷键（图2-48）。

2）在菜单栏单击"窗口→使用偏好"命令，打开"系统使用偏好"对话框，打开"快捷方式"面板，可以在"功能"列表框中点击要查看的对象，"已指定"列表框中会显示该对象的快捷键（图2-49）。

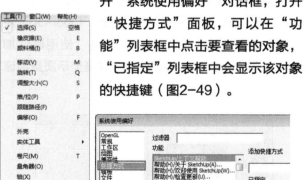

图2-48　　　　　图2-49

3）也可以在"过滤器"文本框中输入要查看对象的名称，如"旋转"，在"功能"列表框中选取对象，其快捷键就显示在"已指定"列表框中（图2-50）。

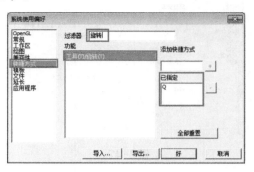

图2-50

4）选择"已指定"列表框中的快捷键，并且单击右侧的"−"按钮，将其删除（图2-51），再在"添加快捷方式"列表框中输入自己习惯的快捷键，单击右侧的"+"按钮（图2-52）。

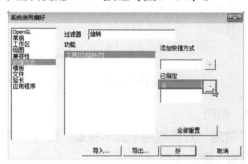

图2-51

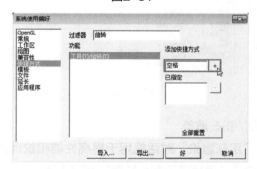

图2-52

5）在弹出的提示菜单中单击"是"按钮（图2-53），此时，快捷键编辑完成（图2-54）。如当前对象没有指定的快捷键，直接为其添加即可。

2. 利用.dat文件导入与导出快捷键

1）快捷键设置完成后，可以将其导出保存，

图2-53

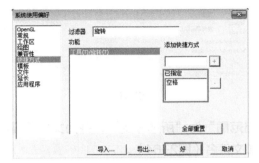

图2-54

免去每次重装软件后都要再对快捷键进行设置。在菜单栏单击"窗口→使用偏好"命令，打开"系统使用偏好"对话框，打开"快捷方式"面板，单击"导出"按钮（图2-55）。

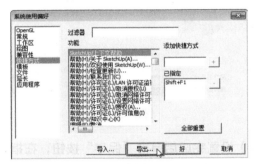

图2-55

2）弹出"输出预置"对话框（图2-56），单

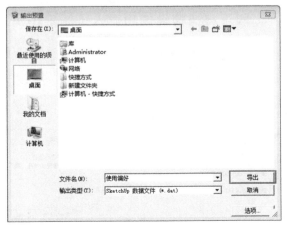

图2-56

击该对话框右下角的"选项"按钮，在弹出的"导出使用偏好选项"对话框中勾选"快捷方式"和"文件位置"（图2-57）。单击"好"按钮，回到"输出设置"对话框，再为文件设置文件名和导出路径。

3）设置完成后单击"导出"按钮，在指定的目录下会出现.dat文件（图2-58）。

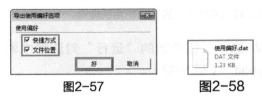

图2-57　　　　　图2-58

4）再次在菜单栏单击"窗口→使用偏好"命令，打开"系统使用偏好"对话框，打开"快捷方式"面板，单击"导入"按钮（图2-59）。

图2-59

5）在弹出的"输入预置"对话框中选择之前导出的.dat文件（图2-60），单击"导入"按钮，即可完成导入。

图2-60

3. 以注册表形式导入与导出快捷键

1）单击"开始"菜单，并且选择"运行"

补充提示

　　SketchUp Pro 2019具备强大的快捷键设置功能，快捷键是根据特殊工作环境而设计的功能，如果操作者长期使用该软件从事某一类型的模型创建与方案表现，可以根据自己的喜好与习惯来设置。但是每个人的精力有限，记忆过多自定义快捷键就容易造成混淆，建议初学者不要变更初始快捷键。

（图2-61），在弹出的"运行"对话框中输入"regedit"（图2-62）。

图2-61

图2-62

　　2）输入完成后，单击"确定"按钮，在打开的"注册表编辑器"对话框左侧的列表中找到"HKEY_CURRENT_USER\Software\SketchUp\SketchUp 2019\Settings"选项，在"Settings"文件夹上单击鼠标右键，选择"导出"命令（图2-63）。

　　3）在弹出的"导出注册表文件"对话框中设置

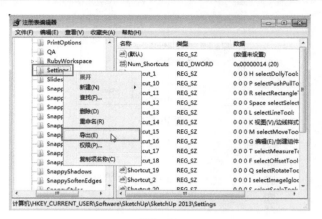

图2-63

"导出范围"为"所选分支"，并为文件设置导出路径和文件名（图2-64）。

图2-64

　　4）设置完成后单击"保存"按钮，在指定的目录下会出现.reg文件（图2-65）。

　　5）需要导入快捷键时双击该文件，在弹出的"注册表编辑器"对话框中单击"是"按钮（图2-66），即可将快捷键成功导入（图2-67）。

图2-65

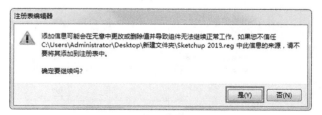

图2-66

图2-67

2.3.4　设置显示风格样式

在SketchUp 2019"样式"面板中能够对边线、表面、背景和天空的显示效果进行设置。通过显示样式的更改，能够体现画面的艺术感和独特的个性。在菜单栏单击"窗口→样式"命令打开"样式"面板（图2-68、图2-69）。

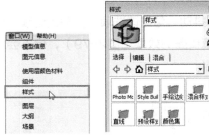

图2-68　　　　图2-69

1. 选择样式

SketchUp 2019自带了7种样式目录，分别是"Photo Modeling""Style Builder竞赛获奖者""手绘边线""混合样式""直线""预设样式"和"颜色集"（图2-70）。在"样式"面板中，单击"样式"即可将其应用到场景中。

图2-70

2. 边线设置

在"样式"面板的"编辑"选项卡中有5个设置按钮，最左侧为"边线设置"按钮。单击"边线设置"按钮，在下面可以对模型的边线进行设置（图2-71）。

（1）显示边线　勾选该选项，可以显示模型的边线（图2-72），不勾选则隐藏边线（图2-73）。

（2）后边线　勾选该选项，模型背部被遮挡的边线将以虚线的形式显示（图2-74）。

（3）轮廓　勾选该选项，模型的轮廓线会被显示（图2-75），在后面的数值输入框中可输入数值可对轮廓线的粗细进行设置。

（4）深度暗示　勾选该选项，场景中会出现近实远虚的深度线效果，离相机越近，深度

图2-71

图2-72

图2-73

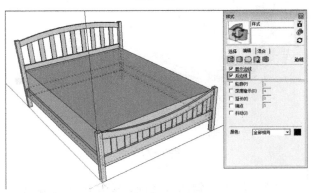

图2-74

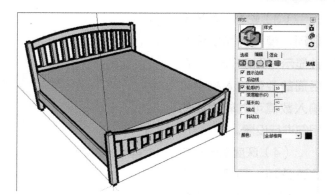

图2-75

线越强，越远越弱（图2-76），在后面的数值输入框中输入数值可对深度线的粗细进行设置。

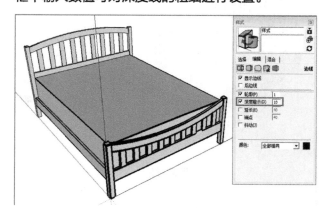

图2-76

（5）延长　勾选该选项，模型边线的端点都会向外延长（图2-77），延长线只是视觉上的延长，不会影响边线端点的捕捉，在后面的数值输入框中输入数值可对延长线的长短进行设置。

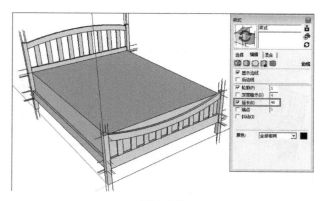

图2-77

（6）端点　勾选该选项，模型边线的端点处会被加粗，模拟手绘的效果（图2-78），在后面的

数值输入框中输入数值可对端点的延伸值进行设置。

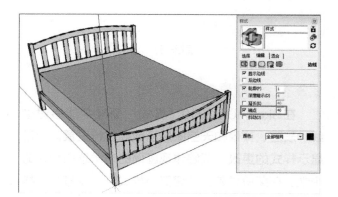

图2-78

（7）抖动　勾选该选项，模型的边线会出现抖动，模拟草稿图的效果（图2-79），但不会影响模型的被捕捉。

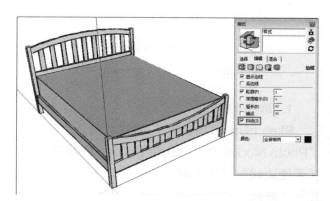

图2-79

（8）颜色　该选项用来设置模型边线的颜色，并提供了三种显示方式（图2-80）。单击"全部相同"可以使边线的颜色显示一致，单击右侧颜色块，可对颜色进行设置（图2-81）。

单击"按材质"是根据材质来显示边线颜色（图2-82）。单击"按轴"是根据边线轴线来显示颜色（图2-83）。

图2-80

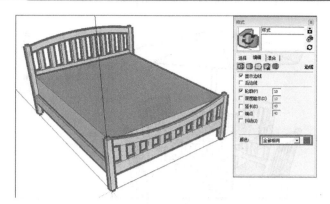

图2-81

图2-82

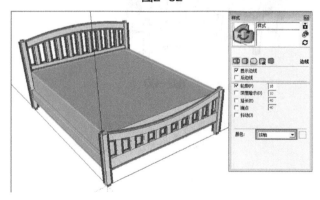

图2-83

（1）线框样式　单击该按钮，模型将以简单线条显示，且不能使用基于表面的工具（图2-85）。

（2）消隐样式　单击该按钮，模型将以边线和表面的集合来显示，没有贴图与着色（图2-86）。

（3）着色样式　单击该按钮，模型将会显示所有应用到面的材质以及根据光源应用

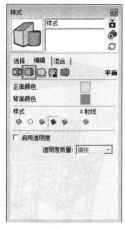

图2-84

图2-85

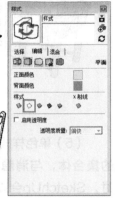

图2-86

3. 面设置

在"编辑"选项卡中单击"面设置"按钮，在"面设置"面板中可以对模型的面进行设置（图2-84）。

补充提示

创建普通模型仅勾选"显示边线"即可，表现效果清晰明了。创建特别复杂的模型可以不选择"显示边线"，避免线条过多相互堆积，干扰视觉效果。仅创建单体模型，可以勾选"显示边线"与"后边线"，能看到模型后方轮廓，随时掌握模型的方向与环绕效果。"轮廓"与"深度暗示"不宜设置过大。"延长""端点"和"抖动"能营造出手绘效果，但不适用于最终方案表现。除非是特殊场景，一般不修改"颜色"。这些显示风格的选择仅取决于操作者的个人喜好。

的颜色（图2-87）。

图2-87

（4）贴图样式　单击该按钮，模型应用到面的贴图都会被显示，这种显示方式会降低软件的操作速度（图2-88）。

图2-88

（5）单色样式　单击该按钮，模型就像线和面的集合体，与消隐样式特别相似（图2-89）。这时，SketchUp会以默认材质的颜色来显示模型的正反面，所以易于分辨模型的正反面。

（6）X射线样式　单击该按钮，模型将以透明的面显示（图2-90）。该样式可以与其他样式配合使用，便于对原来被遮住的点和边线进行操作。

4. 背景设置

在"编辑"选项卡中单击"背景设置"按钮，可以对场景的背景进行设置，也可以模拟出大气效果的天空和地面，并显示地平线（图2-91）。

图2-89

图2-90

图2-91

5. 水印设置

在"编辑"选项卡中单击"水印设置"按钮，可以设置模拟背景或添加标签（图2-92）。

（1）"添加水印"按钮　单击该按钮即可添加水印。

（2）"删除水印"按钮　单击该按钮即可删除水印。

（3）"编辑水印设置"按钮　单击该按钮，在弹出的"编辑水印"对话框中可对水印的位置、大小等进行设置。

图2-92

（4）"下移水印"按钮/"上移水印"按钮　用于切换水印图像在模型中的位置。

6. 建模设置

在"编辑"选项卡中单击"建模设置"按钮，在此可以对模型的各种属性进行设置（图2-93），比如选定项和截平面的颜色等。

图2-93

7. 混合样式

在"样式"面板中单击"混合"选项卡（图2-94），在"选择"列表框中选择一种样式，此时光标为吸管状态（图2-95）。然后在"混合"选项卡中的"边线设置"上单击鼠标左键匹配到"边线设置"中，此时光标为油漆桶状态（图2-96），选取一种风格匹配到"平面设置""背景设置"等选项中，就完成了混合样式的设置（图2-97）。

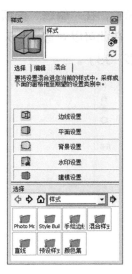 

图2-94　　　　　　图2-95

图2-96

图2-97

2.3.5　设置天空、地面与雾效

1. 天空与地面

SketchUp能够在场景中模拟大气效果的天空和地面，还能够显示地平线。在菜单栏单击"窗口

→样式"命令打开"样式"面板，在"编辑"选项卡中单击"背景设置"按钮，在此可以对背景、天空和地面的颜色进行设置（图2-98）。

图2-98

（1）背景　单击色块即可设置背景颜色（图2-99）。

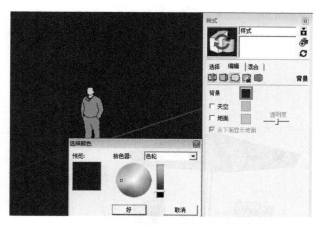

图2-99

（2）天空　勾选该选项，可在场景中显示渐变的天空效果，单击色块可设置天空颜色（图2-100）。

（3）地面　勾选该选项，在场景中从地平线开始向下显示渐变的地面效果，单击色块可设置地面颜色（图2-101）。

（4）地面透明度　用于设置不同透明度的渐变地面效果，调节透明度，能够看到地平面以下的几何体。

（5）显示地面的反面　勾选该选项，当从地平

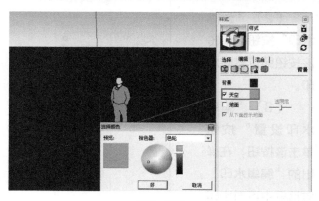

图2-100

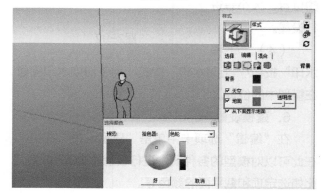

图2-101

面下方向上看时能够看到渐变的地面效果，图2-102、图2-103所示为不勾选该选项与勾选该选项时的效果。

图2-102

2. 雾化效果

在菜单栏单击"窗口→雾化"命令即可打开"雾化"对话框（图2-104），在此可以为场景中的大雾效果设置浓度和颜色等。

（1）显示雾化　勾选该选项，场景中可以显示雾化效果（图2-105）；不勾选该选项，则隐藏

雾化效果（图2-106）。

图2-103

图2-104

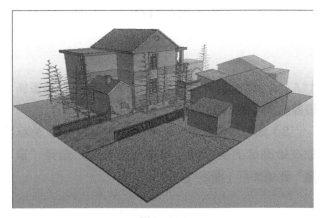

图2-105

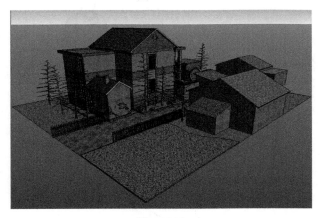

图2-106

（2）距离　该选项用于设置雾效的距离与浓

度，数字0表示雾效相对于视点的起始位置，滑块向右移动，雾效相对视点变远。无穷符号∞表示雾效的浓度，滑块向左移动，雾效浓度变高。

（3）使用背景颜色　勾选该选项，将使用背景颜色作为雾效颜色。

2.3.6　创建颜色渐变的天空

1）打开本书附赠素材资料中的"第2章→1创建颜色渐变的天空"文件（图2-107）。在菜单栏单击"窗口→默认面板"命令（图2-108），打开"风格"面板，在"编辑"选项卡中单击"背景设置"按钮，将天空颜色设置为蓝色（图2-109）。

图2-107

图2-108

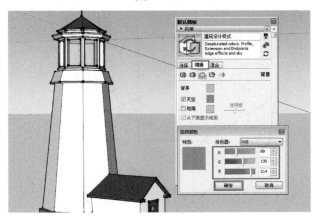

图2-109

2）在菜单栏单击"窗口→默认面板→雾化"命令，在"雾化"对话框中勾选"显示雾化"，取消"使用背景颜色"的勾选，单击颜色块，将颜色设置为黄色（图2-110）。

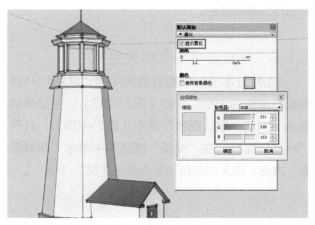

图2-110

3）再将"雾化"对话框中的两个滑块拉至两端（图2-111），此时，颜色渐变的天空创建完成，

效果即可呈现出来（图2-112）。

图2-111

图2-112

2.4 设置坐标系

2.4.1 重设坐标轴

1）首先在场景中创建1个长方体，选取菜单栏"工具→轴"，此时光标变成了坐标轴状态，将光标放置在目标位置，单击鼠标左键并移动光标定义X轴的新轴向（图2-113）。

2）再移动光标，定义Y轴的新轴向（图2-114），Z轴会自动垂直XY平面，此时坐标轴重新设置完成（图2-115）。

3）如需将设置的坐标轴恢复到默认状态，光标放在绘图区的坐标轴上单击鼠标右键，选择"重置"选项即可（图2-116）。

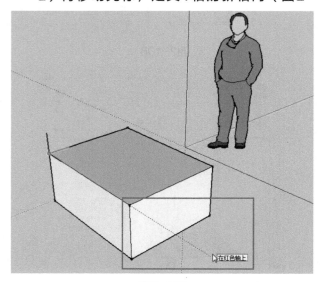

图2-113

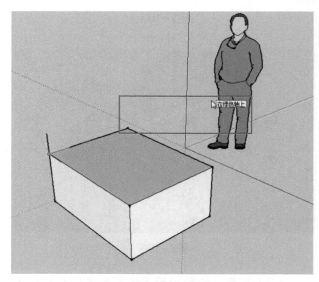

图2-114

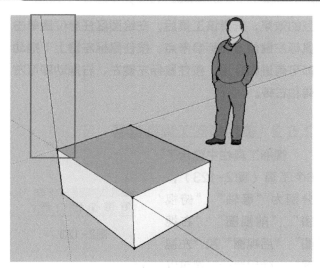

图2-115

图2-117

图2-118

图2-119

图2-116

2.4.2　对齐

1. 对齐轴

"对齐轴"命令能够使坐标轴与物体表面对齐，光标放在需要对齐的表面上单击鼠标右键，选择"对齐轴"选项即可（图2-117）。

2. 对齐视图

"对齐视图"命令能够使镜头与当前选择的平面对齐，也可以使镜头垂直于坐标系的Z轴，与XY平面对齐。在需要对齐的表面或坐标轴上，单击鼠标右键，选择"对齐视图"选项（图2-118）。图2-119为镜头垂直于坐标系的Z轴，与XY平面对齐的效果。

2.4.3　显示/隐藏坐标轴

有时为了观察的需要，需要将坐标轴隐藏，在菜单栏单击"视图→轴"命令即可将轴显示或隐藏，光标放在坐标轴上单击鼠标右键，选择"隐藏"选项也可将坐标轴隐藏（图2-120、图2-121）。

图2-120

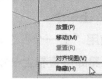

图2-121

2.5　在界面中查看模型

2.5.1　使用相机工具栏查看

"镜头"工具栏中包含了9个工具（图2-122），分别为"环绕观察""平移""缩放"

图2-122

"缩放窗口""充满视窗""上一个""定位相机""绕轴旋转"和"漫游"，使用这些工具能对镜头进行环绕观察、平移、缩放等操作。

1. 环绕观察

使用"环绕观察"工具能够使照相机绕着模型旋转，选择该工具后，按住鼠标左键并拖动光标即可旋转视图，该工具的默认快捷键为鼠标中键。

2. 平移

使用"平移"工具能够相对于视图平面,水平或垂直地移动照相机,选择该工具后,按住鼠标左键并拖动光标即可平移视图,该工具的默认快捷键为〈Shift+鼠标中键〉。

3. 缩放

使用"缩放"工具能够动态地放大和缩小当前视图,对照相机与模型间的距离和焦距进行调整,选择该工具后,在绘图区的任意位置按住鼠标左键上、下拖动即可缩放视图,向上拖动为放大视图;向下拖动为缩小视图,光标所在的位置为缩放中心。滚动鼠标中键也可实现视图的缩放。选取"缩放"工具后,在绘图区某处双击鼠标左键即可将此处在绘图区居中显示。选取"缩放"工具后,用户可以通过输入数值准确设置视角和照相机的焦距,比如,输入"30deg"表示30°的视角,输入"35mm"表示照相机的焦距为35mm。

4. 缩放窗口

使用"缩放窗口"工具能够使选择的矩形区域放大至全屏显示,选择该工具后,按住鼠标左键拖动矩形框即可。

5. 充满视窗

使用"充满视窗"工具能够使整个模型在绘图窗口居中并全屏显示,该工具的默认快捷键为〈Ctrl+Shift+E〉或〈Shift+Z〉。

6. 上一个

使用"上一个"工具能够恢复视图的更改,单击该工具即可查看上一视图。

7. 定位相机

使用"定位相机"工具能够设置镜头的位置和视点的高度,选择该工具后,在绘图区单击鼠标左键放置镜头,在数值控制框中输入数值定义视点的高度。

8. 绕轴旋转

使用"绕轴旋转"工具能够模拟人转动脖子四处观看的效果,非常适合观察内部空间,选择该工具后,按住鼠标左键并拖动即可进行观察,在数值控制框中输入数值定义视点的高度。

9. 漫游

使用"漫游"工具能够模拟人散步一样观察模型的效果,选择该工具后,在绘图区任意位置单击鼠标左键放置光标参考点,按住鼠标左键上下拖动即可前进和后退,按住鼠标左键左、右拖动即可左转和右转。

2.5.2 使用视图工具栏查看

视图工具栏中包含了6个工具(图2-123),分别为"等轴""俯视图""前视图""右视图""后视图"和"左视图",使用这些工具可以

图2-123

在各个标准视图间切换。图2-124是木床模型各个视图的效果。

2.5.3 查看模型的阴影

在菜单栏单击"视图→工具条"命令,在弹出的"工具栏"对话框中勾选"阴影"选项(图2-125),可显示阴影工具栏(图2-126)。

1. 显示/隐藏阴影

单击该按钮,可将阴影显示或隐藏,阴影开启的状态下,可以调整右侧的日期和时间滑块。

2. 阴影设置

单击该按钮可以打开"阴影设置"对话框(图2-127),在菜单栏单击"窗口→阴影"命令也能打开该对话框。"阴影设置"对话框中包含阴影工具栏中所有功能,还能够进行更具体的设置。

3. UTC

世界协调时间、世界统一时间或世界标准时间,在下拉列表中可以选择时区(图2-128)。

4. 显示/隐藏详细信息

单击该按钮可以将扩展的阴影设置显示或隐藏,图2-129、图2-130为显示和隐藏的效果。

5. 时间/日期

在此可以通过拖动滑块或输入数值控制时间和日期。

6. 亮/暗

拖动亮滑块调整模型表面的光照强度,拖动暗滑块调整阴影的明暗程度。

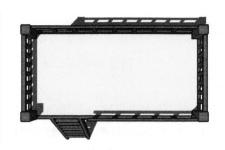

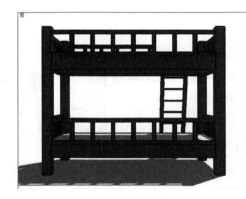

图2-124

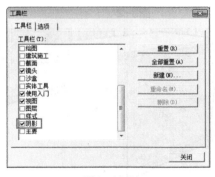

图2-125

图2-129

图2-126　　　　　图2-127　　　　　图2-128　　　　　图2-130

7. 使用太阳制造阴影

勾选该选项，能够在不显示阴影的情况下，仍然按照场景中的光照显示模型表面的明暗关系。

8. 显示

提供了"在平面上""在地面上""起始边

线"三个选项。勾选"在平面上"选项，阴影会根据光照投影到模型上，取消勾选则不产生阴影；勾选"在地面上"选项，会显示地面投影；勾选"起始边线"选项，可以从独立的边线设置投影。

第3章　图形绘制与编辑

操作难度☆☆★★★

章节介绍

　　本章介绍SketchUp Pro 2019的图形绘制与编辑方法。绘制图形比较简单，但是对图形进行修改、编辑就相对复杂了，需要预先设计好形体状态，有目的地进行编辑。SketchUp Pro 2019提供了非常强大的修改工具，能完成室内外效果图的各种模型创建。模型的复杂程度应根据场景大小来确定，尤其是在面积较大的场景中，每个模型的形体结构可以适当精简，避免文件储存容量过大。

3.1　选择图形与删除图形

3.1.1　选择图形

　　在使用其他工具之前需要先使用"选择"工具指定操作的对象，"选择"工具的默认快捷键为空格键，使用"选择"工具选取物体的方式有4种，分别为"点选""窗选""框选"和"右键关联选择"。

　　1. 点选

　　选取"选择"工具，光标放在图元上单击鼠标左键进行选择称为点选，打开本书素材资料中的"第3章→1选择图形"文件（图3-1）。

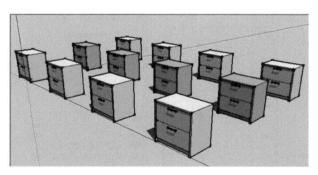

图3-1

　　1）光标放在面上单击鼠标左键，即可选择该面，被选择的面会突出显示（图3-2）。

　　2）光标放在面上双击鼠标左键，即可选择该面以及构成面的边线（图3-3）。

　　3）光标放在线上双击鼠标左键，即可选择与该边线相连的面（图3-4）。

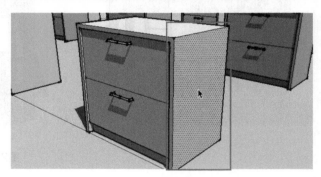

图3-2

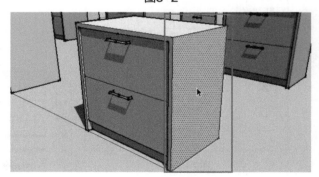

图3-3

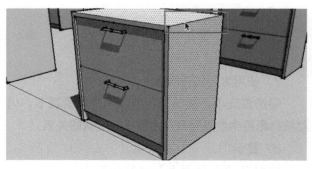

图3-4

4）光标放在面上连续三击鼠标左键，即可选择该面以及与该面相连的所有面和边线（组与组件除外）（图3-5）。光标放在线上连续三击鼠标左键效果相同。

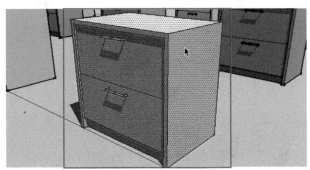

图3-5

2. 窗选

选取"选择"工具，光标放在绘图区单击鼠标左键并按住左键从左向右拖动光标，拖出1个实线的矩形框，所有被完全包含在选框内的图元将被选择（图3-6、图3-7）。

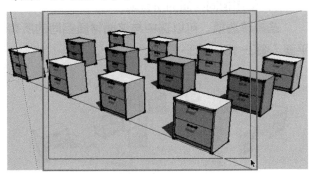

图3-6

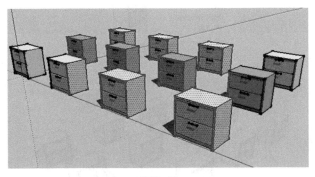

图3-7

3. 框选

选取"选择"工具，光标放在绘图区单击鼠标左键并按住左键从右向左拖动光标，拖出1个虚线的

矩形框，所有被完全包含在选框内以及选框接触到的图元将被选择（图3-8、图3-9）。

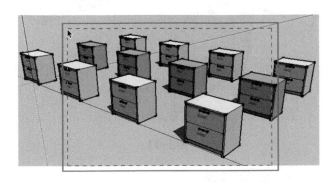

图3-8

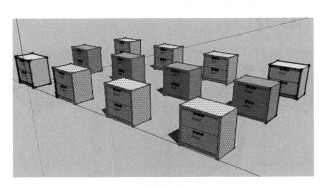

图3-9

4. 右键关联选择

选择一个面并单击鼠标右键，在弹出菜单中选取"选择"选项，子菜单中包括"边界边线""连接的平面""连接的所有项""在同一图层的所有项"和"使用相同材质的所有项"（图3-10）。

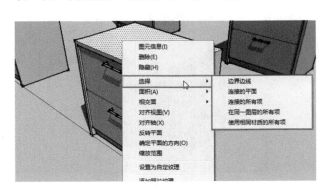

图3-10

5. 边界边线

选择该选项，可以选中该面的边线，与双击面效果相同（图3-11）。

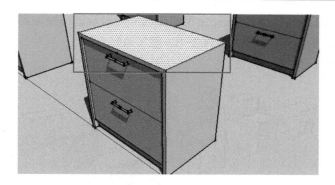

图3-11

6. 连接的平面

选择该选项，可以选中与该面相连的所有平面（图3-12）。

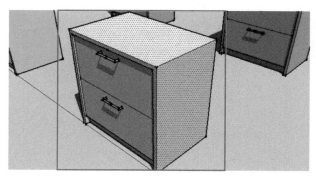

图3-12

7. 连接的所有项

选择该选项，可以选中与该面相连的所有面和线，效果与连续三击鼠标左键一样（图3-13）。

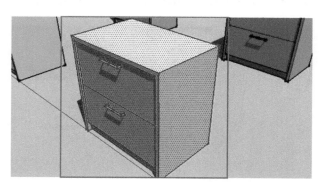

图3-13

8. 在同一图层的所有项

选择该选项，可以选中该面所在图层的所有面元（图3-14）。场景文件中是将中间的6个对象编辑为1个图层，效果如图3-15所示。

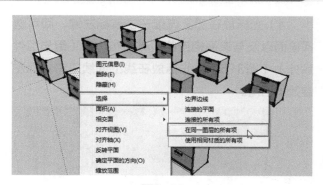

图3-14

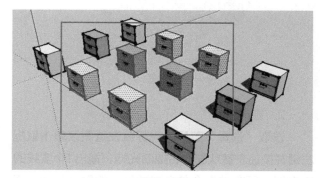

图3-15

9. 使用相同材质的所有项

选择该选项，可以选中与该面材质相同的所有平面（图3-16、图3-17）。

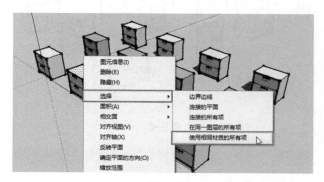

图3-16

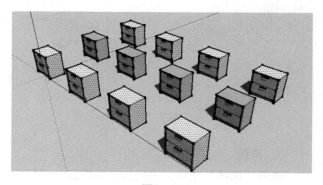

图3-17

3.1.2 取消选择

单击绘图区空白区域，或在菜单栏单击"编辑→全部不选"命令，或按快捷键〈Ctrl+T〉都可以取消当前选择。

3.1.3 删除图形

1. 删除物体

选取"选择"工具右侧的"擦除"工具（图3-18），在需要删除的对象上单击鼠标左键即可删除，也可按住鼠标左键在对象上拖动光标，被选中的对象会呈高亮显示，松开鼠标左键即可将其删

除，在拖动鼠标过程中按〈Esc〉键取消删除操作。还可以按〈Delete〉键删除物体。

2. 隐藏边线

使用"擦除"工具同时按住〈Shift〉键隐藏边线。

3. 柔化边线

使用"擦除"工具同时按住〈Ctrl〉键柔化边线。

4. 取消柔化效果

使用"擦除"工具同时按住〈Ctrl〉键和〈Shift〉键可取消柔化效果。

图3-18

3.2 基本绘图工具

基本绘图工具是使用频率最高的绘图工具，包含6个工具，分别为"矩形""线""圆""圆弧""多边形"和"徒手画"（图3-19）。

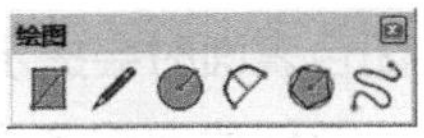

图3-19

3.2.1 矩形工具

"矩形"工具通过定位矩形的两个对角点绘制矩形，默认快捷键为〈R〉。选取"矩形"工具，完成矩形平面的绘制（图3-20、图3-21）。

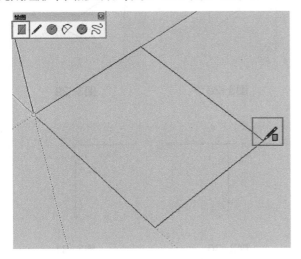

图3-20

绘制矩形过程中，如果出现了1条虚线，并提

示"方线帽"（图3-22），则表示绘制的为正方形；如果出现"金色截面"的提示（图3-23），则表示绘制的为带黄金分割的矩形。下面绘制一个精确的矩形。

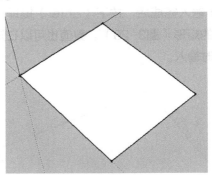

图3-21

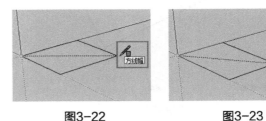

图3-22 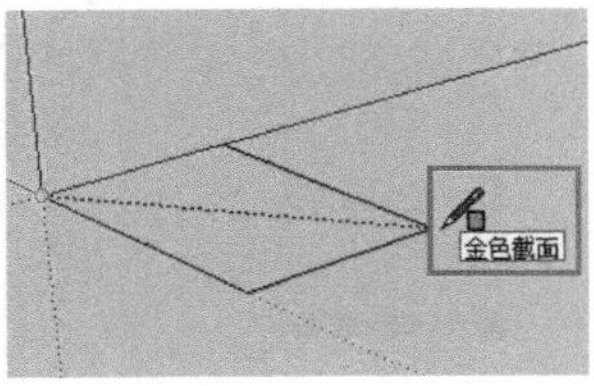　　　　图3-23

1）绘制矩形时应配合键盘输入数值，创建精确的矩形，选取"矩形"工具后，在绘图区单击鼠标左键确定第1个对角点，此时数值输入框将被激活，绘制矩形的尺寸会在数值输入框动态显示（图3-24）。

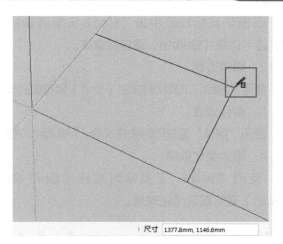

图3-24

2）输入需要绘制矩形的长和宽的数值，中间用逗号隔开，如"1500，1200"（图3-25）。如果输入非场景单位的数值，需要在数值后加上单位，如"150cm、120cm"。

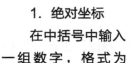

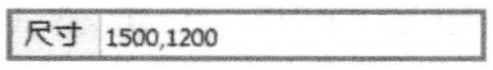

图3-25

3）输入完成后，按下〈Enter〉键即可得到尺寸精确的矩形（图3-26）。数值也可以在矩形刚绘制完成时输入。

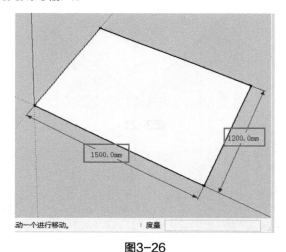

图3-26

3.2.2 线工具

使用"线"工具能够绘制单段直线、多段连接线和闭合的形体，还可以分割表面、修复被删除的表面等，默认快捷键为〈L〉。"线"工具与"矩形"工具相同，可以在绘制线的过程中或在线刚绘

制完成时输入数值确定精确长度（图3-27）。在SketchUp Pro 2019中还可以输入线段终点坐标确定线段，可以输入绝对坐标和相对坐标。

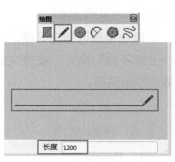

图3-27

1．绝对坐标

在中括号中输入一组数字，格式为[x/y/z]，表示以当前绘图坐标轴为基准的绝对坐标。

2．相对坐标

在尖括号中输入一组数字，格式为<x/y/z>，表示相对于线段起点的坐标。

三条或以上的共面线能够首尾相连的创建为面，闭合表面时会提示"端点"（图3-28），闭合后，面就创建完成了（图3-29）。在线段上拾取一点作为绘制直线的起点并绘制直线，新绘制的直线会将原线段从交点处断开（图3-30、图3-31）。在表面上绘制一条端点位于表面周长上的线段即可将表面分割（图3-32、图3-33）。

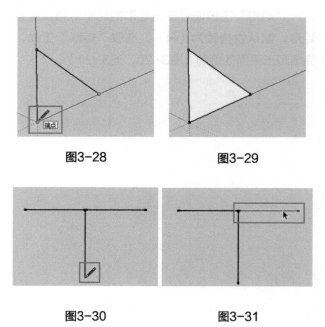

图3-28   图3-29

图3-30   图3-31

使用"线"工具在SketchUp Pro 2019中绘图时，会以参考点和参考线的形式表达要绘制的线段

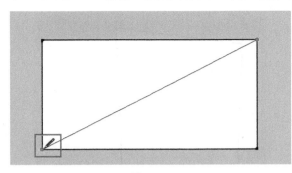

图3-32

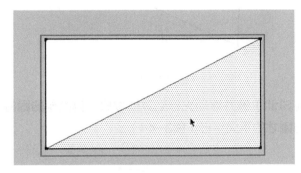

图3-33

与模型几何体的精确对应关系，并以文字提示，如"平行""在平面上"等。

对于正在绘制的线段，如平行于坐标轴的线段，会以坐标轴的颜色高亮显示，并以"在红色轴上""在绿色轴上"或"在蓝色轴上"的字样提示（图3-34、图3-35、图3-36）。

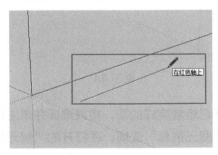

图3-34

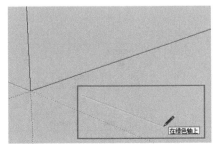

图3-35

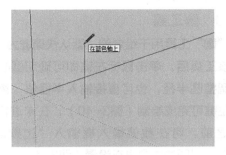

图3-36

由于参考点会受到其他几何体的干扰不容易被捕捉到，可以按住〈Shift〉键锁定参考点，锁定后再进行其他操作。

线段可以被等分为若干段，先选择线段后，再单击鼠标右键选择"拆分"选项（图3-37），移动鼠标调整分段数，也可以直接输入等分的段数（图3-38），拆分完成后单击线段即可查看（图3-39）。

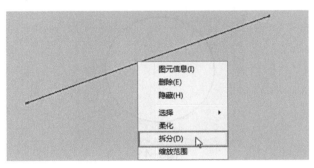

图3-37

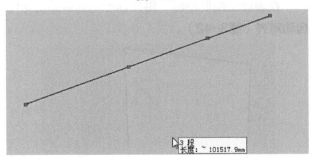

图3-38

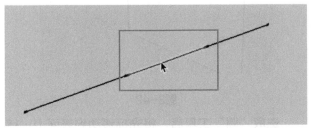

图3-39

3.2.3 圆工具

"圆"工具用于绘制圆，默认快捷键为〔C〕。选取该工具后，单击鼠标左键即可确定圆心，移动光标调整圆半径，也可直接输入半径值，再次单击鼠标左键可完成绘制（图3-40），在未进行下一步操作之前，可在数值输入框输入"边数s"，如"8s"，对圆的边数进行设置（图3-41）。

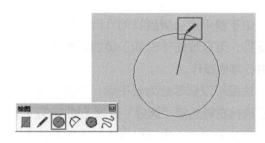

图3-40

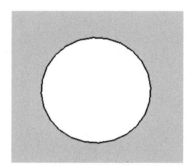

图3-41

在表面上绘制圆时，将光标移动到该面上即可自动对齐（图3-42）。

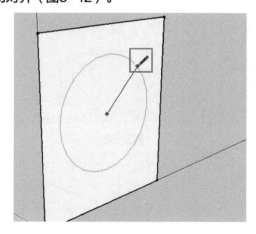

图3-42

选取"圆"工具后，将光标移动到表面上，待出现"在平面上"的提示（图3-43）后，按住

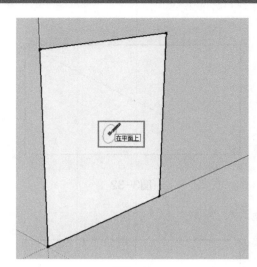

图3-43

〔Shift〕键并移动光标到其他位置，再绘制的圆将与刚才的平面平行（图3-44）。

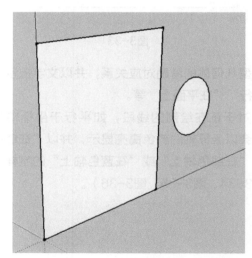

图3-44

对于已绘制完成的圆，将其选择并单击鼠标右键选择"图元信息"选项，在打开的"图元信息"对话框中可以对圆的半径、段等信息进行修改（图3-45）。

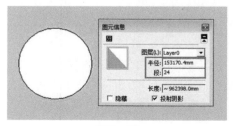

图3-45

3.2.4　圆弧工具

使用"圆弧"工具能够绘制圆弧，圆弧由多个直线段连接而成，默认快捷键为〈A〉。

1）选取"圆弧"工具，光标放在绘图区单击鼠标左键确定圆弧起点，再移动光标并单击确定圆弧终点，也可以在确定圆弧起点后输入数值指定圆弧的弦长，并按〈Enter〉键确定（图3-46）。

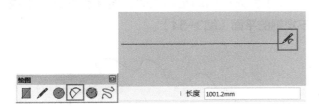

图3-46

2）移动光标或输入数值确定圆弧的凸出距离，也可输入"距离r"，如"8r"指定圆弧半径（图3-47）。

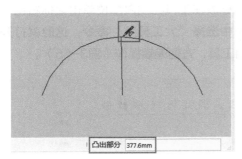

图3-47

3）在圆弧的绘制过程中或绘制完成后，可以输入"边数s"，如"8s"指定圆弧的边数（图3-48）。

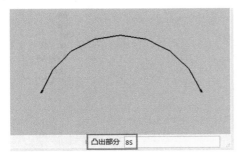

图3-48

4）使用"圆弧"工具能够绘制连续的圆弧线，当弧线以青色显示并出现"在顶点处相切"的提示，则表示该弧线与原弧线相切（图3-49）。

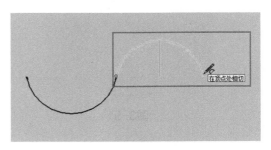

图3-49

补充提示

"圆""圆弧""徒手画"等工具应根据设计创意要求来使用，不能为了表现与众不同的效果而使用，否则会显得非常牵强。

曲直结合的模型具有一定审美性，但是要注意曲、直形体之间的比例关系，一般为3∶7，这样会达到较好的视觉审美效果。除非是有特殊要求的形体，一般不宜对等。

3.2.5　多边形工具

使用"多边形"工具能够绘制3条边及以上的正多边形实体，绘制方法与圆的绘制类似。

1）选取"多边形"工具，输入确切的边数，如"5"，光标就变为带有5边线的铅笔状态（图3-50）。

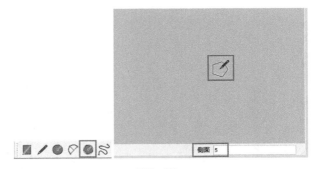

图3-50

2）光标放在绘图区单击鼠标左键确定五边形的中心，然后移动光标确定五边形的切向和半径，也可以输入数值指定半径值（图3-51）。

3）再次单击鼠标左键，即可完成五边形的绘制（图3-52）。

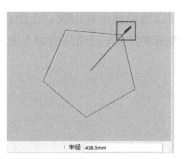

图3-51

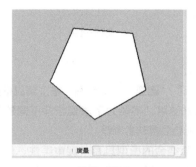

图3-52

3.2.6　徒手画工具

使用"徒手画"工具能够绘制不规则的手绘线条，常用于绘制等高线。

1）选取"徒手画"工具，光标放在绘图区按住鼠标左键并拖动光标创建曲线（图3-53）。

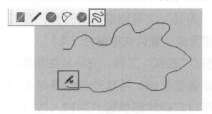

图3-53

2）将光标拖动至起点时，将闭合曲线，生成不规则的平面（图3-54）。

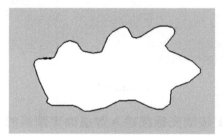

图3-54

要在模型场景中对图元与模型进行全面编辑，应将光标放在工具栏空白部位单击鼠标右键，在弹出菜单中选择"大工具集"命令，这时就打开了更多常用工具，方便编辑操作（图3-55）。

图3-55

3.3　基本编辑方法

3.3.1　面的推/拉

使用"推/拉"工具能够推拉平面图元，增加模型立体感，是最常用的二维平面生成三维模型的工具，默认快捷键为〈P〉。

1）使用"矩形"工具在场景中创建一个矩形，选取"推/拉"工具（图3-56）。

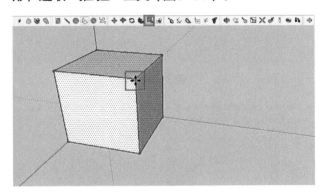

图3-56

2）光标放在矩形表面上单击鼠标左键并向上移动光标，表面将随光标形成三维几何体（图3-57），此时可以输入数值指定推拉距离。

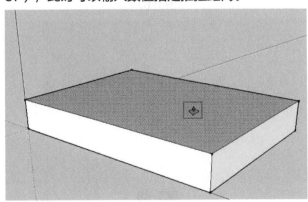

图3-57

3）推拉到合适的高度再次单击鼠标左键即可完成面的推拉（图3-58）。

4）使用"推/拉"工具时，按住〈Ctrl〉键，在光标的右上角会出现一个"+"号，再推拉的时候将会出现一个新的面（图3-59）。

5）"推/拉"工具还能用来创建凸出或凹陷的模型（图3-60～图3-62）。当将表面推至与底面

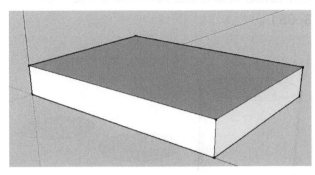

图3-58

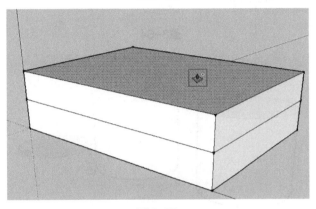

图3-59

平齐时，就会减去三维物体，生成挖空的模型（图3-63）。

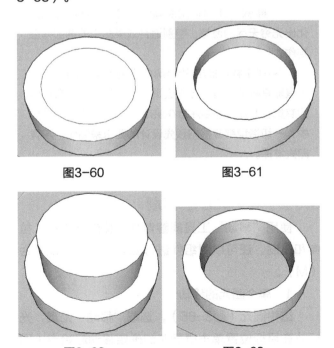

图3-60　　　　　　　图3-61

图3-62　　　　　　　图3-63

6）对一个平面推拉后，光标放在其他平面上双击鼠标左键即可推拉同样的高度（图3-64、图3-65）。

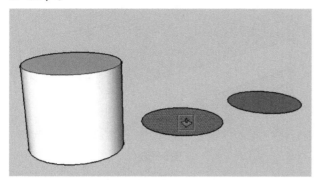

图3-64

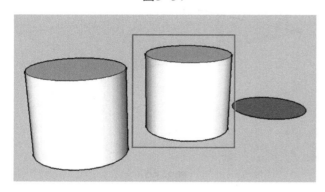

图3-65

补充提示

"推/拉"工具运用最频繁，灵活地使用它能变化出无穷无尽的造型，特别适合效果图中的细部构造制作。

特别注意，推/拉的距离应当输入确切的数据，不宜随意拉伸长度，否则会造成形态不均衡，有琐碎的感觉。此外，还要注意在使用"推/拉"工具的过程中，一切造型都应根据预先设计的要求来制作，不宜即兴发挥。

3.3.2 物体的移动/复制

使用"移动"工具能够对几何体进行移动、拉伸和复制，还可以对组件进行旋转，默认快捷键为〈M〉。

1. 单个图元的移动

选中图元（图3-66），选取"移动"工具，光标放在目标位置单击鼠标左键确定移动起始点（图3-67），移动光标即可移动所选的图元（图3-

68），再次单击鼠标左键即可完成移动操作（图3-69），如移动的图元连接到其他图元，则其他图元也会被相应移动。

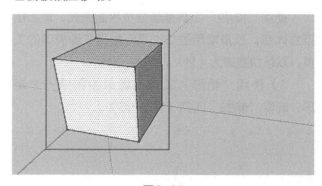

图3-66

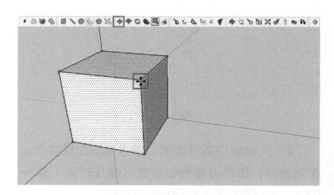

图3-67

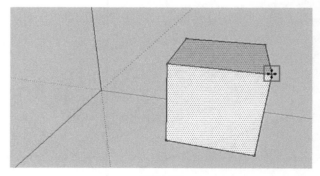

图3-68

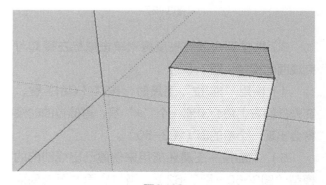

图3-69

先选取"移动"工具，将光标移动至需要移动的图元上，光标经过的图元被高亮显示，单击鼠标左键并移动光标也可移动图元，这种方法适合于对点、线、面的移动。图3-70、图3-71所示为对长方体的点进行移动；图3-72、图3-73所示为对长方体的一条边线进行移动；图3-74、图3-75所示为对长方体的1个面进行移动。

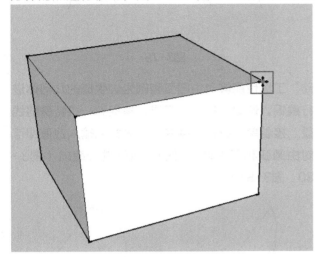

图3-70

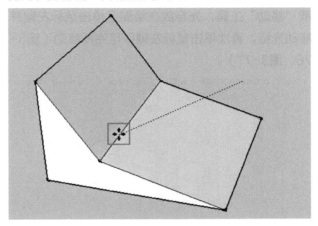

图3-73

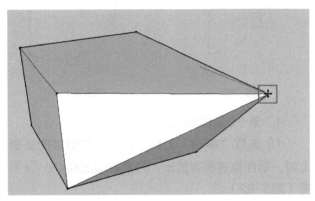

图3-71

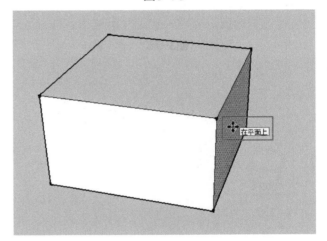

图3-74

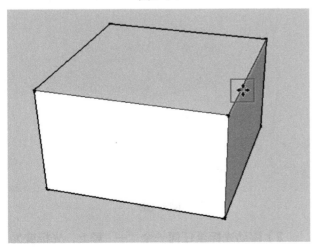

图3-72

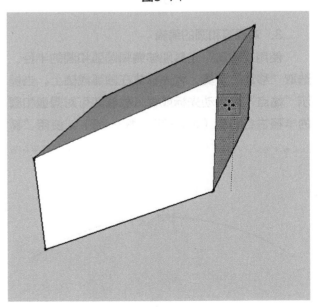

图3-75

2. 多个图元的移动

移动多个图元时，需要先选择多个图元，再选取"移动"工具，光标放在绘图区单击鼠标左键并移动光标，再次单击鼠标左键即可完成移动（图3-76、图3-77）。

图3-76

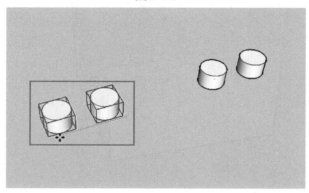

图3-77

3. 对圆弧和圆的编辑

使用"移动"工具能够编辑圆弧和圆的半径。选取"移动"工具，将光标放在圆弧或圆上，当提示"端点"时移动光标或输入数值即可对圆弧和圆的半径进行编辑（图3-78、图3-79）。使用"移

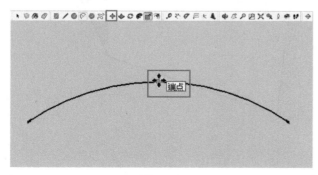

图3-78

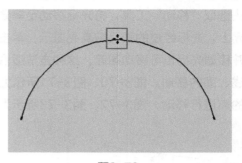

图3-79

动"工具也能够对由圆弧和圆为边生成的几何体进行编辑。选取"移动"工具，捕捉到一条特殊的线段，接着单击鼠标左键并移动光标或输入数值即可对由圆弧和圆为边生成的几何体进行编辑（图3-80、图3-81）。

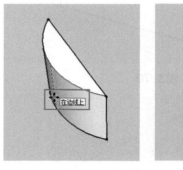

图3-80   图3-81

4. 单个组和组件的旋转

1）选取"移动"工具，光标放在组件的表面上时，组件框被高亮显示，并在表面出现4个"+"号（图3-82）。

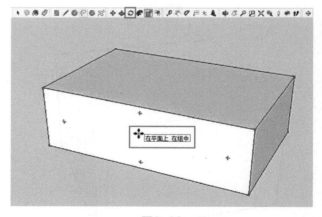

图3-82

2）移动光标至任何一个"+"号上，光标变为"旋转"状态，并出现"旋转量角器"（图3-83）。

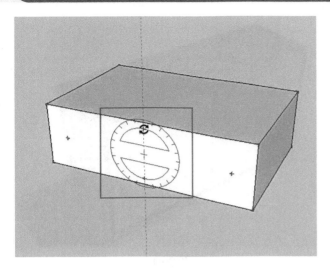

图3-83

3）光标放在 "+" 号上单击鼠标左键，组件将会随着光标的移动而旋转，再次单击鼠标左键即可完成旋转（图3-84）。

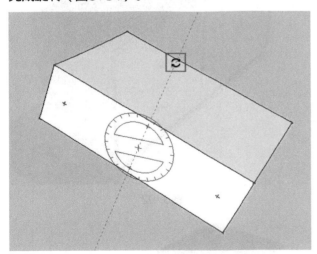

图3-84

5. 移动复制

1）选择需要复制的物体，选取 "移动" 工具，然后按住〈Ctrl〉键，光标放在绘图区单击鼠标左键确定移动的起始点，移动光标即可进行移动复制（图3-85、图3-86）。

2）使用鼠标左键单击目标点或输入数值指定移动距离都可完成移动复制，移动复制完成后，输入 "3*" "3x" "*3" 或 "x3"，都可以以同等间距再阵列复制2份（图3-87）。

3）复制完成一个物体后，也可输入 "3/" 或

"/3"，会以复制的间距分为3份，等距复制包括第1个在内的3个物体（图3-88、图3-89）。

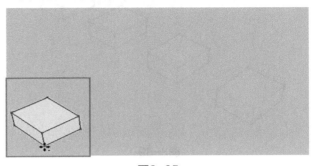

图3-85

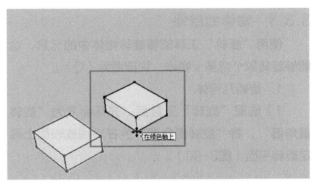

图3-86

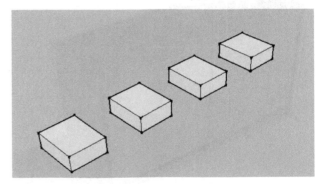

图3-87

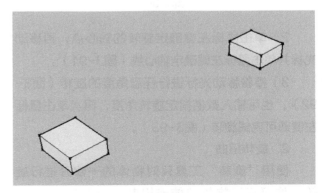

图3-88

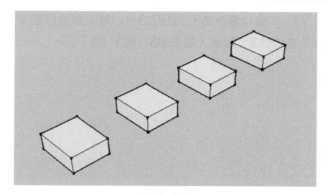

图3-89

3.3.3 物体的旋转

使用"旋转"工具能够旋转物体中的元素，也能够旋转单个或多个物体，快捷键为〈Q〉。

1. 旋转几何体

1）选取"旋转"工具后，光标会变为"旋转量角器"，将"旋转量角器"放在边线或表面上确定旋转平面（图3-90）。

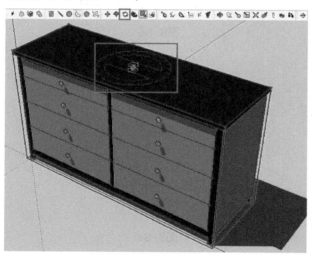

图3-90

2）单击鼠标左键确定旋转的轴心点，再移动光标并单击鼠标左键确定轴心线（图3-91）。

3）接着移动光标进行任意角度的旋转（图3-92），也可输入数值指定旋转角度，再次单击鼠标左键即可完成旋转（图3-93）。

2. 旋转扭曲

使用"旋转"工具只对物体的一部分进行旋转，便可将该物体拉伸或扭曲（图3-94、图3-95）。

图3-91

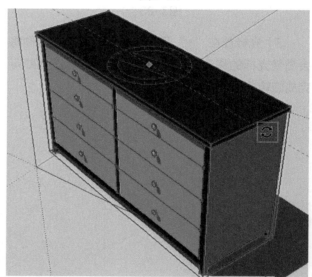

图3-92

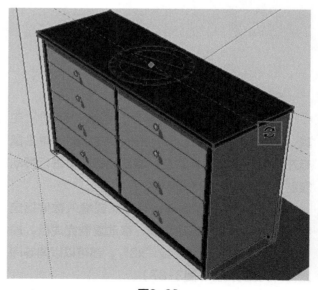

图3-93

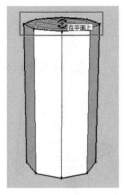

图3-94

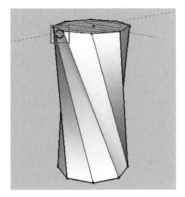

图3-95

3. 旋转复制与环形阵列

1）打开本书附赠素材资料中的"第3章→2旋转复制与环形阵列"文件（图3-96）。将场景中的花盆选中，选取"旋转"工具，光标放在轴原点上单击鼠标左键确定轴心点（图3-97）。

图3-96

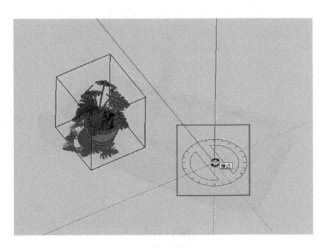

图3-97

2）移动光标确定轴心线，按下〈Ctrl〉键并移动鼠标，此时光标右上角会出现"+"号，在旋转的同时将复制物体（图3-98）。

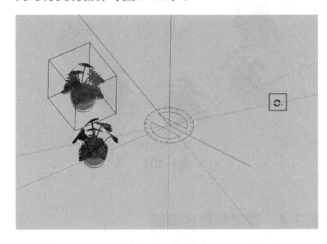

图3-98

3）旋转复制后，输入"4x"，将会再复制出3个副本（图3-99）。

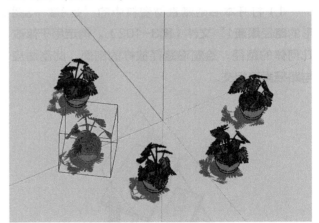

图3-99

4）旋转复制后，输入"/4"，将在原物体和副本之间创建3个副本（图3-100、图3-101）。

图3-100

图3-101

3.3.4　图形的路径跟随

　　"路径跟随"工具类似于3ds Max中的放样工具，能够将截面沿已知路径放样，可以将二维图形很轻松地转化为三维物体。

　　1. 沿路径手动拉伸

　　1）打开本书附赠素材资料中的"第3章→3图形的路径跟随1"文件（图3-102）。确定用于修改几何体的路径，绘制沿路径放样的剖面，此剖面应与路径垂直相交。

图3-102

　　2）选取"路径跟随"工具，光标放在平面上单击鼠标左键，然后沿路径移动光标，此时路径为红色并出现1个红色的捕捉点随着光标移动，平面也会跟随着路径生成几何体（图3-103）。

　　3）移动光标至路径的尽头，在路径端点处单击鼠标左键即可生成三维几何体（图3-104）。

图3-103

图3-104

　　2. 预先选择路径

　　1）打开本书附赠素材资料中的"第3章→5图形的路径跟随2"文件（图3-105）。先使用"选择"工具选中要跟随的路径（图3-106）。

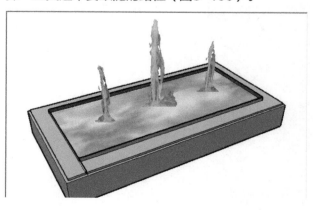

图3-105

　　2）选取"路径跟随"工具，光标放在平面上单击鼠标左键，平面将沿着路径自动生成三维几何体（图3-107）。

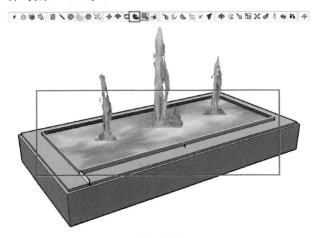

图3-106

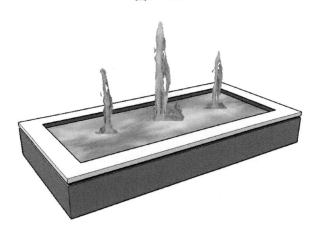

图3-107

3.3.5　物体的缩放

使用"缩放"工具能够对场景中的物体进行大小的调整，还可以进行拉伸操作，默认快捷键为〈S〉。

1）打开本书附赠素材资料中的"第3章→7物体的拉伸"文件（图3-108）。将场景中的物体选中（图3-109）。

2）选取"拉伸"工具，此时，所选物体的周围将会显示调整缩放的夹点（图3-110），三维物体周围会出现26个夹点，"X射线"的显示模式下能够看到所有夹点（图3-111）。

3）光标移至夹点上时，所选的夹点与对应的夹点会以红色显示（图3-112）。

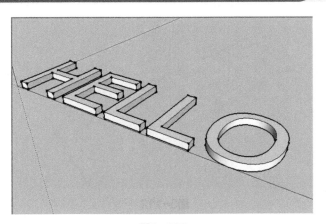

图3-108

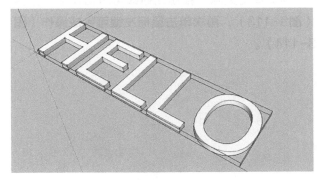

图3-109

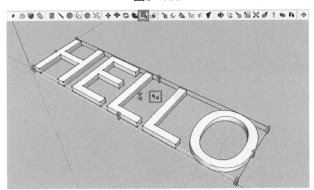

图3-110

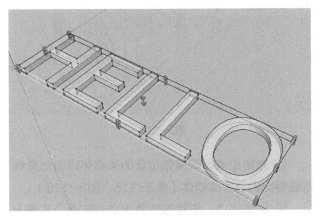

图3-111

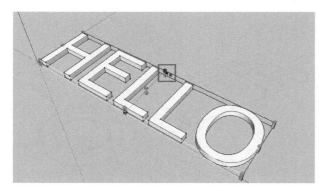

图3-112

4）单击夹点，移动光标即可对物体进行拉伸（图3-113），再次单击鼠标左键可完成操作（图3-114）。

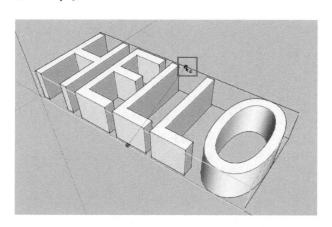

图3-113

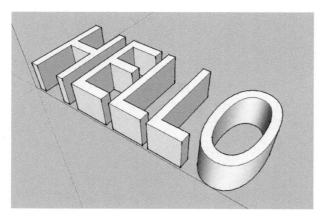

图3-114

① 对角夹点。调整该位置的夹点可以沿对角线方线等比例缩放该物体（图3-115、图3-116）。

② 边线夹点。调整该位置夹点可在两个方向上非等比例缩放物体（图3-117、图3-118）。

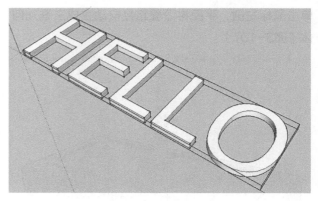

图3-115

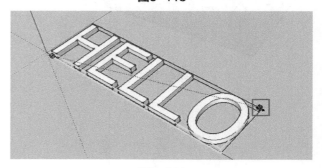

图3-116

图3-117

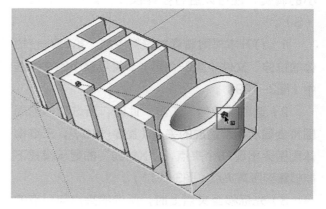

图3-118

③ 表面夹点。调整该位置的夹点可以沿着垂直面在一个方向上非等比例缩放物体（图3-119、图3-120）。

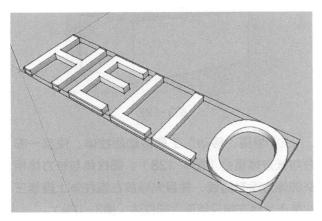

图3-119

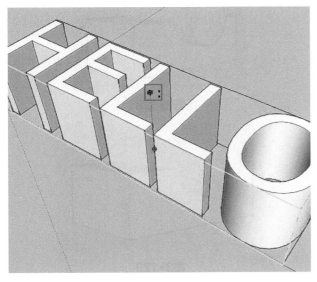

图3-120

补充提示

使用"缩放"工具时，按住〈Ctrl〉键可进行中心缩放；按住〈Shift〉键，等比例缩放可切换为非等比例缩放。数值输入的方式有多种，可以直接输入数值，如3，表示缩放3倍，输入负数表示反方向缩放，缩放比例不能为0；可以输入带单位的数值，如3m，表示缩放到3米。

还可以输入多重缩放比例，一维缩放与等比例的三维缩放只需要一个数值，二维缩放需要两个数值，三维非等比例缩放需要三个数值，中间用逗号隔开。

3.3.6 图形的偏移复制

使用"偏移"工具能够对表面或共面的线进行偏移复制，默认快捷键为〈F〉。

1. 面的偏移

选取"偏移"工具，光标放在需要偏移的表面上单击鼠标左键，然后向内移动光标，此时也可以输入数值指定偏移距离，再次单击鼠标左键即可生成新的平面（图3-121、图3-122）。也可以向外移动光标，效果如图3-123、图3-124所示。

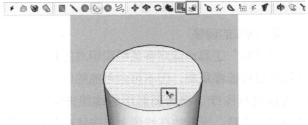

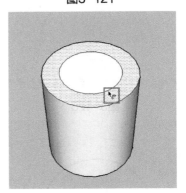

图3-121

图3-122

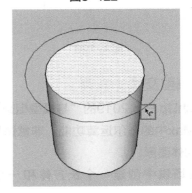

图3-123

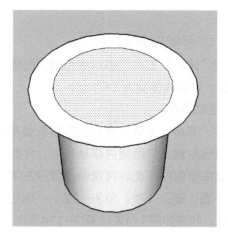

图3-124

2. 线段的偏移

"偏移"工具也能对多条线段组成的转折线、弧线等进行偏移复制，但不可对单独的线段和交叉的线段进行操作。将需要偏移的线段选中，选取"偏移"工具，光标放在线段上单击鼠标左键并移动光标即可进行偏移（图3-125、图3-126）。

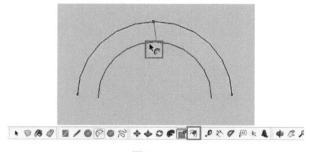

图3-125

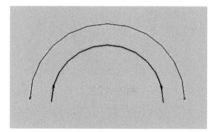

图3-126

3.3.7　模型交错（视频）

SketchUp Pro 2019的"与模型相交"命令类似于3ds Max中的布尔运算功能，非常适用于创建复杂的几何体图形。

1）在场景中创建一个长方体和一个圆柱体（图3-127）。

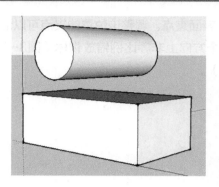

图3-127

2）使用"移动"工具移动圆柱体，使其一部分与长方体重合（图3-128）。圆柱体与长方体相交的地方没有边线，并且光标放在圆柱体上连续三次单击鼠标左键只能选中圆柱体（图3-129）。

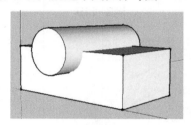

图3-128

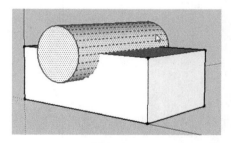

图3-129

3）在圆柱体被选中的状态下单击鼠标右键，选择"相交面→与模型"选项（图3-130）。

4）在圆柱体与长方体相交的地方会产生边线（图3-131），将不需要的图元删除，可以发现圆柱体与长方体相交的地

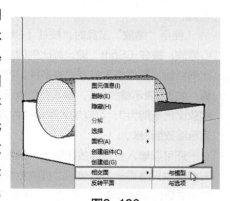

图3-130

方创建了新的表面（图3-132）。

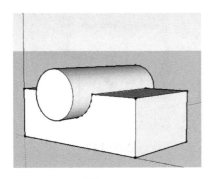

图3-131

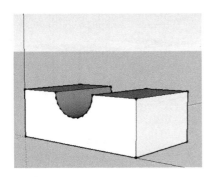

图3-132

3.3.8　实体工具栏

在菜单栏单击"视图→工具条"命令，在打开的"工具栏"对话框中勾选"实体工具"选项，即可打开"实体工具"工具栏（图3-133）。"实体工具"工具栏中包含6个工具，分别为"外壳""相交""联合""减去""剪辑"和"拆分"工具。运用这些工具可以在组和组件之间进行并集、交集、差集等布尔运算。

图3-133

1. 外壳

使用"外壳"工具可以将指定的几何体加壳，使其成为1个组和组件。

1）打开本书附赠素材资料中的"第3章→8实体工具栏"文件（图3-134）。

2）选取"外壳"工具，光标提示选择第1个组或组件，光标放在圆柱体上单击鼠标左键（图3-135）

3）单击圆柱体后，光标提示选择第2个组或组件，在长方体上单击鼠标左键（图3-136）。

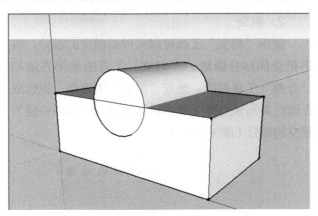

图3-134

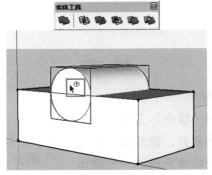

图3-135

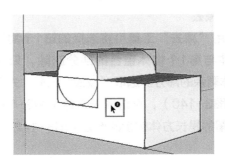

图3-136

4）在长方体上单击鼠标左键后，两个组会自动合为一个组，内部的几何图形和相交的边线会被自动删除（图3-137）。

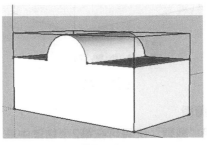

图3-137

2. 相交

使用"相交"工具可以只保留相交的部分，将不相交的部分删除。"相交"工具的使用方法与"外壳"工具相同。选取"相交"工具后，光标放在圆柱体与长方体上单击鼠标左键，完成后只留下相交的部分（图3-138）。

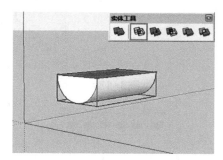

图3-138

3. 联合

使用"联合"工具可以将两个物体合并，删除相交的部分，两个物体合成为一个物体（图3-139）。

图3-139

4. 减去

使用"减去"工具可将选择的第1个物体和第2个物体与第1个物体重合的部分删除，只保留第2个物体剩余的部分。选取"减去"工具，先选择圆柱体（图3-140），再选择长方体（图3-141），此时保留的是长方体剩余的部分（图3-142）。

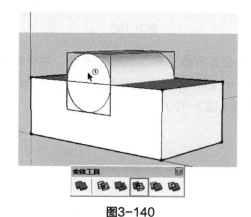

图3-140

5. 剪辑

使用"剪辑"工具可在第2个物体中减去第1个物体重合的部分，第1个物体不变（图3-143）。

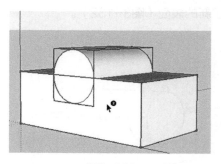

图3-141

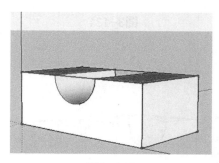

图3-142

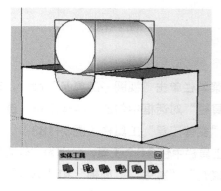

图3-143

6. 拆分

使用"拆分"工具可在实体相交的位置将两个实体的所有部分拆分为单独的组件（图3-144）。

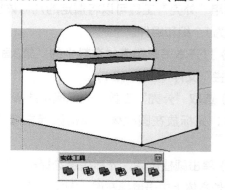

图3-144

3.3.9 柔化边线

将SketchUp Pro 2019中的边线进行柔化处理，能够使有棱角的形体看起来更加光滑，图3-145、图3-146所示分别为原图与柔化后的效果。

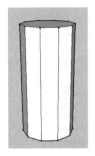

图3-145

图3-146

柔化的边线会被隐藏，将"视图→隐藏几何图形"命令勾选，这样能将不可见的边线以虚线的形式显示出来（图3-147）。

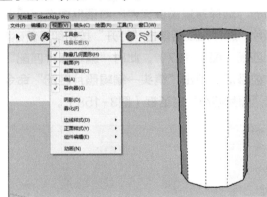

图3-147

1. 柔化边线的5种方式

1）使用"擦除"工具的同时按住〈Ctrl〉键，将光标放在需要柔化的边线上单击鼠标左键或拖动光标即可柔化边线（图3-148、图3-149）。

2）光标放在选择的边线上单击鼠标右键，选择"柔化"选项（图3-150）。

3）光标放在选择的多条边线上单击鼠标右键，选择"软化/平滑边线"选项（图3-151），弹出"柔化边线"对话框（图3-152）。勾选"法线之间的角度"选项，可以设置光滑角度的下限值，超过此值的夹角会被柔化处理。勾选"平滑法线"选项可以将符合角度范围的夹角柔化和平滑。勾选

"软化共面"选项可以自动柔化连接共面表面间的交线。

图3-148

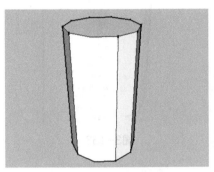

图3-149

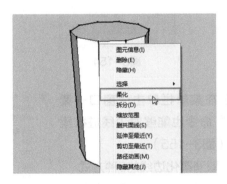

图3-150

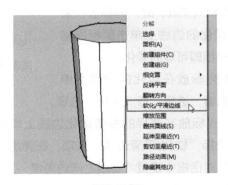

图3-151

图3-152

4）光标放在选择的边线上单击鼠标右键，选择"图元信息"选项（图3-153）。在打开的"图元信息"对话框中勾选"软化"和"平滑"选项（图3-154）。

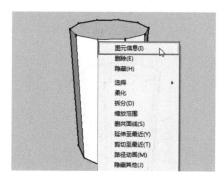

图3-153

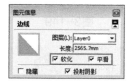

图3-154

5）在菜单栏单击"窗口→柔化边线"命令也能够对边线进行柔化操作（图3-155）。

2. 取消柔化边线的5种方式

1）使用"擦除"工具的同时按住〈Ctrl+Shift〉键，光标放在需要取消柔化的边线上单击鼠标左键或拖动光标即可取消柔化。

2）光标放在柔化的边线上单击鼠标右键，选择"取消柔化"选项。

3）光标放在选择的多条柔化边线上单击鼠标右键，选择"软化/平滑边线"选项，在弹出的"柔化边线"对话框中设置"法线之间的角度"为0。

4）光标放在选择的柔化边线上单击鼠标右键，选择"图元信息"选项，在打开的"图元信息"对话框中取消"柔化"和"平滑"选项的勾选。

5）在菜单栏单击"窗口→柔化边线"命令，在弹出的"柔化边线"对话框中设置"法线之间的角度"为0。

3.3.10　照片匹配

使用 SketchUp Pro 2019的照片匹配功能能够根据实景照片计算出相机的位置和视角，在模型中可以创建出与照片相似的环境。照片匹配用到的命令有两个，分别是"镜头"菜单下的"匹配新照片…"和"编辑匹配照片"命令（图3-156）。

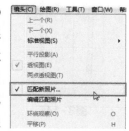

图3-156

在菜单栏单击"镜头→匹配新照片"命令，在弹出的"选择背景图像文件"对话框中选择要匹配的照片，选择完成后单击"打开"按钮即可新建1个照片匹配（图3-157），此时"编辑照片匹配"命令才被激活。单击"镜头→编辑照片匹配"命令，弹出"照片匹配"对话框（图3-158）。

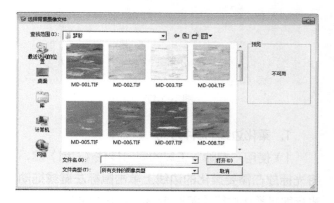

图3-157

（1）从照片投影纹理　单击该按钮可将照片作为贴图覆盖模型的表面材质。

（2）"栅格"选项组　在该选项组下可对样式、平面和间距进行设置。

图3-158

3.4 模型的测量与标注

3.4.1 测量距离

使用"卷尺"工具可以测量距离、创建引导线或引导点，还能调整模型比例，默认快捷键为〈T〉。

1）打开本书附赠素材资料中的"第3章→9测量距离1"文件（图3-159）。选取"卷尺"工具，光标放在场景中单击鼠标左键，确认测量起点（3-160）。

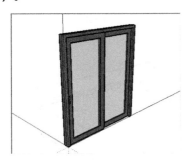

图3-159

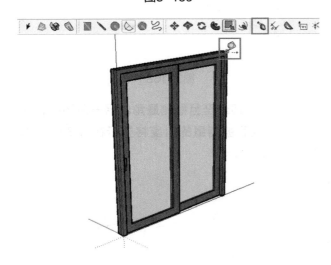

图3-160

2）移动鼠标时，当前点距起点的距离将会显示在光标旁边，数值控制区中也会实时显示距离值（图3-161）。使用"卷尺"工具没有平面和空间的限制，可以测量模型中任意两点间的距离。

3.4.2 调整模型比例

1）打开本书附赠素材资料中的"第3章→10测量距离2"文件（图3-162）。选取"卷尺"工具，

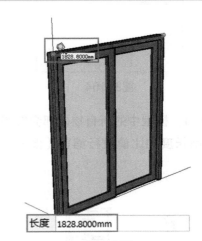

图3-161

图3-162

在场景中选择一条线段作为参考，光标放在该线段的两个端点上单击鼠标左键，获取该线段的长度为590mm（图3-163）。

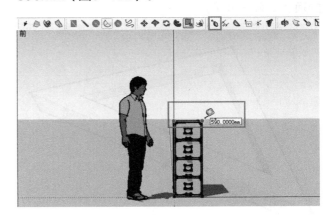

图3-163

2）输入调整比例后的长度，如1000mm，按回车键确定，在弹出的提示对话框中单击"是"按钮（图3-164）。

图3-164

3）此时，模型中的所有物体都会按照指定的长度和当前长度的比值进行缩放（图3-165）。

图3-165

3.4.3　测量角度

使用"量角器"工具可以测量角度和绘制辅助线。

1）打开本书附赠素材资料中的"第3章→11测量角度"文件（图3-166）。选取"量角器"工具，光标放在场景中单击鼠标左键确定目标测量角的顶点（图3-167）。

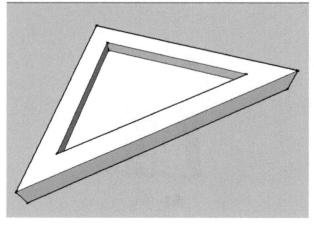

图3-166

2）光标移动至目标测量角的一条边线，单击鼠标左键确定后将出现1条引导线（图3-168）。

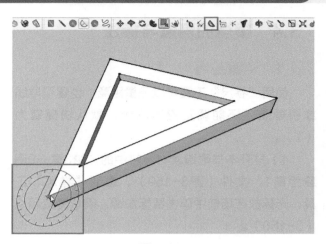

图3-167

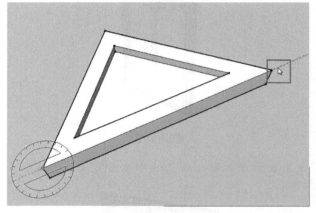

图3-168

3）光标移动至目标测量角的另一条边线，单击鼠标左键后被测量的角度将显示在数值输入框（图3-169）。

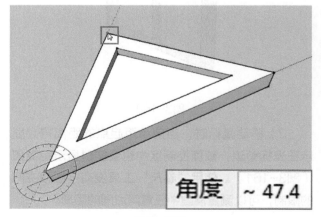

图3-169

3.4.4　标注尺寸

使用"尺寸"工具可以对模型进行尺寸标注。在菜单栏单击"窗口→模型信息"命令，在打开的

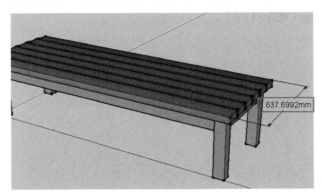

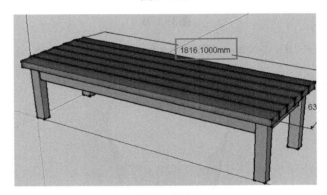

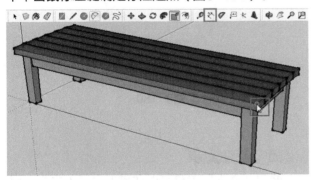

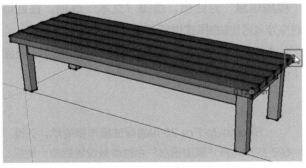

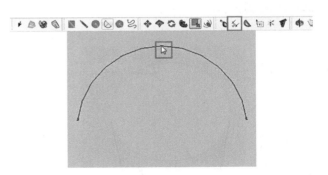

"模型信息"对话框中选择"尺寸"选项，即可在此对尺寸标注的样式进行设置（图3-170）。

注，实现三维标注效果（图3-174）。

图3-170

图3-173

图3-174

1．标注线段

1）打开本书附赠素材资料中的"第3章→12标注尺寸"文件。选取"尺寸"工具，光标放在场景中单击鼠标左键确定标注起点（图3-171）。

图3-171

2）将光标移动至标注端点，单击鼠标左键确定（图3-172）。

图3-172

3）向右移动光标并在将要标注的位置单击鼠标左键（图3-173）。

4）在SketchUp Pro 2019中可以放置多个标

2．标注半径

1）在场景中创建1条圆弧，选取"尺寸"工具，将光标移至弧线上，弧线会被高亮显示（图3-175）。

图3-175

2）光标放在圆弧上单击鼠标左键，向任意方向移动光标，移动到合适的位置单击鼠标左键即可放置标注（图3-176）。

3．标注直径

1）在场景中创建1个圆柱，选取"尺寸"工具，将光标移至圆形边线上，圆形边线会被高亮显示（图3-177）。

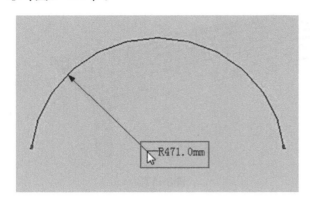

图3-176

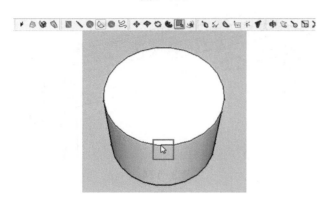

图3-177

2）光标放在圆形边线上单击鼠标左键，向任意方向移动光标，移动到合适的位置单击鼠标左键即可放置标注（图3-178）。

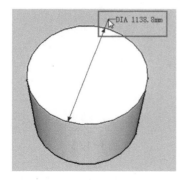

图3-178

3）光标放在直径上单击鼠标右键，选择"类型→半径"选项，即可将直径标注转换为半径标注（图3-179、图3-180）。

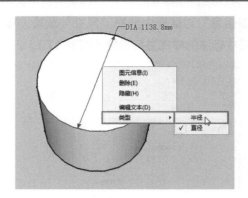

图3-179

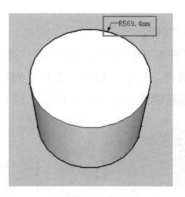

图3-180

3.4.5　标注文字

使用"文本"工具可以在模型中插入文字，对图形的面积、线段的长度和点坐标进行标注。文本分为"屏幕文本"和"引线文本"两种。

在菜单栏单击"窗口→模型信息"命令，打开"模型信息"对话框，选择"文本"选项，在此可对文字和引线的样式进行设置（图3-181）。

1）选取"文本"工具，将光标移至目标表面（图3-182）。

补充提示

SketchUp Pro 2019的标注操作很简单，关键在于应预先将"模型信息"中的参数设置到位，使标注规范符合我国的制图标准。其中"字体大小"应为10或12点。"字体"为宋体或仿宋体，引线端点一般为箭头或斜线。但是，在三维空间中一般很少作标注，除非是特别重要的细节，因此，"尺寸"一般为"对齐屏幕"。

图3-181

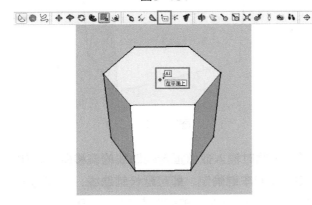

图3-182

2）单击鼠标左键确定引线的端点位置，移动光标至任意位置并单击鼠标左键放置文本（图3-183）。

3）同样，在线段和端点上单击鼠标左键并移动光标，可标注线段的长度和点的坐标（图3-184）。

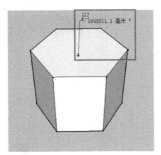

图3-183

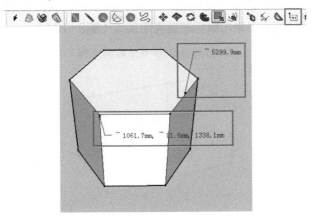

图3-184

4）选取"文本"工具后，光标放在目标表面上双击鼠标左键，可以直接在当前位置标注表面面积（图3-185）。

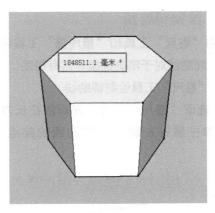

图3-185

3.4.6　3D文字

使用"三维文本"工具可以创建三维立体的文字，适用于广告、LOGO、雕塑文字的制作。

1）选取"三维文本"工具，可以弹出"放置三维文本"对话框（图3-186）。

2）在"放置三维文本"对话框的文本框中输入文字（图3-187），单击"放置"按钮。

3）移动光标到合适的位置并单击鼠标左键即可放置文字，生成的文字将自动成组（图3-188）。

图3-186

图3-187

图3-188

3.5 辅助线的绘制与管理

3.5.1 绘制辅助线

使用"卷尺"工具和"量角器"工具可以绘制辅助线。辅助线对于精确建模非常有帮助。

1. "卷尺"工具绘制辅助线

1）选取"卷尺"工具，光标放在长方体任一边线上单击鼠标左键确定辅助线的起点（图3-189）。

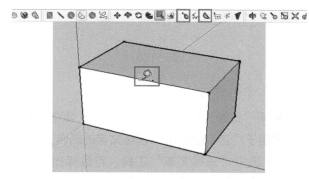

图3-189

2）移动光标，指定辅助线的偏移方向（图3-190）。

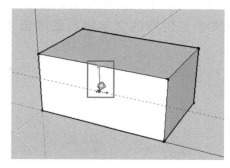

图3-190

3）此时输入数值指定辅助线的偏移距离，如200，按回车键确定，即可偏移辅助线（图3-191）。

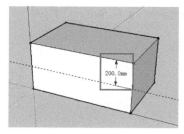

图3-191

4）再次选取"卷尺"工具，光标放在长方体的任一端点上单击鼠标左键确定辅助线的起点，移动光标，指定辅助线的偏移方向（图3-192）。

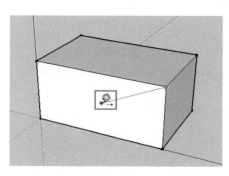

图3-192

5）此时输入数值指定辅助线的偏移距离，如400，按回车键确定，即可延长辅助线，在辅助线的端点有"+"号形式的辅助点（图3-193）。

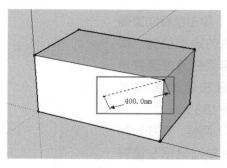

图3-193

2. "量角器"工具绘制辅助线

1）选取"量角器"工具，光标放在长方体的任1端点上单击鼠标左键确定顶点（图3-194）。

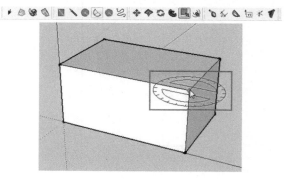

图3-194

2）移动光标来确定角度起始线（图3-195）。

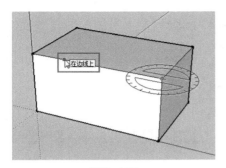

图3-195

3）输入数值，如30，按回车键确定，即可创建相对起始线30°的角度辅助线（图3-196）。

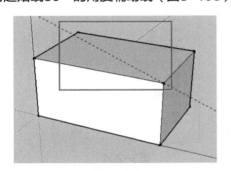

图3-196

3.5.2 管理辅助线

1）当场景中辅助线过多时会影响视线，从而降低操作的准确性和软件的显示性能，在菜单栏单击"视图→导向器"命令即可更改场景中辅助线的显示与隐藏（图3-197）。

图3-197

2）在菜单栏单击"编辑→删除导向器"命令即可删除场景中的辅助线（3-198）。

3）在菜单栏单击"窗口→样式"命令（图3-199），打开"样式"对话框。在"编辑"选项卡中单击"建模设置"按钮，单击"导向器"后面的

图3-198

图3-199

颜色块，在弹出的"选择颜色"对话框中可以对辅助线的颜色进行设置（图3-200）。

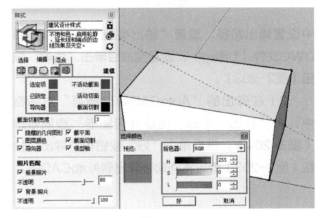

图3-200

4）选择辅助线，单击鼠标右键，选择"图元信息"选项，在弹出的"图元信息"对话框中可以查看辅助线的相关信息，更改辅助线的图层（图3-201）。

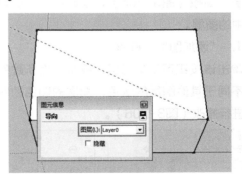

图3-201

3.5.3 导出辅助线

SketchUp Pro 2019中的辅助线能够导出到AutoCAD中，为后面的操作提供了方便。

1）在菜单栏单击"文件→导出→三维模型"命令（图3-202），在弹出的"导出模型"对话框

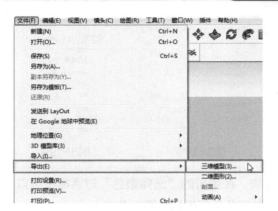

图3-202

图3-203

中设置输出路径，设置"输出类型"为AutoCAD
DWG文件（*.dwg），设置完成后单击"选项"按
钮（图3-203）。

　　2）在弹出的"AutoCAD导出选项"对话框
中，将"导出"中的"构造几何图形"选项勾选
（图3-204），然后单击"好"按钮和"导出"按
钮（图3-203）即可将辅助线导出到AutoCAD中。

图3-204

3.6　图层的运用与管理

3.6.1　图层管理器

　　在菜单栏单击"窗口→图层"命令即可打开
"图层"面板（图3-205），在此可以查看和编辑
场景中的图层。

　　1．"添加图层"按钮

　　单击该按钮可新建图层，系统会为新建的图层
设置不同于其他图层的颜色，图层的颜色和名称都
可以进行修改（图3-206）。

图3-205　　　　　图3-206

　　2．"删除图层"按钮

　　单击该按钮可删除选中的图层，如删除的图层

包含物体，会弹出"删除包含图元的图层"的询问
处理方式的对话框（图3-207）。

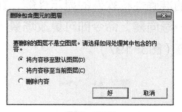

图3-207

　　3．"名称"标签

　　在该标签下列出了所有图层的名称，名称前面
的圆内有一个点表示该图层是当前图层。

　　4．"可见"标签

　　该标签下的选项用于显示或隐藏图层，勾选表示
显示，将图层前面的勾取消即可隐藏图层。如将隐藏
图层设置为当前图层，隐藏图层会自动变为可见层。

　　5．"颜色"标签

　　在"颜色"标签下显示了每个图层的颜色，单击颜色块可更改图层颜色。

6．"详细信息"按钮

单击该按钮可打开拓展菜单（图3-208）。

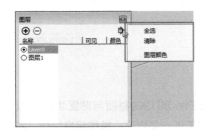

图3-208

3.6.2　图层工具栏

1）在菜单栏单击"视图→工具条"命令，在打开的"工具栏"对话框中勾选"图层"选项，即可打开"图层"工具栏（图3-209）。

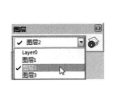

图3-209

2）单击"图层"工具栏的下拉按钮，在下拉选项中选择当前图层，同时在图层管理器中的当前图层也会被激活（图3-210、图3-211）。

图3-210　　　　图3-211

3）单击"图层"工具栏右侧的"图层管理器"按钮即可打开"图层"面板。在场景中选中了某个物体，图层工具栏的选框中会以黄色显示选中物体的所在图层（图3-212、图3-213）。

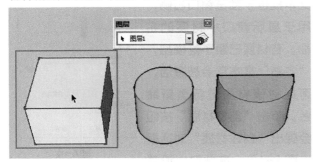

图3-212

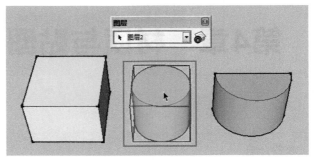

图3-213

3.6.3　图层属性

选中场景中的某个元素，单击鼠标右键，选择"图元信息"选项（图3-214），在弹出的"图元信息"对话框中可以查看选中元素的图层、名称、体积等信息（图3-215），还可以在"图层"下拉菜单中更改元素所在的图层（图3-216）。

图3-214

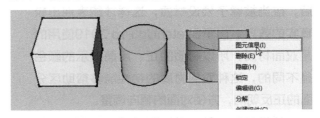

图3-215

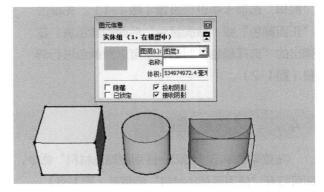

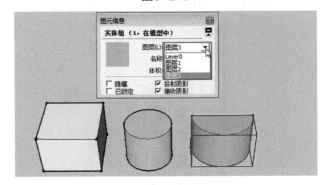

图3-216

第4章 材质与贴图

操作难度☆☆★★★

章节介绍

　　本章介绍SketchUp Pro 2019的材质与贴图运用方法。SketchUp Pro 2019的材质与贴图功能得到了全面提升，不仅具有多种素材图片，还能随意调用计算机中的素材，赋予模型后能进一步修改，操作起来快捷、方便。在学习过程中，应准备一些常见的贴图图片，除了通过网络下载外，还可以根据设计要求进行专门拍摄、制作，这样能提高效果图的真实感。

4.1 默认材质

　　在SketchUp Pro 2019中创建几何体模型后，应当被赋予预设材质，这样才能表现出较真实的效果。由于SketchUp Pro 2019使用的是双面材质，所以材质的正、反面显示的颜色是不同的，这种双面材质的特性能够帮助区分面的正反朝向，方便对面的朝向调整。

　　预设材质的颜色可以在"样式"编辑器的"编辑"选项卡中进行设置（图4-1）。先单击"正面颜色"或"背面颜色"后面的颜色块，在弹出的"选择颜色"对话框中可以对颜色进行调整（图4-2）。

图4-1

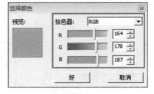

图4-2

4.2 材质编辑器

　　在菜单栏单击"窗口→使用层颜色材料"命令，即可打开"使用层颜色材料"编辑器（图4-3）。

　　"点按开始使用这种颜料绘画"窗口位于编辑

图4-3

器的左上角，用来预览材质，材质被选择或提取后将会显示在窗口中。"名称"文本框位于预览窗口右侧，用于显示窗口中材质的名称，若材质已赋予给模型，"名称"文本框会被激活，可以对该材质进行重新命名。单击"创建材质"按钮会弹出"创建材质"对话框（图4-4），在此可以设置材质的名称、颜色、大小等信息。

图4-4

4.2.1　选择选项卡

1. 基本界面

在"使用层颜色材料"编辑器中单击"选择"，可打开"选择"选项卡（图4-5）。

图4-5

（1）"后退"按钮/"前进"按钮　浏览材质时单击这两个按钮可以前进或后退。

（2）"在模型中"按钮　单击该按钮可以回到"在模型中"材质列表。

（3）"详细信息"按钮　单击该按钮可弹出菜单（图4-6）。

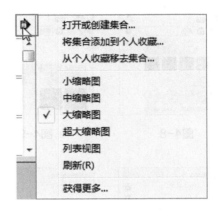

图4-6

（4）打开或创建集合…　单击该命令可载入或创建文件夹到"使用层颜色材料"编辑器中。

（5）将集合添加到个人收藏…　单击该命令可将选择的文件夹添加到收藏夹中。

（6）从个人收藏移去集合…　单击该命令可将选择的文件夹从收藏夹中删除。

（7）小缩略图/中缩略图/大缩略图/超大缩略图/列表视图　这些命令用于改变材质图标的显示状态（图4-7～图4-11）。

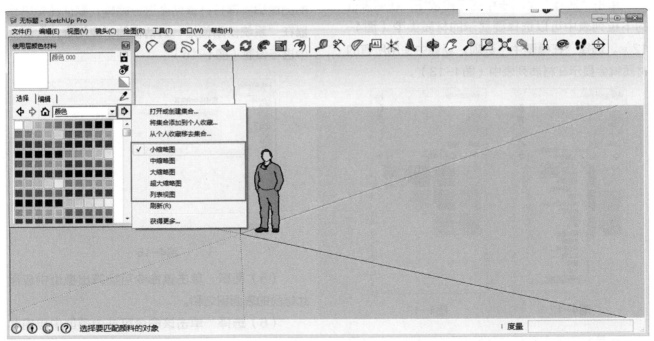

图4-7

图4-8　　　　　　　　　图4-9

图4-10　　　　　　　　图4-11

（8）"样本颜料"工具　单击图4-11中的"吸管"按钮后，光标变为吸管状态，可提取场景中的材质，并设置为当前材质。

2. 模型中的材质

单击"选择"选项卡中的下拉按钮，在列表框的下拉列表中可以选择要显示的材质类型（图4-12）。选择"在模型中"选项，场景中使用所有的材质就会显示在材质列表中（图4-13）。

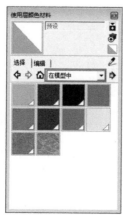

图4-12　　　　　　　　图4-13

材质右下角带有小三角的表示该材质正在场景

中使用，没有小三角的表示该材质曾被使用过，但现在没有被使用。光标放在材质上单击鼠标右键，可弹出右键菜单（图4-14）。

图4-14

（1）删除　单击该命令即可将该材质从模型中删除，原被赋予该材质的物体会被赋予默认材质。

（2）另存为　单击该命令即可将该材质存储到其他材质库。

（3）输出纹理图像　单击该命令即可将贴图存储为图片格式。

（4）编辑纹理图像　单击该命令可使用默认的图像编辑器打开该贴图进行编辑，默认图像编辑器在"系统使用偏好"对话框的"应用程序"面板中进行设置（图4-15）。

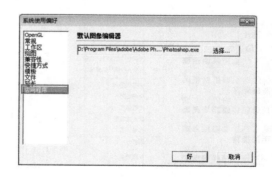

图4-15

（5）面积　单击该命令可计算出模型中应用此材质的表面积之和。

（6）选择　单击该命令可选中模型中应用此材质的表面。

3. 材质列表

单击"选择"选项卡中的下拉按钮，在列表框的下拉列表中选择"使用层颜色材料"选项，可在材质列表中显示材质库中的材质（图4-16）。在下拉列表中选择需要的材质，如"木质纹"，即可在材质列表中显示木质纹材质（图4-17）。

图4-16

图4-17

4.2.2　编辑选项卡

在"使用层颜色材料"编辑器中单击"编辑"，即可打开"编辑"选项卡（图4-18）。

1. 拾色器

在该下拉列表中可以选择颜色体系，包括色轮、HLS、HSB和RGB 4 种可供选择。

（1）色轮　选择该颜色体系可以直接从色盘上取色，拖动色盘右侧的颜色条滑块可调整色彩的明度，选择的颜色会在"点按开始使用这种颜料绘画"窗口实时显示（图4-19）。

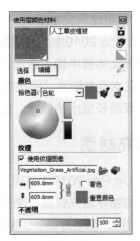

图4-18

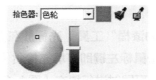

图4-19

（2）HLS　HLS分别代表色相、亮度和饱和度，选择该颜色体系可以对色相、亮度和饱和度进行调节（图4-20）。

图4-20

（3）HSB　HSB分别代表色相、饱和度和明度，选择该颜色体系可以对色相、饱和度和明度进行调节（图4-21）。

（4）RGB　RGB分别代表红色、绿色和蓝色，选择该颜色体系可以对红色、绿色和蓝色三种颜色进行调节（图4-22）。

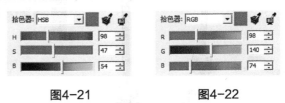

图4-21　　　　　　　　图4-22

2. "匹配模型中对象的颜色"按钮

单击该按钮可在模型中进行取样。

3. "匹配屏幕上的颜色"按钮

单击该按钮可在屏幕中进行取样。

4．纹理"长宽比"文本框

SketchUp Pro 2019中的贴图是连续、重复的贴图单元，在该文本框中输入数值可调整贴图单元的大小，单击文本框右侧的"锁定/解除锁定图像高宽比"按钮可取消长宽比的锁定，解除贴图长宽比锁定状态。

5．不透明

在此可调节任何材质的不透明度，对表面应用透明材质可使其具有透明性。

4.3 填充材质

在SketchUp Pro 2019中使用"油漆桶"工具可以对场景中的物体填充材质。使用"油漆桶"工具配合键盘的按键，能更方便、快速地填充材质。

4.3.1 选择填充

选取"油漆桶"工具，光标放在需要赋予材质的图元上单击鼠标左键即可填充材质（图4-23），选择多个图元可同时进行填充（图4-24）。

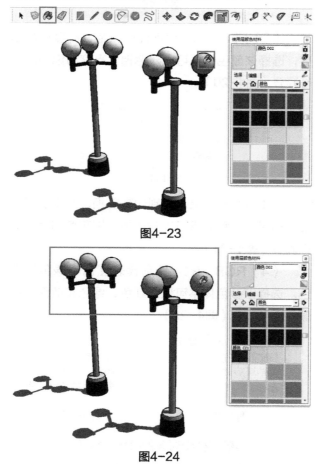

图4-23

图4-24

4.3.2 相邻填充

选取"油漆桶"工具，按住〈Ctrl〉键，当光标移至可填充的表面时，单击鼠标左键可填充与所选表面相邻且同一材质的所有表面（图4-25、图4-26）。

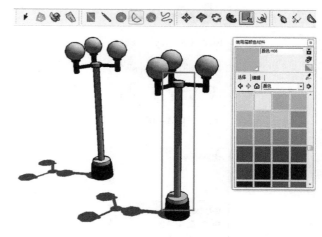

图4-25

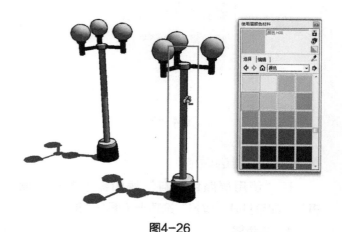

图4-26

4.3.3 替换填充

选取"油漆桶"工具，然后按住键盘上的〈Shift〉键，当光标移至可填充的表面时，单击鼠标左键可填充与所选表面同一材质的所有表面（图4-27、图4-28）。

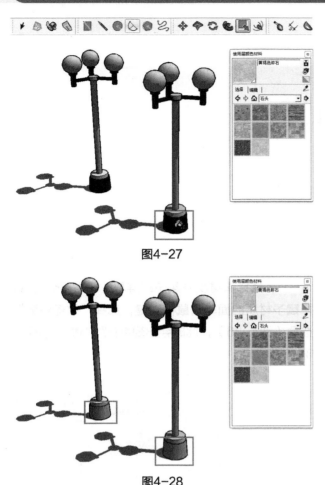

图4-27

图4-28

即可提取该物体的材质，并将其设置为当前材质
（图4-30）。

图4-30

4.3.4　提取材质

　　选取"油漆桶"工具，按住〈Alt〉键，光标会
变为"吸管"工具（图4-29）。在场景中单击图元

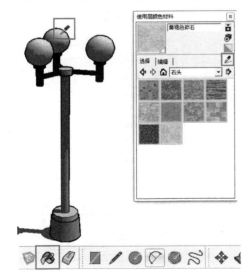

图4-29

补充提示

　　填充到模型表面的材质只是将图片简单
赋予模型，但是还要经过进一步调整，特别
是有纹理的贴图，要仔细调整纹理的大小。
对于调整合适，且进场使用的材质、贴图应
当署上名称，方便以后再次使用。对于已经
赋予材质、贴图的模型也可以单独保存，方
便以后再次调用。

　　如果用于模型场景中的贴图所在的文件
夹或名称发生变动，再次打开该模型时就无
法显示贴图，应当预先在计算机硬盘中设定
一个固定文件夹，用于长期存放贴图文件。
对于大量贴图文件应分类署名存放，避免经
常更改文件夹位置。

　　本书附赠素材资料中具有大量材质图
片，供选择应用，能满足日常工作和学习使
用需求。也可以在相关设计素材资源网站上
下载，还可以在生活中拍摄积累。

4.4 贴图的运用

4.4.1 贴图基本操作

1）打开本书附赠素材资料中的"第4章→1贴图的运用"文件（图4-31）。使用"选择"工具将计算机屏幕选中。

图4-31

2）打开"使用层颜色材料"编辑器，单击编辑器中的"创建材质"按钮（图4-32），弹出"创建材质"对话框（图4-33）。

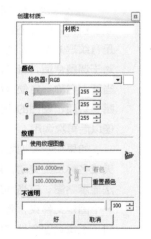

图4-32   图4-33

3）勾选"创建材质"对话框中的"使用纹理图像"选项，在弹出的"选择图像"对话框中选择本书附赠素材资料中的"第4章→4贴图的运用"文件（图4-34）。单击"打开"按钮，回到"创建材质"对话框中单击"好"按钮完成材质的创建。

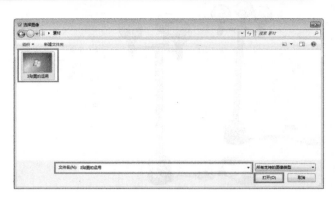

图4-34

4）选择该材质并赋予给屏幕（图4-35），选择赋予材质的面单击鼠标右键，选择"纹理位置"选项（图4-36），此时会出现4个彩色图钉（图4-37）。

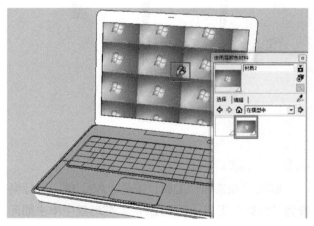

图4-35

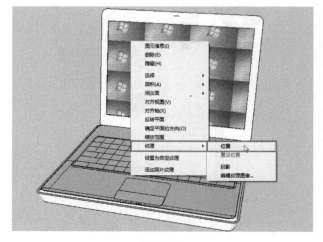

图4-36

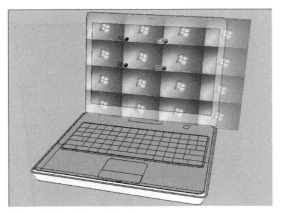

图4-37

5）通过对4个彩色图钉的控制调整贴图的大小与位置，使贴图符合屏幕大小（图4-38）。

图4-38

6）调整完成后，按回车键确定，即可完成贴图的赋予（图4-39）。

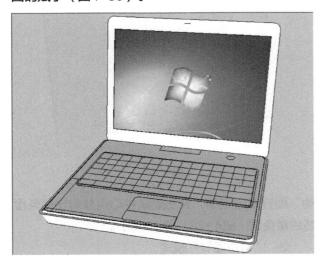

图4-39

4.4.2 贴图坐标的调整

1．"锁定图钉"模式

光标放在物体的纹理贴图上并单击鼠标右键，选择"纹理位置"选项（图4-40），此时贴图呈半透明状态，并出现4个彩色图钉，每个彩色图钉都有其独特的功能（图4-41）。

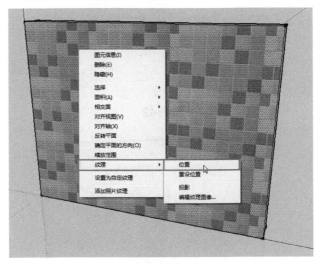

图4-40

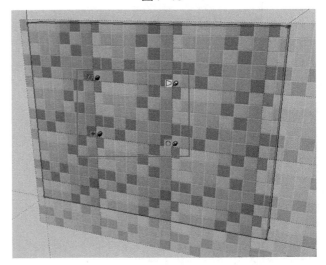

图4-41

（1）"平行四边形变形"图钉 拖动该图钉可将贴图进行平行四边形变形。移动"平行四边形变形"图钉时，下方的"移动"图钉和"缩放旋转"图钉固定不动（图4-42、图4-43）。

（2）"移动"图钉 拖动该图钉可移动贴图（图4-44、图4-45）。

（3）"梯形变形"图钉 拖动该图钉可将贴

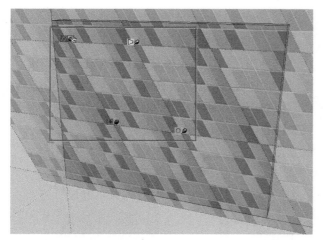

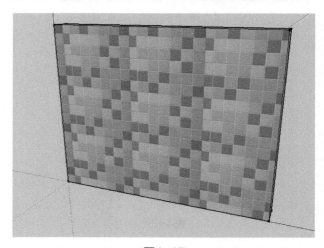

图4-42

图4-45

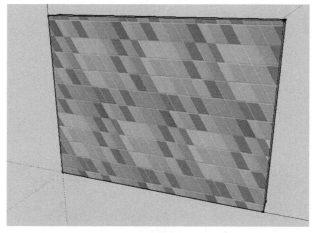

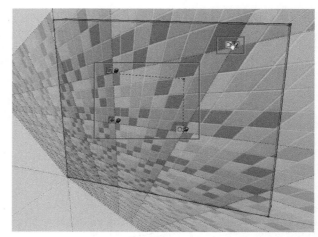

图4-43

图4-46

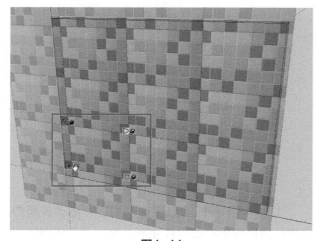

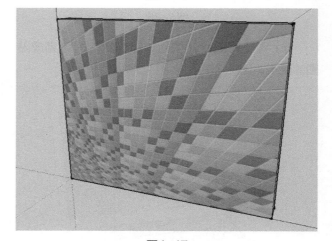

图4-44

图4-47

图扭曲变形，移动"梯形变形"图钉时，其他3个图钉固定不动（图4-46、图4-47）。

（4）"缩放旋转"图钉　拖动该图钉可将贴图缩放和旋转。移动"缩放旋转"图钉时，"移

动"图钉固定不动，并出现从中心点放射出两条虚线的量角器（图4-48、图4-49）。

2.　"自由图钉"模式

在"自由图钉"模式下，图钉之间不受任何限

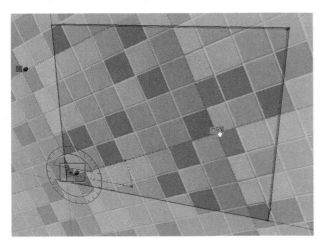

图4-48

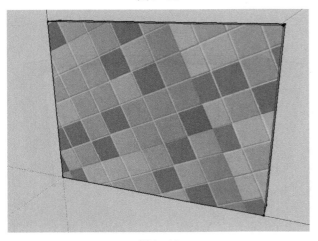

图4-49

制，可以拖曳到任意位置，适用于设置和消除贴图的扭曲现象。在贴图上单击鼠标右键，在弹出的菜单中取消"固定图钉"选项的勾选即可切换到"自由图钉"模式（图4-50、图4-51）。"自由图

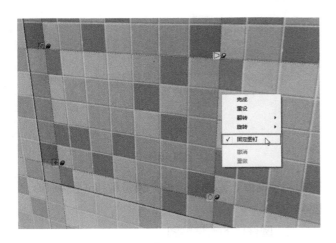

图4-50

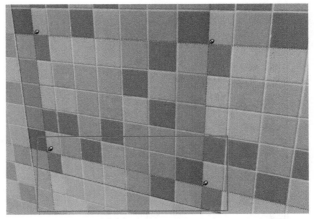

图4-51

钉"模式中4个图钉为相同的黄色图钉，拖动图钉即可对贴图进行调整。

4.4.3 贴图的技巧

1. 转角贴图

1）打开本书附赠素材资料中的"第4章→4转角贴图"文件（图4-52）。

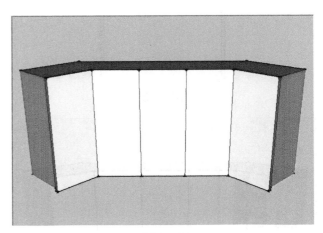

图4-52

2）打开"使用层颜色材料"编辑器，单击"创建材质"按钮（图4-53）。在弹出的"创建材质"对话框中勾选"使用纹理图像"选项，选择本书附赠素材资料中的"第4章→6转角贴图"文件，单击"好"按钮完成材质的创建（图4-54、图4-55）。

3）材质创建完成后选取"油漆桶"工具，将材质赋予给模型的1个表面上（图4-56）。光标放在贴图上单击鼠标右键，选择"纹理位置"选项，此时进入贴图坐标调整状态，将贴图调整到合适的大小和位

图4-53

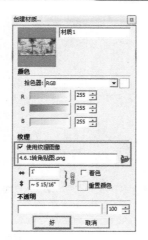

图4-54

图4-55

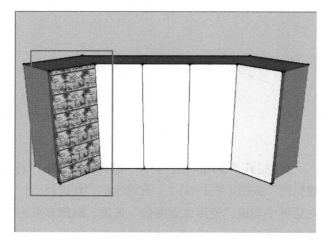

图4-56

图4-57

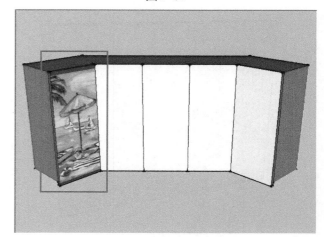

图4-58

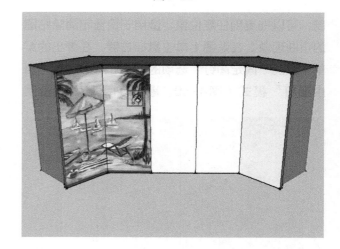

图4-59

置（图4-57），按〈Enter〉键确定（图4-58）。

4）使用"使用层颜色材料"编辑器中的"样本颜料"工具，光标放在赋予材质的表面单击鼠标左键进行取样，再将光标在相邻的表面上单击鼠标

左键赋予材质，贴图会自动无错位相接（图4-59、图4-60）。

2．圆柱体的无缝贴图

1）打开本书附赠素材资料中的"第4章→7圆

图4-60

柱体的无缝贴图"文件（图4-61）。

2）打开"使用层颜色材料"编辑器，单击"创建材质"按钮（图4-62），在弹出的"创建材质"对话框中勾选"使用纹理图像"选项，选择本书附赠素材资料中的"第4章→9圆柱体的无缝贴图"文件（图4-63），单击"好"按钮完成材质的创建（图4-64）。

图4-61　　　　　　图4-62

图4-63　　　　　　图4-64

3）材质创建完成后选取"油漆桶"工具，将材质赋予给模型的1个表面上（图4-65）。光标放在贴图上单击鼠标右键，选择"纹理位置"选项，进入贴图坐标调整状态，将贴图调整到合适的大小和位置（图4-66），按〈Enter〉键确定。

图4-65

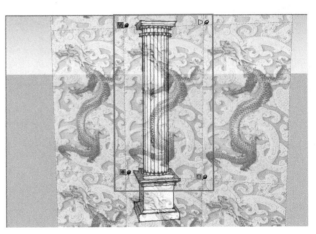

图4-66

4）使用"使用层颜色材料"编辑器中的"样本颜料"工具，光标放在赋予材质的表面单击鼠标左键进行取样，再在相邻的表面上单击鼠标左键赋予材质，贴图会自动无错位相接（图4-67）。

3. 投影贴图

1）打开本书附赠素材资料中的"第4章→10投影贴图"文件（图4-68）。

2）在菜单栏单击"文件→导入"命令（图4-69），弹出"打开"对话框（图4-70），设置"文件类型"为"便携式网格图形（*.png）"，选择本书附赠素材资料中的"第4章→12投影贴图"

图4-67

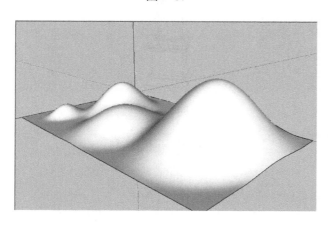

图4-68

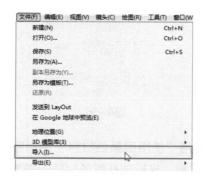

图4-69

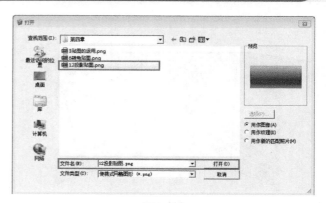

图4-70

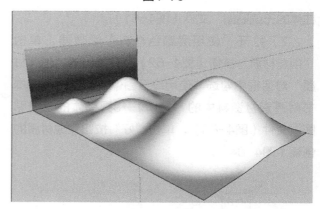

图4-71

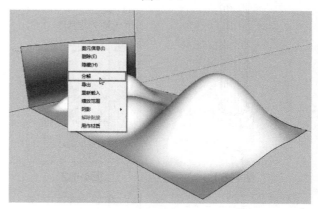

图4-72

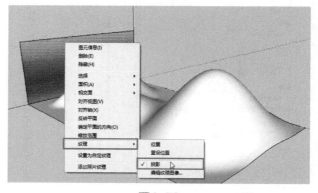

图4-73

文件，在选项中设置为"用作图像"。

3）将图像平行于蓝轴放置，并调整图像的大小与位置，使图像的上边线、下边线与模型的顶部和底部对齐（图4-71）。

4）调整完成以后，在图像上单击鼠标右键，选择"分解"选项，将图像转化为材质（图4-72）。

5）光标放在转化为材质的图像上单击鼠标右键，选择"纹理投影"选项（图4-73）。

6）使用"使用层颜色材料"编辑器中的"样本颜料"工具，光标放在转化为材质的图像上单击鼠标左键进行取样，再在模型上单击鼠标左键赋予材质，完成投影贴图绘制（图4-74）。

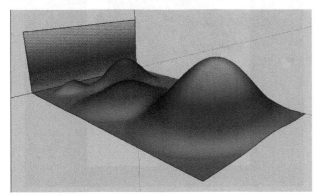

图4-74

4. 球面贴图

1）打开SketchUp Pro 2019，在场景中绘制两个大小相同且相互垂直的圆，将其中的1个圆的面删除，只保留边线（图4-75）。选择这条边线，选取"跟随路径"工具，光标放在平面的圆上单击鼠标左键即可生成球体，再将中间的线删除（图4-76）。

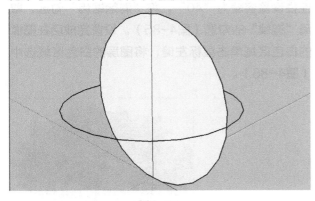

图4-75

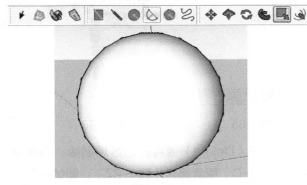

图4-76

2）在场景中再创建1个边长与球体直径相同的矩形平面（图4-77）。

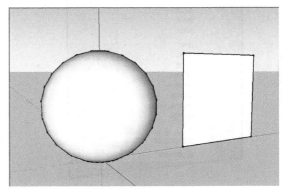

图4-77

3）打开"使用层颜色材料"编辑器，将本书附赠素材资料中的"第4章→13球面贴图"文件创建为材质并赋予矩形平面，将贴图调整至合适的大小和位置（图4-78）。

图4-78

4）光标放在贴图上单击鼠标右键，选择"纹理投影"选项（图4-79）。将球体选中，使用"样本颜料"工具在平面贴图上单击鼠标左键进行取样，再在球体上单击鼠标左键赋予材质（图4-80、图4-81），最终效果如图4-82所示。

5. PNG贴图

1）打开Photoshop，在该软件中打开本书附赠素材资料中的"第4章→15PNG贴图"文件（图4-83）。

2）在"图层"面板中双击"背景"图层，在弹出的"新建图层"对话框中单击"确定"按钮（图4-84），将背景图层转换为普通图层，便于后面的编辑。

图4-79

图4-83

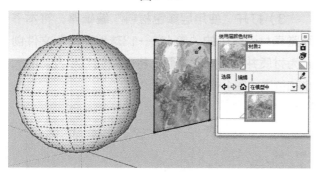

图4-80

图4-84

3）选取工具箱中的"魔棒"工具，在工具属性栏设置容差为"40"，将"消除锯齿"勾选，取消"连续"的勾选（图4-85）。设置完成后在图像的白色区域单击鼠标左键，将图层的白色区域选中（图4-86）。

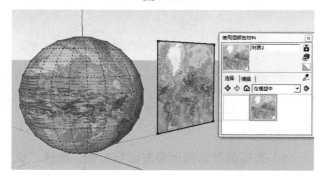

图4-81

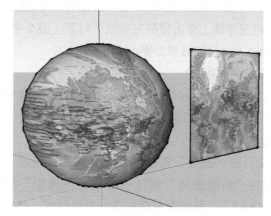

图4-82

图4-85   图4-86

4）按〈Delete〉键将白色区域删除，再按快捷键〈Ctrl+D〉取消选区（图4-87），图像中灰白棋盘格的区域即为透明区域。

图4-87

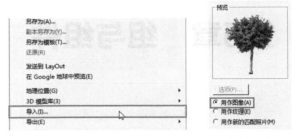

图4-89　　　　　　　图4-90

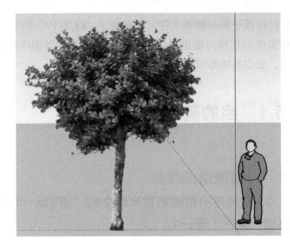

图4-91

5）在菜单栏单击"文件→存储为"命令，在弹出的"存储为"对话框中将格式设置为PNG格式（图4-88）将其另存，此时贴图制作完成。

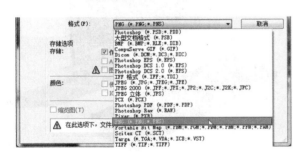

图4-88

6）打开SketchUp Pro 2019，在菜单栏单击"文件→导入"命令（图4-89），将之前制作的图片以"用作图像"的形式打开（图4-90）。

7）在场景中调整好贴图的大小和位置，效果如图4-91所示。

补充提示

　　用Photoshop制作贴图的技术，一直都是三维效果图软件的必备技术。Photoshop的最强大功能是能制作去除底图或颜色的贴图。这些贴图可以分开图层，即将图片与底图分开，赋予到场景空间中，能将底图部位的背景显示出来，获得较真实的表现效果。

　　采用Photoshop制作贴图最关键的环节是正确采用"选取"工具，如魔棒、快速选取、遮罩、抠图、钢笔路径等工具都能达到满意的效果，具体选用哪一种工具要根据图片的轮廓特征来判断。

第5章 组与组件

操作难度☆☆☆★★

章节介绍

  本章介绍SketchUp Pro 2019的材质与贴图的运用方法。SketchUp Pro 2019不同于AutoCAD、Photoshop等软件依赖于图层管理文件，它提供了"群/组件"的管理功能，可以将同类型相关联的物体创建为组，更加便于管理。模型成组后能方便进行各种编辑，特别是效果图中的各种家具、成品等构造复杂的模型，它们都由多个独立模型组成，成组后能有效避免模型的部件缺失。

5.1 组的基本操作

5.1.1 创建组的操作

  1）打开本书附赠素材资料中的"第5章→1创建群组"文件（图5-1）。

图5-1

图 5-2

  2）光标放在显示器上三击鼠标左键将显示器选中（图 5-2），单击右键选择"创建组"选项（图5-3），也可在菜单栏单击"编辑→创建组"命令，都可将选中的图元创建为组（图5-4）。

  3）按照同样的操作将键盘创建为一个组（图5-5），选中的组会出现高亮显示的边框线。

  4）将显示器和键盘两个组同时选中，单击右键选择"创建组"选项，将这两个组创建为一个组（图5-6），这样就完成了两层级组模型的创建。

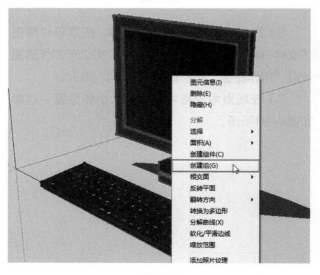

图5-3

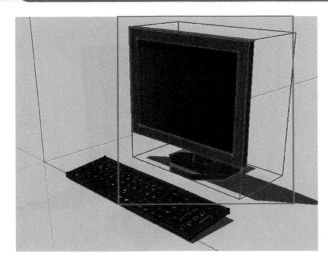

图5-4

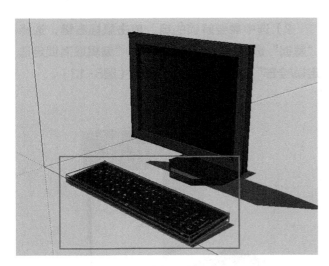

图5-5

图5-6

5.1.2 编辑组的操作

1. 编辑组

要对组内的图元进行编辑时，需要进入到组内，选取"选择"工具，光标放在组上双击鼠标或单击右键选择"编辑组"选项，即可进入到组的内部（图5-7、图5-8）。

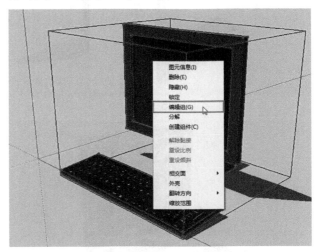

图5-7

图5-8

进入组后，组的外框会以虚线显示，组外的图元呈灰色显示，多层级的组会显示多个线框。在组内编辑时，组外的图元可以参考捕捉，但是不可以被编辑。

2. 分解组

选中需要分解的组，单击鼠标右键，选择"分解"选项，即可将组分解（图5-9、图5-10），原嵌套在内的组会变为独立的组，重复使用"分解"命令可将嵌套的组一级一级分解。

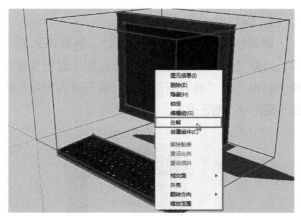

图5-9

图5-10

3. 锁定组

将组锁定可防止在操作过程中将组移动或删除，避免严重的损失。

1）选中需要锁定的组，单击鼠标右键，选择"锁定"选项，可将组锁定（图5-11、图5-12），被锁定的组外框呈红色显示。

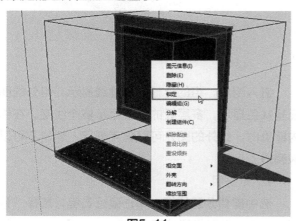

图5-11

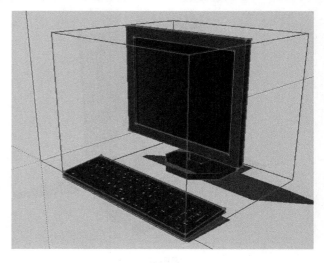

图5-12

2）选中需要解锁的组，单击鼠标右键，选择"解锁"选项，或在菜单栏单击"编辑取消锁定选定项/全部"命令，可以将组解锁（图5-13）。

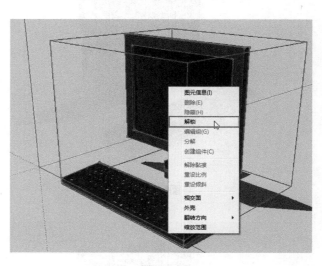

图5-13

5.1.3　为组赋予材质

在SketchUp Pro 2019中可以为整个组或组内的单个图元赋予材质。当对整个组赋予材质时，组内已被赋予材质的平面将不再接受新材质，只有使用预设材质的平面接受新材质。

图5-14中台灯底座已被赋予材质，其他部分使用预设材质，当对整个组赋予材质时，台灯底座材质不变，其他部分接受新材质（图5-15）。

图5-14

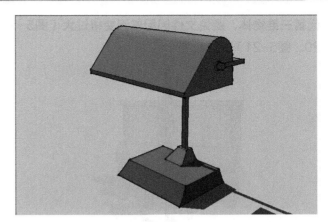

图5-15

5.2 组件

　　组件和组都可以对场景中的模型进行统一管理，但组件具有组所不具备的关联性，对一个组件进行修改，场景中的相同组件都会同步修改。

5.2.1 制作组件

　　将需要创建为组件的图元选中，单击鼠标右键选择"创建组件"选项（图5-16），或在菜单栏单击"编辑→创建组件"命令（图5-17），可弹出"创建组件"对话框（图5-18），在此可设置组件的信息。

图5-16

图5-17

图5-18

　　1. "名称/描述"文本框

　　在此可对组件命名和对重要信息注释。

　　2. 黏接至

　　在此设置组件插入时要对齐的面，有"无""任意""水平""垂直"和"倾斜"5个选项（图5-19）。

图5-19

　　3. 切割开口

　　勾选该项后，组件会在表面相交的位置切割开口，适用于门窗等组件。

　　4. 总是朝向镜头

　　勾选此项可使组件始终对齐视图，不受视图变更的影响。适用于组件为二维配景时，用二维物体代替三维物体，避免文件因配景而变得过大（图5-20、图5-21）。

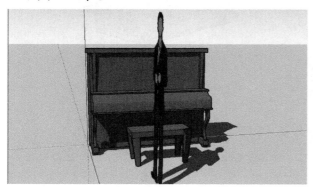

图5-20

图5-21

5. 阴影朝向太阳

勾选"总是朝向镜头"后此项会被激活，勾选此项可使物体阴影随着视图的变更而变更（图5-22、图5-23）。

图5-22

6. 设置组件轴

单击此按钮可设置组件的坐标轴，确定组件的方位（图5-24）。

图5-23

7. 用组件替换选择内容

勾选该项可将制作组件的源物体转换为组件，如不勾选该项，源物体将不发生任何变化，但制作的组件已被添加进组件库。

在菜单栏单击"窗口→组件"命令，即可打开"组件"编辑器，在"选择"选项卡中选择要修改的组件，在"编辑"选项卡中可对其进行修改（图5-25、图5-26）。

图5-24

图5-25   图5-26

5.2.2　插入组件

SketchUp Pro 2019的组件可以从"组件"编辑器中调入，也可从其他文件中导入，具体方法如下。

1）在菜单栏单击"窗口→组件"命令，弹出

"组件"编辑器，在"选择"选项卡中选择一个组件，光标放在绘图区单击鼠标左键即可将选择的组件插入当前视图（图5-27）。

图5-27

2）在菜单栏单击"文件→导入"命令，可将组件从其他文件中导入到当前视图，也可将其他视图的组件复制到当前视图中。

5.2.3　编辑组件

1. "组件"编辑器

在菜单栏单击"窗口→组件"命令即可打开"组件"编辑器（图5-28）。"组件"编辑器中包含"选择""编辑"和"统计信息"3个选项卡。

（1）"选择"选项卡　单击"查看选项"按钮可弹出下拉菜单，在此可选择组件清单的显示方式（图5-29）。单击"在模型中"按钮可显示当前模型中正在使用的组件。单击"导航"按钮可弹出下拉菜单，在此可单击"在模型中"或"组件"选

图5-28

图5-29

项切换显示的模型目录（图5-30）。选中模型中的一个组件，单击"详细信息"按钮可弹出菜单，包含"打开或创建本地集合""另存为本地集合"等选项（图5-31）。

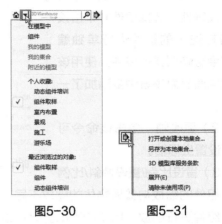

图5-30　　　　图5-31

在"选择"选项卡的底部显示框中可显示当前集合的名称，显示框两侧的按钮可用于前进或后退（图5-32）。

图5-32

（2）"编辑"选项卡　选择了模型中的组件后，可在"编辑"选项卡中对组件的"黏接至""切割开口""总是朝向镜头"等信息进行设置（图5-33）。

（3）"统计信息"选项卡　在此可显示已选组件的绘图元素的类型和数目，还可以显示当前场景中该组件的数量（图5-34）。

图5-33　　　　图5-34

2. 右键关联菜单

光标放组件上单击鼠标右键可打开菜单（图5-

35），右键菜单中包括"图元信息""删除""隐藏"等选项。

（1）设置为自定项　在SketchUp Pro 2019中相同的组件具有关联性，选择组件并单击该命令可对选中的组件进行单独编辑，不会影响到其他组件。使用该命令的实质是为场景中多添加了一个组件。

（2）更改轴　单击该命令可以重新设置坐标轴。

图5-35

（3）重设比例/重设倾斜/比例定义　组件的缩放与普通物体的缩放不同，如直接对一个组件进行缩放，则不会影响到其他组件的比例大小；如进入组件内部进行缩放，则会改变所有相联组件的大小比例。组件缩放完成后，单击"重设比例"或"重设倾斜"命令可将组件恢复原形。

（4）翻转方向　可在该命令的子菜单中选择翻转的轴线即可完成翻转。

3. 隐藏模型的其余部分和隐藏类似的组件

在菜单栏单击"视图→组件编辑→隐藏模型的其余部分/隐藏类似的组件"命令可对类似的组件和模型的其余部分进行显隐设置（图5-36）。图5-37所示为建筑模型，双击进入窗户组件。

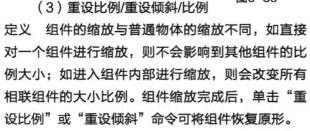

图5-36

1）将"隐藏模型的其余部分"命令勾选，除窗户组件外的模型会被隐藏（图5-38）。

2）将"隐藏类似的组件"命令勾选，除选中的窗户组件外，其他的窗户组件都会被隐藏（图5-39）。

3）将"隐藏模型的其余部分"命令与"隐藏

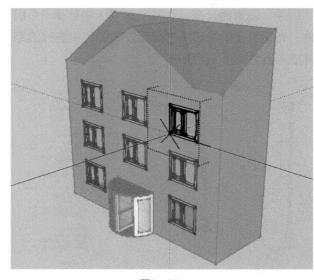

图5-37

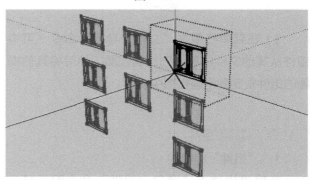

图5-38

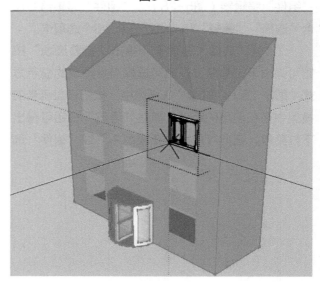

图5-39

类似的组件"命令同时勾选，其他的窗户组件和组件外的模型都会被隐藏（图5-40）。

在菜单栏单击"窗口→模型信息"命令可打开

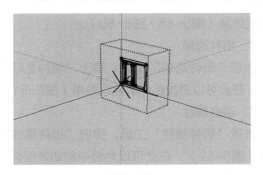

图5-40

"模型信息"对话框。单击"模型信息"对话框左侧的"组件",打开"组件"面板(图5-41),在此可以勾选"隐藏"选项,将类似组件或其余模型隐藏,也可移动滑块设置组件的淡化效果。

图5-41

4. 组件的浏览与管理

在菜单栏单击"窗口→大纲"命令即可打开"大纲"浏览器(图5-42)。"大纲"浏览器以树形结构列表显示场景中的组和组件,条目清晰便于管理,适用于大型场景中组和组件的管理。

(1)"过滤"文本框 在此输入要查找的组或组件的名称,即可查找到场景中的组或组件。

(2)"详细信息"按钮 单击该按钮可弹出菜单(图5-43),此菜单包括"全部展开""全部折叠"和"按名称排序"命令,这些命令用于调整树形结构列表。

5. 为组件赋予材质

为组件赋予材质时,

图5-42

图5-43

预设材质的表面会被赋予新的材质,而被指定了材质的表面不会受影响。为组件赋予材质的操作只会对指定的组件有效,不会影响到其他组件(图5-44)。在组内赋予材质时,其他关联组件也会改变(图5-45、图5-46)。

图5-44

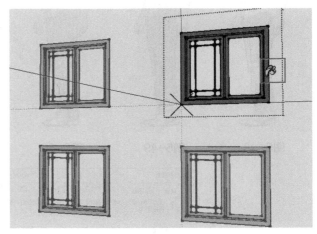

图5-45

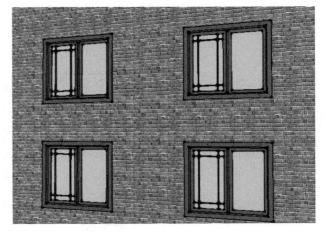

图5-46

5.2.4　动态组件

动态组件是一种已为其指定属性的SketchUp Pro 2019 组件，使用起来很方便，适用于制作楼梯、门窗、地板等组件。"动态组件"工具栏包含3个工具（图5-47），分别为"与动态组件互动""组件选项"和"组件属性"工具。

图5-47

1.　与动态组件互动

选取"与动态组件互动"工具，将光标移至动态组件上，单击鼠标左键，组件即可动态显示不同的属性效果（图5-48～图5-50）。

2.　组件选项

选取"组件选项"工具，弹出"组件选项"对话框，在此可以更改组件的显示效果（图5-51）。

3.　组件属性

选取"组件属性"工具，弹出"组件属性"对话框（图5-52），在此可以为选中的动态组件添加属性等（图5-53）。

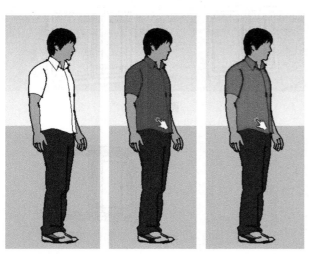

图5-48　　　　图5-49　　　　图5-50

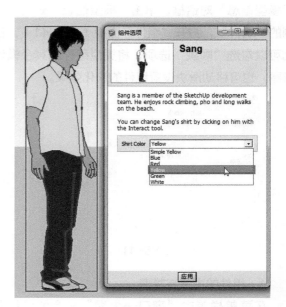

图5-51

图5-52

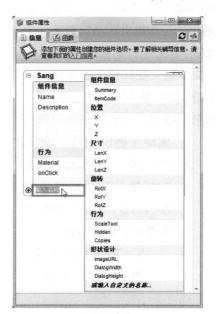

图5-53

中文版SketchUp Pro 2019 / VRay

效果图全能教程

提高篇·深入精髓

第6章 场景与动画

操作难度☆★★★★

章节介绍

本章介绍SketchUp Pro 2019的场景与动画的制作方法。SketchUp Pro 2019作为一种三维软件，也能制作动画，这对于制作室内外效果图而言，是一种特别有利的补充，它的动画输出方法简单、快捷，适用于复杂场景的全方位表现。输出动画后一般应在Premiere中打开，可以继续编辑加工、配置音乐、进行剪辑，然后再输出为成品动画，能满足各种商业表现的要求。

6.1 场景与场景管理器

6.1.1 场景

在菜单栏单击"窗口→场景"命令即可打开"场景"管理器（图6-1），在此可以控制SketchUp Pro 2019场景中的各种功能。

1. "更新场景"按钮

单击该按钮可更新场景。

2. "添加场景"按钮

单击该按钮可添加新的场景到当前文件中。

3. "删除场景"按钮

选择需要删除的场景，单击该按钮可以将选择的场景删除。

4. "场景下移"按钮/"场景上移"按钮

单击这两个按钮可将选中的场景在场景清单中上移或下移。

5. "查看选项"按钮

单击该按钮可弹出菜单（图6-2），在此菜单中可选择场景清单的显示方式，包括"小缩略图"

"大缩略图""详细信息"和"列表"。

6. "显示详细信息"按钮

单击该按钮，可显示详细信息面板（图6-3），再次单击该按钮可隐藏详细信息面板。在详细信息面板中可对场景的名称、说明和要保存的属性进行设置。

图6-3

7. 包含在动画中

设置该场景是否在动画中使用。

8. 名称

设置当前场景的名称。

9. 说明

对当前场景提供简短的描述和说明。

10. 要保存的属性

图6-1

图6-2

设置当前场景中要保存的属性，勾选的属性将被保存到当前场景，更新属性后需更新场景。

11. 右键单击缩略图

执行该场景视图的常用命令（图6-4）。

图6-4

6.1.2 添加场景

1）打开本书附赠素材资料中的"第6章→1页面及页面管理器"文件（图6-5）。在菜单栏单击"窗口→场景"命令，打开"场景"管理器，单击"添加场景"按钮，添加"场景1"（图6-6）。

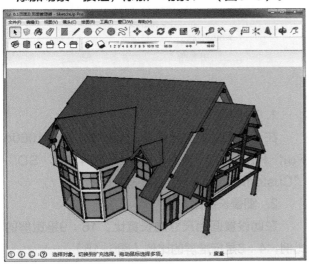

图6-5

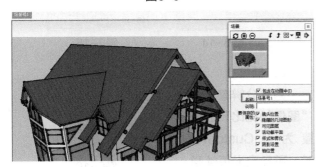

图6-6

2）调整视图后，再次单击"添加场景"按钮，添加"场景2"（图6-7）。

图6-7

3）同样继续完成其他页面中的添加，最终完成操作即可播放动画（图6-8）。

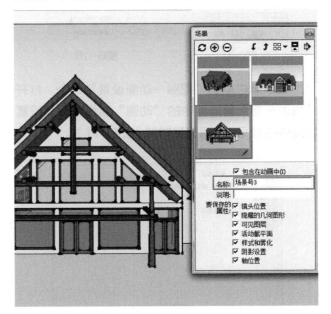

图6-8

补充提示

三维动画软件中的场景是指构图视角，采用"缩放""平移"工具等都可以对模型的视角进行变化。经过变化后的构图视角即发生变更，与原来打开文件时的角度不同了，这就是新的场景。

在动画制作中，需要对同一个模型创建不同的构图视角，以满足不同的动态变化，添加的场景会被保存至该文件中，以便下次打开继续编辑操作。

6.2 动画

6.2.1 幻灯片演示

首先添加一系列不同视角的场景，使得相邻场景之间的视角相差不太大。在菜单栏单击"视图→动画播放"命令打开"播放"对话框（图6-9）。单击"播放"按钮可播放场景中的展示动画，单击"暂停"按钮可暂停播放，单击"停止"按钮可退出播放。

光标移至场景标签上单击鼠标右键，选择"播放动画"命令即可从选中的场景开始播放动画（图6-10）。

图6-9

图6-10

在菜单栏单击"视图→动画设置"命令，打开"模型信息"管理器中的"动画"面板，在此设置场景转换时间和场景延迟时间（图6-11）。

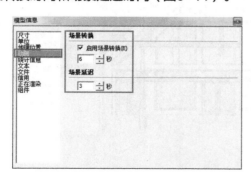

图6-11

6.2.2 导出AVI格式的动画

在SketchUp Pro 2019中能够播放动画，但不能对动画文件进行添加文字、音乐等修饰，也不支持在其他软件中播放，而且场景过大、过多时画面很难流畅播放，所以在SketchUp Pro 2019中完成动画的制作后需要将其导出。SketchUp Pro 2019支持AVI格式的动画导出。

在菜单栏单击"文件→导出→动画视频"命令，弹出"输出动画"对话框（图6-12），单击该

图6-12

对话框中的"选项"按钮，打开"动画导出选项"对话框（图6-13）。

图6-13

1. 分辨率

在下拉菜单中选择需要的分辨率，有"1080p Full HD""720p HD""480p SD""Custom"四种选项（图6-14）。

2. 图像长宽比

在此设置画面尺寸的长宽比，16：9是宽屏的比例，4：3是标准屏的比例（图6-15）。

图6-14   图6-15

3. 帧尺寸

当"分辨率"与"图像长宽比"都设置为"Custom"时，可自定义每帧画面的尺寸（图6-16）。

图6-16

4. 预览帧尺寸

单击该按钮可预览帧尺寸。

5. 帧速率

设置每秒钟刷新的图片的帧数，单位为帧/秒，帧速率越大，渲染时间越长，输出的视频文件越大。

6. 循环至开始场景

勾选该选项可以从最后一个场景倒退到第一个场景，形成无限循环的动画效果。

7. 抗锯齿渲染

勾选该选项可对导出的图像做平滑处理，但需要更长的导出时间。

8. 始终提示动画选项

勾选该选项可以在创建视频文件之前总是先显示"动画导出选项"对话框。

在"动画导出选项"对话框设置完成后单击"好"按钮，回到"输出动画"对话框，在此设置输出路径，将"输出类型"设置为AVI格式，单击"导出"按钮即可导出AVI格式动画。

6.2.3　导出动画

1）打开之前完成的"添加场景"文件，现在将场景导出为动画。

2）在菜单栏单击"文件→导出→动画视频"命令，弹出"输出动画"对话框，在此设置文件的保存位置和文件名称，设置"输出类型"为AVI格式（图6-17）。

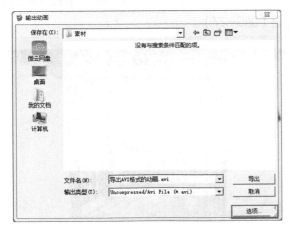
图6-17

3）单击"选项"按钮，在弹出的"动画导出"

选项"对话框设置"分辨率"为480p SD，"帧速率"为10帧/秒，将"循环至开始场景"和"抗锯齿渲染"勾选（图6-18），设置完成后单击"好"按钮。

图6-18

4）单击"导出"按钮，弹出"正在导出动画…"对话框（图6-19），将AVI格式动画导出（图6-20）。

图6-19

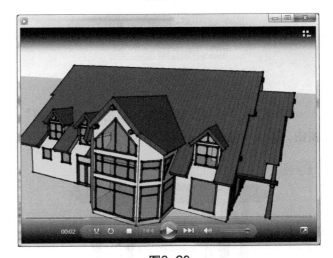
图6-20

6.2.4　制作动画

1）打开本书附赠素材资料中的"第6章→5制作方案展示动画"文件（图6-21）。单击"窗口→阴影"命令打开"阴影设置"对话框（图6-22），单击"显示/隐藏阴影"按钮，在此设置"日期"为

5/1，将时间控制滑块拖至最左侧（图6-23）。

图6-21

图6-22

图6-23

2）打开"场景"管理器，单击"添加场景"按钮，添加"场景1"（图6-24）。

图6-24

3）将"阴影设置"对话框中的时间控制滑块拖至最右侧，再添加一个场景（图6-25）。

图6-25

4）打开"模型信息"对话框，在"动画"面板中勾选"启用场景转换"，设置为5秒，"场景延迟"设置为0秒（图6-26）。

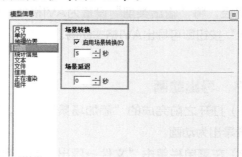

图6-26

5）设置完成后单击"文件→导出→动画视频"命令，设置好动画的保存路径和格式即可导出动画（图6-27）。

图6-27

6.3 使用Premiere软件编辑动画

6.3.1 打开Premiere

启动Premiere软件，弹出"欢迎使用Adobe Premiere Pro"对话框（图6-28）。单击"新建项目"选项，弹出"新建项目"对话框，在此可以设置文件的保存路径和名称（图6-29），设置完成后单击"确定"按钮。

图6-28

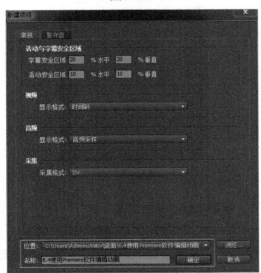

图6-29

6.3.2 设置预设方案

单击"确定"按钮后会弹出"新建序列"对话框，在此可以设置预设方案，预设方案包括文件的压缩类型、视频尺寸、播放速度、音频模式等。为了方便用户使用，系统提供了几种常用的预设，用

户也可以自定义预设，在制作过程中还可以根据需要更改这些选项。

由于我国电视台采用PAL制式的播放制式，所以视频需要在电视中播放，应该选择PAL制式的设置，在此设置为"标准48kHz"（图6-30）。选择一种设置后，相应的预设参数会显示在右侧的"预置描述"文本框中。

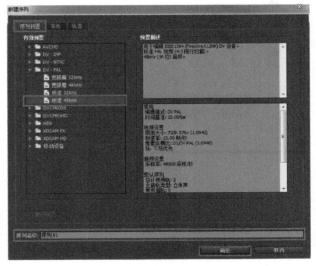

图6-30

设置完成后单击"确定"按钮即可启动Premiere软件（图6-31）。Premiere软件的主界面由"工程窗口""监视器窗口""时间轴""过渡窗口""效果窗口"等组成。

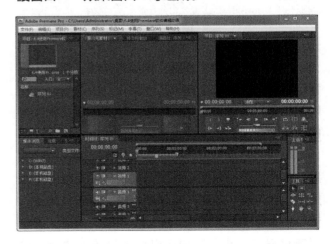

图6-31

6.3.3 将AVI文件导入Premiere

在菜单栏单击"文件→导入"命令即可打开"导入"对话框,在此选择需要导入的AVI文件,单击"打开"按钮即可将其导入(图6-32)。

图6-32

6.3.4 在时间轴上衔接

时间轴窗口在Premiere软件中居于核心地位,在时间轴窗口中可以将视频片段、图像、声音等组合起来,可以制作各种特技效果(图6-33)。

图6-33

时间轴包含多个通道,能够将视频、图像与声音组合起来。将左上角"工程窗口"中的素材拖至时间轴上,系统可以自动将拖入的文件装配到相应的通道上。

沿通道拖动素材即可改变素材在时间轴中的位置,将两段素材首尾相连即可实现画面无缝拼接的效果。也可将"效果"选项面板中的特技效果拖入素材中实现视频之间的过渡连接(图6-34)。调整"素材显示大小"滑块可以将素材放大或缩小显示。

图6-34

6.3.5 制作过渡特效

视频切换时为了使衔接效果更加自然或有趣可以添加过渡特效。

1. 效果面板

"效果"面板位于界面的左下角,面板中有详细分类的文件夹,单击扩展按钮可以打开文件夹,每个文件夹下面都有一组不同的过渡效果(图6-35)。

图6-35

2. 在时间轴上添加过渡

选择一种过渡效果并将其拖动到时间轴的"特技"通道中,系统会自动确定过渡长度和匹配过渡部分(图6-36、图6-37)。

图6-36

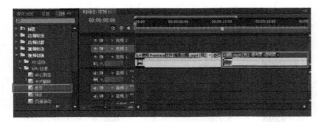

图6-37

3. 过渡特技属性设置

将光标移至"特效"通道的过渡显示区上双击鼠标左键，在"特效控制台"中即可出现属性编辑面板（图6-38），能设置过渡特技效果。

图6-38

6.3.6　动态滤镜

在Premiere软件中可以使用各种视频和声音滤镜，为原始视频和声音添加特效。在"效果"选项面板中单击"视频特效"文件夹，能够看到详细分类的视频特效文件夹（图6-39）。

图6-39

在"视频特效"文件夹中打开"生成"子文件夹，选择"镜头光晕"文件，将其拖动到时间轴素材上，此时在"特效控制台"中会出现"镜头光晕"特效的参数设置栏（图6-40）。

图6-40

在"镜头光晕"特效的参数设置栏中可以设置点光源的位置、光线强度等信息（图6-41），在特效名称上上下拖动可改变特效顺序，在特效名称上单击鼠标右键可弹出菜单，在此菜单中可进行复制、清除等操作（图6-42）。

图6-41　　　　　　　　图6-42

6.3.7　编辑声音

使用Premiere软件可以制作出淡入、淡出的音频效果。将音频素材导入并拖到时间轴的音频通道上（图6-43）。使用"剃刀"工具可以将音频剪切，将多余的音频部分删除（图6-44）。音频滤镜的添加方法与视频滤镜的添加方法相似，音频通道的使用方法也与视频通道的使用方法相似。

图6-43

图6-44

6.3.8 添加字幕

1）在菜单栏单击"文件→新建→字幕"命令，弹出"新建字幕"对话框，在此设置尺寸、名称等信息（图6-45、图6-46）。

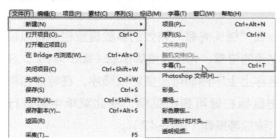

图6-45

图6-46

2）设置完成后单击"确定"按钮可打开"字幕"编辑器，选取"文字"工具并在编辑区拖出1个矩形文件框，在文件框中输入文字内容，输入完成后可在"字幕样式""字幕属性"等面板中设置字体样式、大小、颜色等效果（图6-47）。

3）单击"文件→保存"命令保存字幕，然后将"字幕"编辑器关闭。此时在"工程窗口"中可找到字幕，将其拖动到时间轴上（图6-48）。

4）动态字幕与静态字幕可以相互转换，在时间轴的字幕通道上双击鼠标左键，弹出"字幕"编辑器，单击"滚动/游动选项"按钮可以弹出"滚动/游动选项"对话框（图6-49），在此可修改字幕类型，这样静态文字就变成了动态文字。

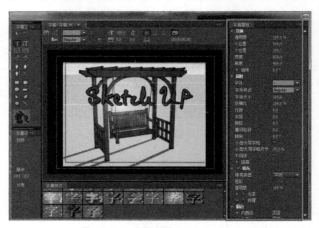

图6-47

图6-48

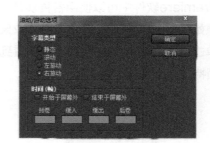

图6-49

5）在菜单栏单击"字幕→新建字幕→基于模板"命令，打开"新建字幕"浏览器，在此有很多风格的字幕样式，选择一种打开后可以在"新建字幕"编辑器中对其进行修改（图6-50、图6-51）。

6.3.9 保存与导出

1. 保存PPJ文件

单击"文件→保存"命令或"文件→另存为"命令可以对文件进行保存，默认的格式为.prproj格

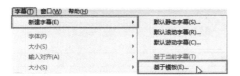

图6-50

图6-51

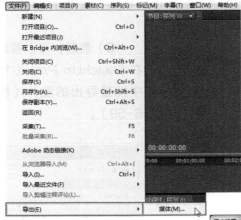

图6-52

补充提示

Premiere的全称为Adobe premiere，是一款常用的视频编辑软件，由Adobe公司推出。现在常用的有6.5、Pro1.5、2.0等版本。是一款画面编辑质量比较好的软件，有较好的兼容性，且可以与Adobe公司推出的其他软件相互协作。目前，这款软件广泛应用于广告制作和电视节目制作中，也可以用于各种视频动画的后期处理。最新版本为Adobe Premiere Pro CC。

Premiere可以提升视频动画的创作能力与自由度，它是易学、高效、精确的视频剪辑软件。Premiere提供了采集、剪辑、调色、美化音频、字幕添加、输出、DVD刻录的一整套流程，并与其他Adobe软件高效集成，能完成各种动画编辑、制作任务。

式。该格式能够保存当前影片编辑状态的全部信息，以后直接打开该文件可继续进行编辑。

2. 导出AVI文件

单击"文件→导出→媒体"命令可打开"导出设置"对话框，在此可为影片命名并设置保存路径，单击"确定"按钮就可以合成AVI电影了（图6-52、图6-53）。

图6-53

6.4　批量导出场景图像

1）打开本书附赠素材资料中的"第6章→8批量导出页面图像"文件（图6-54），该文件已设置好多个场景。

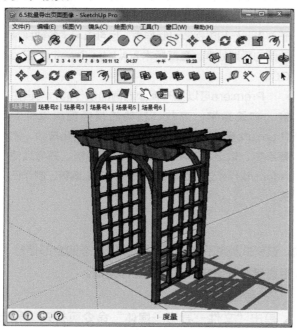

图6-54

2）单击"窗口→模型信息"命令，在打开的"模型信息"对话框中打开"动画"面板，设置"场景转换"为1秒，设置"场景延迟"为0秒，按回车键确定（图6-55）。

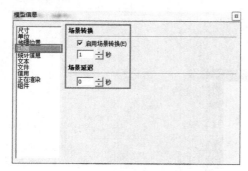

图6-55

3）单击"文件→导出→媒体"命令可打开"输出动画"对话框（图6-56），在此设置保存路径和类型。

4）单击"选项"按钮，弹出"动画导出选项"对话框，设置"分辨率"为480p SD，帧速率

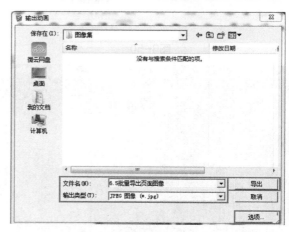

图6-56

为1帧/秒（图6-57）。

5）设置完成后单击"导出"按钮开始导出图片（图6-58）。

6）最后，可以看到在SketchUp Pro 2019中批量导出的图片（图6-59）。

图6-57

图6-58

图6-59

第7章 截面剖切

操作难度☆★★★★

章节介绍

本章介绍SketchUp Pro 2019的截面剖切功能与方法。对模型进行剖切后，能观察到模型的内部构造，并用于效果图的结构分析，能单独反映设计创意的细节。创建截面后能建立模型场景，导出截面的矢量图，并能制作截面剖切的运动过程，这是室内外效果的重要表现方式之一。其不仅适用于整体建筑的内部构造表现，还适用于室内家具构造的细节分析，是设计与施工交流的重要表现手段。

7.1 截面

7.1.1 创建截面

1）打开本书附赠素材资料中的"第7章→1创建截面"文件（图7-1）。

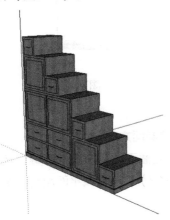

图7-1

2）选取"截平面"工具，将光标移至模型处，光标将变为带有截平面的指示器，指示器方向与所指向的模型表面平行（图7-2）。

3）移动指示器到合适的位置单击鼠标左键即可生成1个横截面图元（图7-3）。

7.1.2 编辑截面

1. 截面工具栏

在菜单栏单击"视图→工具条"命令，在弹出的"工具栏"对话框中勾选"截面"选项，即可显

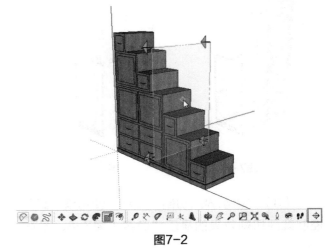

图7-2

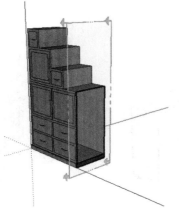

图7-3

示截面工具栏（图7-4）。截面工具栏包含"截平面""显示截平面"和"显示界面切割"工具，使

用"截面"工具栏可以进行常见的截面操作。

（1）"截平面"工具　使用该工具可以创建截面，选取该工具后，光标将变为带有截平面的指示器（图7-5）。

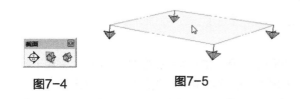

图7-4　　　　　图7-5

（2）"显示截平面"工具　使用该工具可以控制截平面图元的显示或隐藏（图7-6、图7-7）。

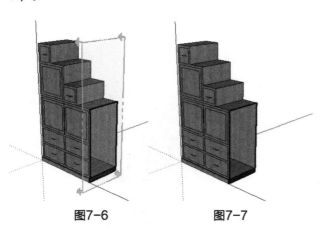

图7-6　　　　　图7-7

（3）"显示界面切割"工具　使用该工具可控制截面切割效果的显示或隐藏（图7-8、图7-9）。

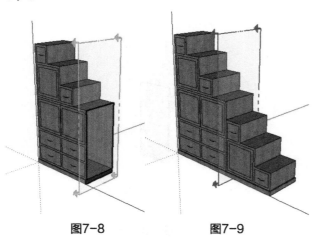

图7-8　　　　　图7-9

2. 移动和旋转截面

生成的截平面图元与其他图元一样可以进行移

动、旋转等操作。选取"移动"工具和"旋转"工具对截面进行移动和旋转（图7-10、图7-11）。

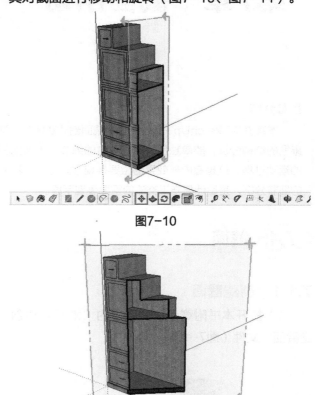

图7-10

图7-11

3. 翻转截面方向

光标移至截面上单击鼠标右键，选择"反转"选项（图7-12），可将截平面反转（图7-13）。

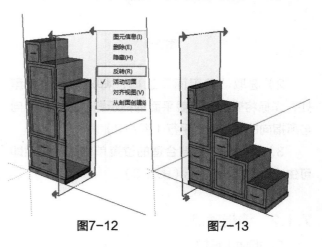

图7-12　　　　　图7-13

4. 激活截面

SketchUp Pro 2019中的截面有两种状态，分别为活动和不活动。活动截面指示器上的箭头是实心的，不活动截面指示器上的箭头是空心的。在一个模型中可以同时放置多个截面，但一次只能激活一个截面，将一个截面激活后，其他截面会自动淡化。

有两种方式可以激活截面，既可以使用"选择"工具在截面上双击鼠标左键（图7-14），也可以在截面上单击鼠标右键然后选择"活动切面"选项（图7-15）。

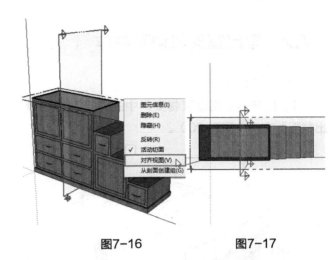

图7-16　　　　　　图7-17

6. 创建剖切群组

光标移至截面上单击鼠标右键，选择"从剖面创建组"选项（图7-18），可在截面与模型表面相交的位置产生新的边线，并封装在组中（图7-19）。

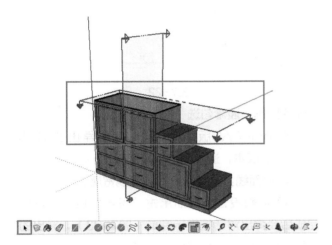

图7-14

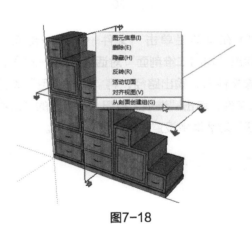

图7-18

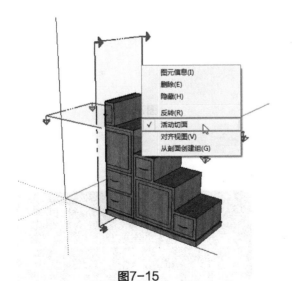

图7-15

5. 将截面对齐到视图

光标移至截面上单击鼠标右键，选择"对齐视图"选项（图7-16），可以重新定义模型视角，截面将对齐到屏幕（图7-17）。

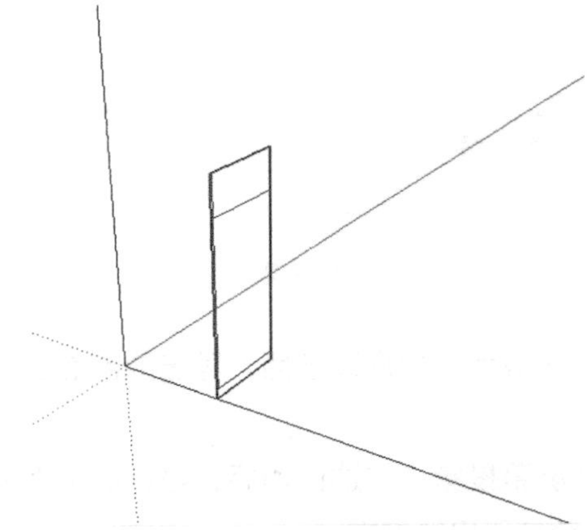

图7-19

7.2 导出截面与动画制作

7.2.1 导出截面

1）打开本书附赠素材资料中的"第7章→2导出截面"文件（图7-20）。

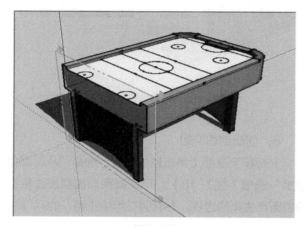

图7-20

2）在菜单栏单击"文件→导出→剖面"命令，弹出"输出二维剖面"对话框（图7-21），在此设置文件名、输出路径，将"输出类型"设置为DWG文件，单击"选项"按钮，在弹出的"二维剖面选项"对话框中设置参数（图7-22）。

图7-21

① 正截面：勾选该项后，导出的剖面会与镜头对齐。

② 屏幕投影：勾选该项后，导出的剖面即为当前镜头角度所见的形态。

③ 图纸比例与大小：设置导出的剖面与模型中

图7-22

剖面的比例，通常勾选"实际尺寸"。

④ AutoCAD版本：设置打开导出文件的AutoCAD版本，通常会选择较低版本。

⑤ 截面线：设置导出的截面线宽度。

3）参数设置完成后单击"导出"按钮，导出完成后会弹出对话框提示完成（图7-23），导出的文件在AutoCAD中打开（图7-24）。

图7-23

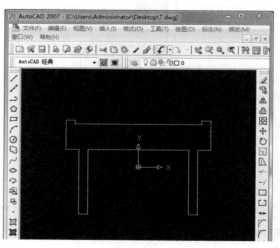

图7-24

7.2.2 制作截面动画

1）打开本书附赠素材资料中的"第7章→4制作剖面动画"文件（图7-25），该模型制作完成后已被创建为组。

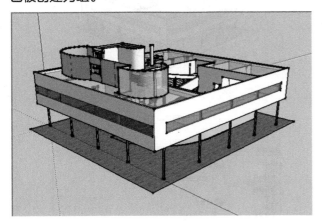

图7-25

2）光标移至模型上双击鼠标左键进入组，选取"截平面"工具在模型最底部创建一个截面（图7-26）。

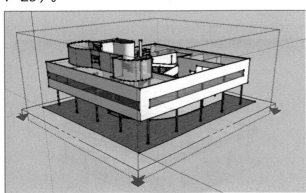

图7-26

3）将截面向上复制3份，要保证截面之间的间距相等，如不相等会出现模型"生长"速度不一致的效果，并且最上面一层的截面要高于现有模型（图7-27）。

4）将最底层的截面选中，单击鼠标右键选择"活动切面"选项（图7-28）。

5）将所有截面隐藏并退出组编辑状态，单击"视图→动画→添加场景"命令创建一个场景（图7-29）。

6）场景创建完成后，将所有的截面显示，选择第二个截面，单击鼠标右键，选择"活动切面"

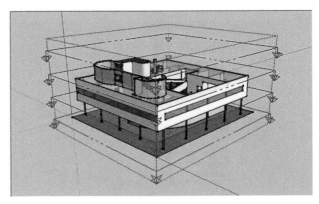

图7-27

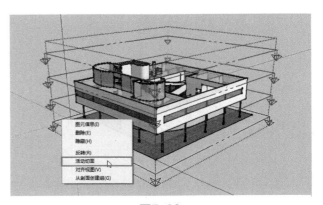

图7-28

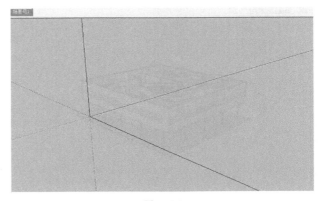

图7-29

选项（图7-30）。再次将所有截面隐藏，并创建一个新的场景（图7-31）。

7）使用同样的方法为其余两个截面添加场景（图7-32、图7-33）。

8）单击"窗口→模型信息"命令，打开"模型信息"对话框，在"动画"面板中设置"场景转换"为5秒，设置"场景延迟"为0秒（图7-34）。

9）设置完成后单击"文件→导出→动画视频"命令将动画导出，效果如图7-35所示。

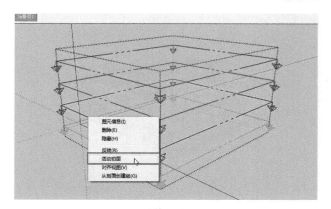

图7-30

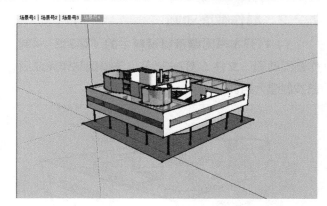

图7-33

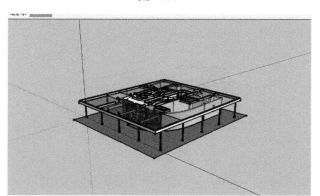

图7-31

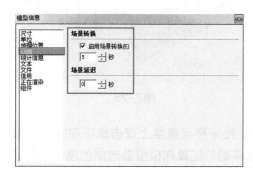

图7-34

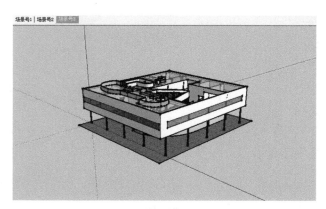

图7-32

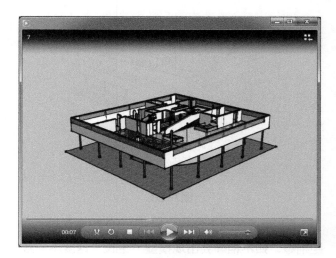

图7-35

第8章 沙箱工具

操作难度 ☆ ★ ★ ★ ★

章节介绍

本章介绍SketchUp Pro 2019的沙箱工具的使用方法。应用SketchUp Pro 2019能轻松制作等高线地形地貌模型，以满足景观规划、户外庭院效果图的制作需求。沙箱工具的制作前提是等高线。等高线可以在其他矢量图软件中绘制，然后再导入SketchUp Pro 2019中。线条应呈环形且不相交状态，以方便进一步加工。此外，生成后的模型还可以进一步修改、调整。

8.1 沙箱工具栏

在用软件制作高低起伏的三维地形时，可以在其他软件中制作三维模型再导入SketchUp Pro 2019中，也可以使用SketchUp的沙箱工具直接制作三维模型。

在菜单栏单击"视图→工具条"命令，在弹出的"工具栏"对话框中勾选"沙箱"选项，即可显示沙箱工具栏（图8-1）。沙箱工具栏包含"根据等高线创建""根据网格创建""曲面拉伸""曲面平整""曲面投射""添加细部"和"对调角线"7种工具。

图8-1

8.1.1 根据等高线创建工具

使用"根据等高线创建"工具可以依次封闭相邻的等高线，从而形成三维地形。

1）打开本书附赠素材资料中的"第8章→1从等高线工具"文件（图8-2），该文件中已绘制好等高线。

2）使用"移动"工具将绘制好的等高线沿垂直方向移动到相应的高度（图8-3）。

3）将全部等高线选中（图8-4），单击"根据等高线创建"工具即可自动生成三维模型（图8-5、图8-6）。

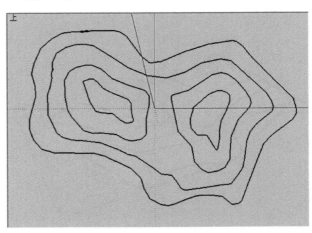

图8-2

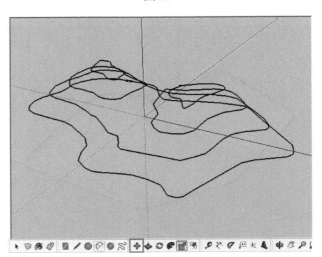

图8-3

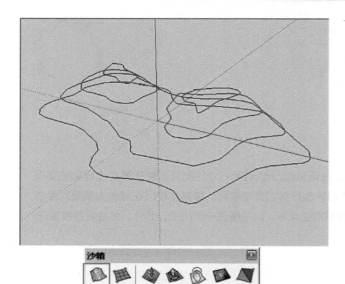

图8-4

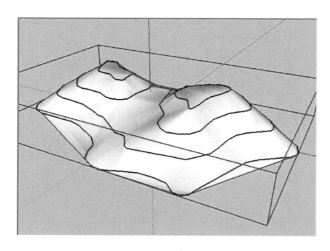

图8-5

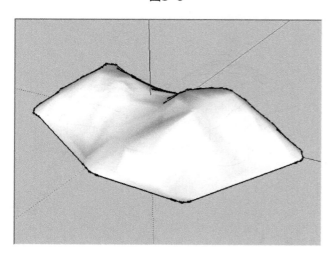

图8-6

8.1.2　根据网格创建工具

　　使用"根据网格创建"工具可以根据网格创建三维地形，制作方法简单、直观，便于修改。

　　1）选取"根据网格创建"工具，此时在数值输入区会提示输入栅格间距，输入"4000"，按〈Enter〉键确定。光标移至绘图区单击鼠标左键确定起点，移动光标并单击鼠标左键确定所需长度（图8-7）。

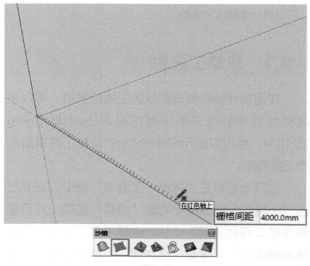

图8-7

　　2）在绘图区移动光标绘制网格平面，移动到合适的位置单击鼠标左键即可完成网格的绘制（图8-8）。

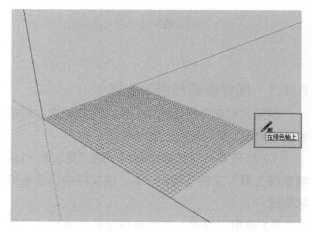

图8-8

　　3）网格绘制完成后会自动封面并形成一个组（图8-9、图8-10）。

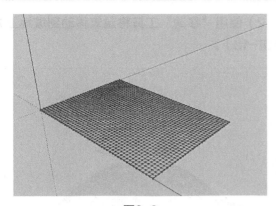

图8-9

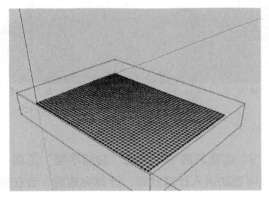

图8-10

8.1.3 曲面拉伸工具

使用"曲面拉伸"工具能够将网格中的部分网格进行曲面拉伸。

1）在之前制作的网格上继续进行操作，光标移至网格组上双击鼠标左键进入到组内部，选取"曲面拉伸"工具，此时在数值输入区会提示输入半径，输入数值指定半径，按〈Enter〉键确定，此时将光标移至网格平面时会出现圆形的变形框（图8-11）。

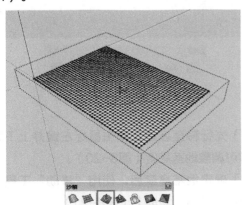

图8-11

2）光标移至网格中单击鼠标左键确定变形的基点，向上移动光标即可将包含在圆圈内的对象进行不同幅度的变形（图8-12、图8-13）。

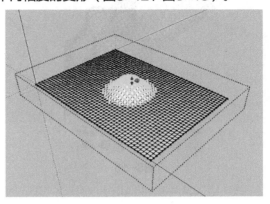

图8-12

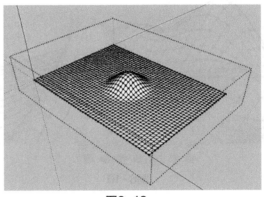

图8-13

3）在网格中可拾取不同的点，上下移动光标拉伸出理想的地形（图8-14）。

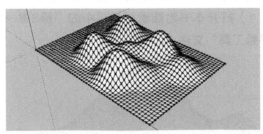

图8-14

4）使用"曲面拉伸"工具默认的拉伸方向为Z轴，如想进行多方位的拉伸可先将网格组旋转，再进入到组中进行拉伸（图8-15）。

5）将变形框的半径设置为1mm，进入到网格组内，将需要拉伸的点、线或面选中，再选取"曲面拉伸"工具进行拉伸，即可对个别的点、线或面进行拉伸（图8-16）。

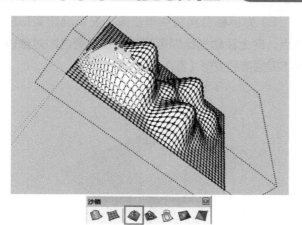

图8-15

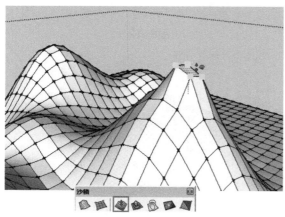

图8-16

8.1.4 曲面平整工具

使用"曲面平整"工具能够将地形按照物体的轮廓进行平整，使物体与山地很好地进行衔接。

1）打开本书附赠素材资料中的"第8章→5曲面平整工具"文件（图8-17）。

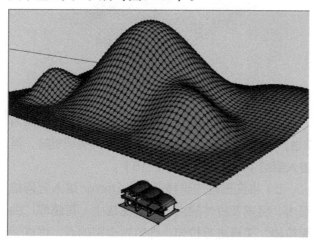

图8-17

2）使用"移动"工具将建筑移动到坡地上方（图8-18）。

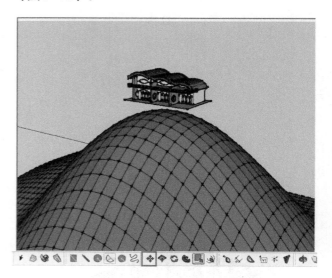

图8-18

3）将建筑选中，单击"曲面平整"工具，系统即可自动进入计算状态，计算完成后，会在建筑的下方出现红色的轮廓框（图8-19）。

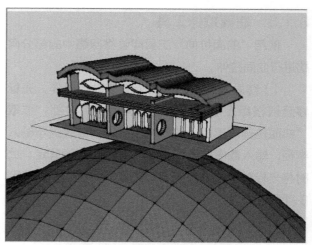

图8-19

4）光标移至坡地上单击鼠标左键并上下移动光标即可调整地基高度（图8-20）。

5）确定地基高度后，使用"移动"工具将建筑移动到平整后的坡地上（图8-21）。

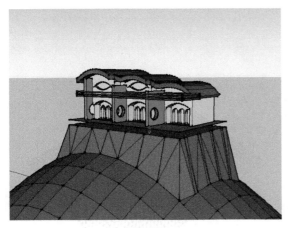

图8-20

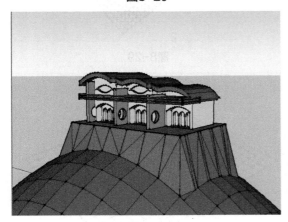

图8-21

8.1.5 曲面投射工具

使用"曲面投射"工具能够将物体的形状投影到地形上。

1）打开本书附赠素材资料中的"第8章→7曲面投射工具"文件（图8-22）。

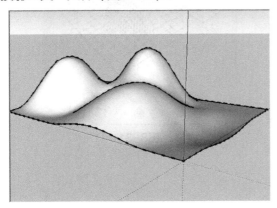

图8-22

2）在地形的正上方创建一个平面，将该面创建为组，选取"曲面投射"工具依次在地形和平面

上单击鼠标左键，地形边界会投影到平面（图8-23）。

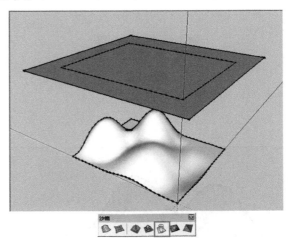

图8-23

3）光标移至平面上双击鼠标左键进入到组内，在组内绘制需要投影的图形，使其封闭成面（图8-24），再将图像以外的部分删除，只保留需要投影的部分（图8-25）。

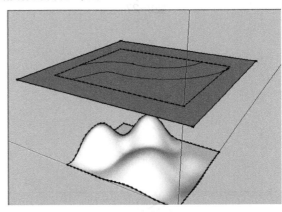

图8-24

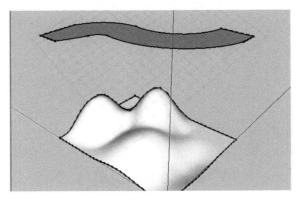

图8-25

4）将需要投影的物体选中，选取"曲面投射"工具（图8-26），再将光标移至地形上单击鼠

图8-26

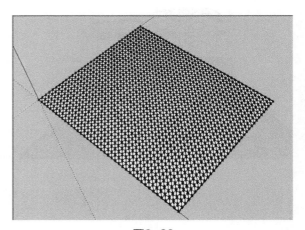

图8-29

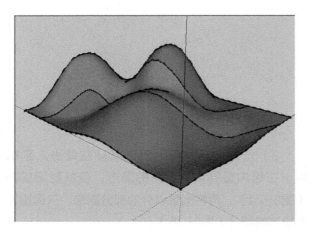

图8-27

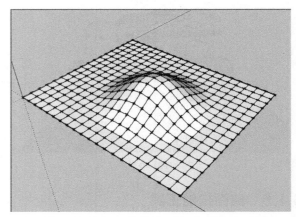

图8-30

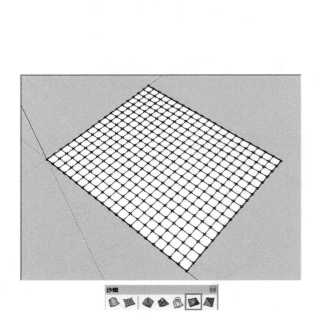

图8-28

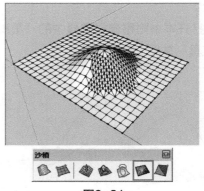

图8-31

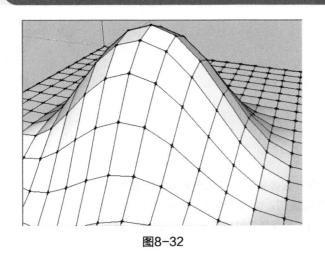

图8-32

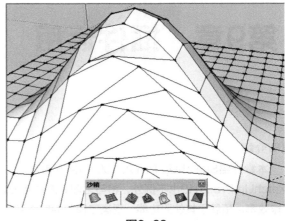

图8-33

8.2 创建地形其他方法

1）打开本书附赠素材资料中的"第8章→9创建地形其他方法"文件（图8-34）。

2）假设等高线高差为10m，使用"推/拉"工具依次将各个面向上多推拉10m（图8-35），效果如图8-36所示。这种方式创建的山体不是很精确，可以用来制作概念性方案或大面积丘陵地带的景观设计。

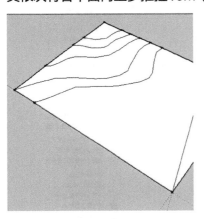

图8-34

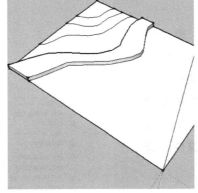

图8-35

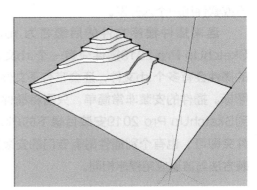

图8-36

第9章 插件运用

操作难度☆★★★★

章节介绍

本章介绍SketchUp Pro 2019的插件运用方法。任何图形图像制作软件都会配置一系列简便、快捷的插件，SketchUp Pro 2019也不例外，将与之配套的插件安装后即可运用。使用插件能大幅度提升SketchUp Pro 2019的工作效率，拓展了其使用功能，提高了模型的制作品质。下载、安装插件时应注意插件的版本，仔细阅读安装说明，看是否与SketchUp Pro 2019匹配。

9.1 插件的获取与安装

9.1.1 插件的概念

插件是遵循一定规范编写出来的程序，用于扩展软件功能。SketchUp Pro 2019拥有丰富的插件资源，有的插件由软件公司开发，有的插件由第三方或软件用户个人开发。

通常插件程序文件的后缀名为.rb，简单的SketchUp Pro 2019插件只有一个.rb文件，复杂的插件会有多个.rb文件，还会带有子文件夹和工具图标。插件的安装非常简单，只需将插件文件复制到SketchUp Pro 2019安装目录下的Plugins子文件夹即可。也有个别插件附有专门的安装文件，安装方法与普通应用程序相同。

9.1.2 插件的安装与使用

SketchUp Pro 2019插件可以在互联网上搜索并下载。常用插件的安装方法如下。

1）在需要安装的插件文件上单击鼠标右键，在弹出菜单中选择"复制"选项（图9-1）。

2）在SketchUp Pro 2019的启动图标上单击鼠标右键，在弹出菜单中选择"属性"选项（图9-2），弹出"SketchUp 2019属性"对话框（图9-3），单击"打开文件位置"按钮。

3）在弹出的文件夹中找到Plugins文件夹并双击将其打开（图9-4）。单击鼠标右键，在弹出菜单中选择"粘贴"选项，即可将插件安装完成（图

9-5）。

4）插件安装完成后，重新启动SketchUp Pro 2019，此时就可以使用插件了，插件命令一般位于

图9-1

图9-2

图9-3

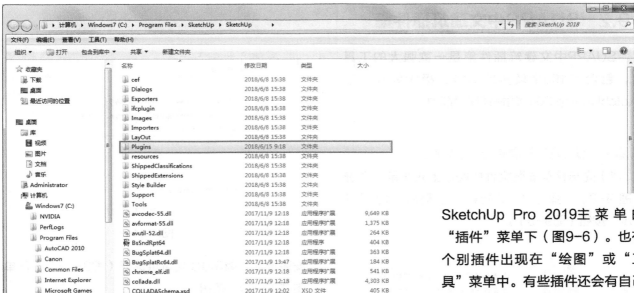

图9-4

SketchUp Pro 2019主菜单的"插件"菜单下(图9-6)。也有个别插件出现在"绘图"或"工具"菜单中。有些插件还会有自己的工具栏,在"工具栏"对话框中可将其调出(图9-7)。同其他命令一样,插件命令也可以自定义快捷键。

图9-6

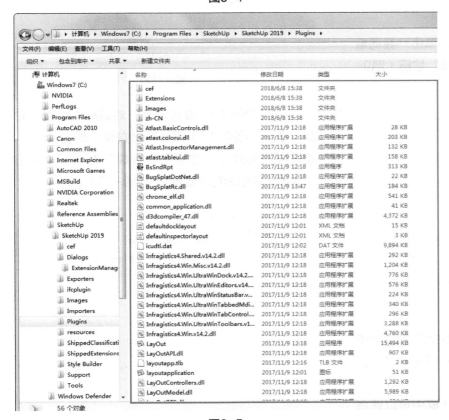

图9-5

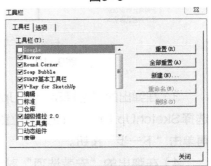

图9-7

9.2 SUAPP中文建筑插件集

SUAPP中文建筑插件集是一款强大的工具集，包含有100余项实用功能，极大地提高了SketchUp Pro 2019的快速建模能力。

9.2.1 SUAPP插件的安装方法

1）光标移至安装文件的图标上双击鼠标左键（图9-8），弹出"安装向导"对话框，单击"下一步"按钮（图9-9）。

图9-8　　　　　　图9-9

2）弹出"许可协议"对话框，单击"我同意此协议"单选按钮，再单击"下一步"按钮（图9-10）。

图9-10

3）在弹出的"选择SketchUp位置"对话框中选择SketchUp Pro 2019安装位置（图9-11），再单击"下一步"按钮。

4）在弹出的"安装选项"对话框中可以选择

图9-11

安装选项，有3种模式可供选择（图9-12），再单击"下一步"按钮。

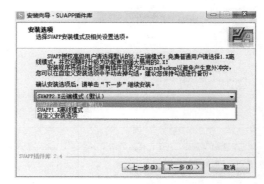

图9-12

5）在弹出的"准备安装"对话框中单击"安装"按钮（图9-13）即可开始安装（图9-14）。安装完成后弹出"安装向导完成"对话框，单击"完成"按钮即可完成安装（图9-15）。

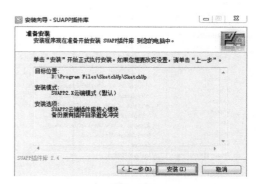

图9-13

图9-14

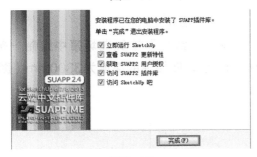

图9-15

9.2.2　SUAPP插件的增强菜单

SUAPP插件的核心功能都整理分类在"插件"菜单中（图9-16），包括"轴网墙体""门窗构件""建筑设施""房间屋顶""文字标注"等

补充提示

SUAPP中文建筑插件集是基于SketchUP Pro软件平台的强大工具集，它从用户的使用角度出发，构建了一个扩展完善的建筑建模环境。

SUAPP中文建筑插件版本完美支持SketchUp6、SketchUp7、SketchUp8、SketchUp Pro 2019全系列所有版本，无需联网，完全免费使用，使用功能多样，大幅度扩展了SketchUP的快速建模能力，方便的基本工具栏和优化的右键菜单使操作更加快捷，并且可以通过扩展栏的设置方便地启用和关闭。

Premiere可以提升视频动画的创作能力与自由度，它是易学、高效、精确的视频剪辑软件。Premiere提供了采集、剪辑、调色、美化音频、字幕添加、输出、DVD刻录的一整套流程，并与其他Adobe软件高效集成，能完成各种动画编辑、制作任务。

图9-16

10个分类，共100余项功能。

9.2.3　SUAPP插件的基本工具栏

在SUAPP基本工具栏中将SUAPP插件的19项常用并且具有代表性的功能通过图标工具栏的方式显示出来，包括"绘制墙体""拉线升墙""墙体开窗""玻璃幕墙"等工具，极大地方便了用户的操作（图9-17）。

图9-17

9.2.4　右键扩展菜单

SUAPP插件在右键菜单中也扩展了功能，方便了用户的操作（图9-18）。

图9-18

9.2.5　制作窗帘

1）使用"徒手画"工具画出窗帘的线条（图9-19）。

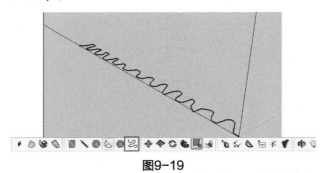

图9-19

2）将绘制的线条选中，在菜单栏单击"插件→线面工具→拉线成面"命令（图9-20），光标移至线条上某一点单击鼠标左键并向上移动光标，此时输入高度3000并按回车键确定，在弹出的"参数设置"对话框中将"自动成组"设置为Yes（图9-21）。

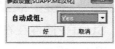

图9-20　　　　　　　　图9-21

3）此时，窗帘模型的主体创建完成（图9-22），为窗帘赋予材质，效果如图9-23所示。

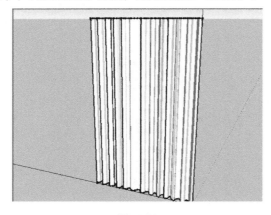

图9-22

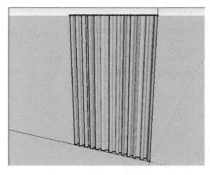

图9-23

9.2.6　制作旋转楼梯

1）使用"线条"工具在场景中绘制一条高3300mm的线，即楼梯的高度为3300mm（图9-24）。

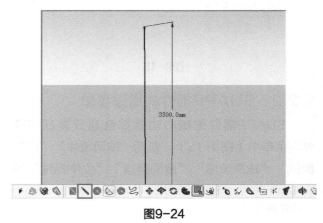

图9-24

2）使用"圆"工具绘制两个半径分别为1000mm和3000mm的同心圆（图9-25）。

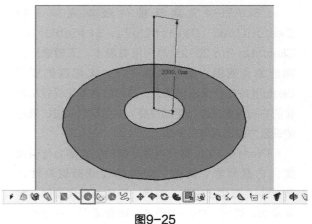

图9-25

3）以圆心为中心，绘制一条平行于红色坐标轴的直线（图9-26）。

4）将直线选中，选取"旋转"工具，光标移

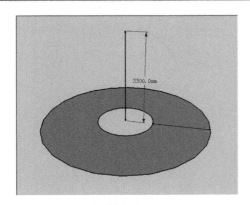

图9-26

至圆心上单击鼠标左键将圆心定为轴心点，直线作为轴心线，按住〈Ctrl〉键移动光标将直线旋转复制，输入15指定旋转角度为15°，按〈Enter〉键完成旋转复制（图9-27）。

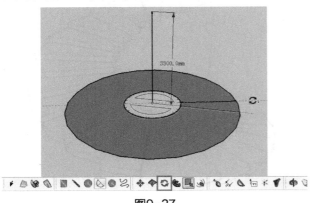

图9-27

5）将多余的线删除，保留台阶面，使用"推/拉"工具将台阶推拉出150mm的厚度，并设置为组（图9-28）。

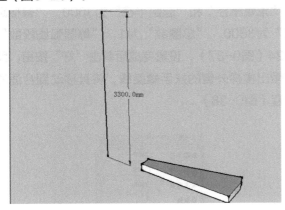

图9-28

6）选中制作好的台阶组，选取"旋转"工具，按住〈Ctrl〉键并移动光标将台阶组旋转复

制，指定旋转角度为15°，旋转复制完成后输入"24x"，按〈Enter〉键确定，可完成台阶的复制（图9-29、图9-30）。

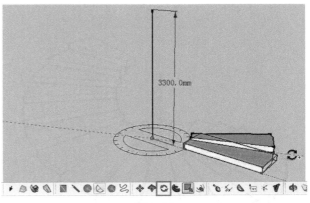

图9-29

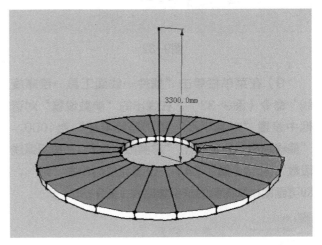

图9-30

7）将楼梯的台阶依次向上移动到相应的位置，效果如图9-31所示。

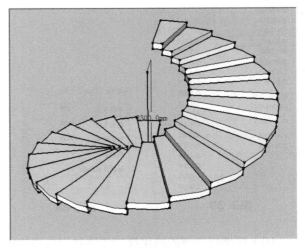

图9-31

8）移动后，会发现24阶台阶高度是3600mm，比需要的高度多出2个台阶，将多出的台阶删除（图9-32）。

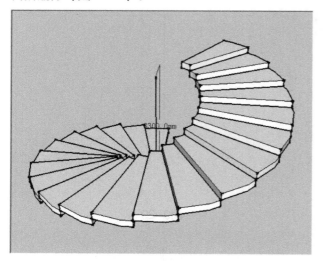

图9-32

9）在菜单栏单击"插件→线面工具→绘螺旋线"命令（图9-33），在弹出的"参数设置"对话框中设置"末端半径"和"起始半径"为1000，"偏移距离"为3600，"总圈数"为1，"每圆弧线段数"为24（图9-34），设置完成后单击"好"，即可画出楼梯内侧的扶手螺旋线（图9-35）。

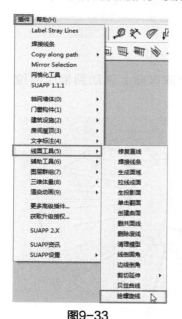

图9-33　　　　　图9-34

10）将楼梯内侧的扶手螺旋线移动到合适的位置（图9-36）。

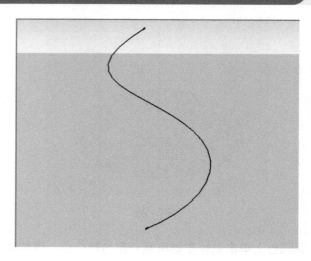

图9-35

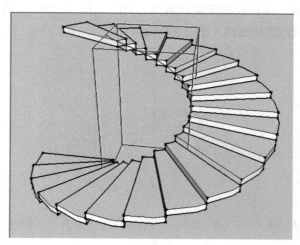

图9-36

11）再次在菜单栏单击"插件→线面工具→绘螺旋线"命令，在弹出的"参数设置"对话框中设置"末端半径"和"起始半径"为3000，"偏移距离"为3600，"总圈数"为1，"每圆弧线段数"为24（图9-37），设置完成后单击"好"按钮，即可画出楼梯外侧的扶手螺旋线，将其移动到合适的位置（图9-38）。

图9-37

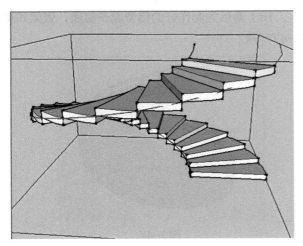

图9-38

12）将所有的台阶进行隐藏，只显示两条螺旋线（图9-39）。

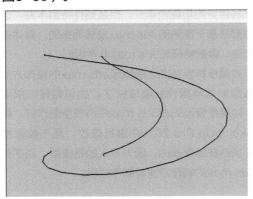

图9-39

13）光标移至外侧的扶手螺旋线上，双击鼠标左键进入到组内进行编辑，使用"圆"工具以螺旋线的端点为圆心，绘制一个半径为50mm的圆（图9-40）。将螺旋线选中，单击"路径跟随"工具，再将光标移至圆上单击鼠标左键，即可将圆形沿螺旋线进行放样，制作出楼梯外侧扶手（图9-41）。

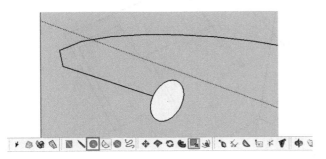

图9-40

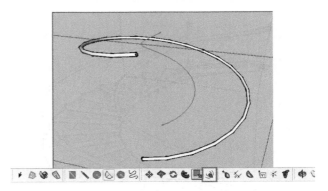

图9-41

14）使用同样的方法制作出楼梯内侧的扶手（图9-42）。

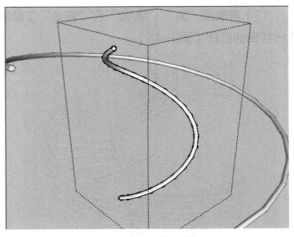

图9-42

15）将制作好的扶手选中，单击鼠标右键，在弹出菜单中选择"软化/平滑边线"命令（图9-43），在弹出的"柔化边线"对话框中可调节法线之间的角度，使扶手变得更加光滑（图9-44）。

16）使用"移动"工具将扶手垂直向上移动复制1000mm的高度（图9-45）。

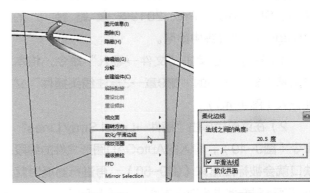

图9-43   图9-44

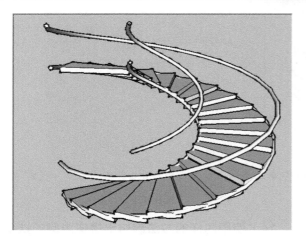

图9-45

17）再使用"圆""推/拉"和"移动"工具制作出楼梯的栏杆（图9-46）。

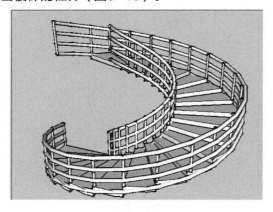

图9-46

18）最后为制作好的模型赋予材质，效果如图9-47所示。

图9-47

补充提示

SketchUp Pro 2019是三维软件中的后起之秀，虽然其自身的功能较单一，但是插件特别丰富，这些插件都是基于成熟的3ds max发展而来的，具体的操作方法、参数特征与3ds max非常相似。

如果操作者在此之前熟悉3ds max的操作方法，那么接触这类插件就很轻松了。这里需特别指出的是，如果希望预先在3ds max中将模型制作好，再导入SketchUp Pro 2019中进行修改，是不能直接用相关插件继续修改的，因为导入的是模型，而不是导入3ds max的制作方法与制作过程。

9.3　标注线头插件

使用标注线头插件能够快速将未封闭的线头标注出来，在进行封面操作时很有用。标注线头插件只包含一个名为"stray_lines.rb"的文件，将其复制到 SketchUp Pro 2019安装路径下的"plugins"文件夹中即可。

1）在菜单栏单击"文件→导入"命令，将本书附赠素材资料中的"第9章→3标注线头插件"文件导入（图9-48）。

2）在菜单栏单击"插件→Label Stray Lines"命令（图9-49），导入的AutoCAD图形文件的线段缺口就会被标注出来（图9-50），再进行封面时就可以有针对性地进行封面操作了（图9-51）。

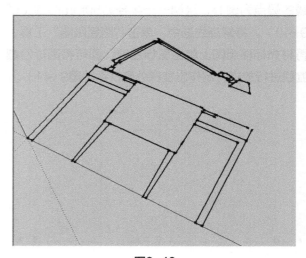

图9-48

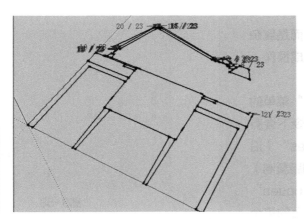
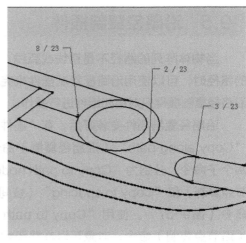

图9-49　　　　　　　　图9-50　　　　　　　　图9-51

9.4　焊接对象插件

从其他软件导入到SketchUp中的图形很容易出现碎线，在SketchUp中建模时，也经常会把制作好的曲线或模型边线变成分离的多个线段，这些碎线难以编辑和选择，使用焊接对象插件就可以解决这个问题。

焊接对象插件安装完成后，"焊接线条"命令会出现在插件菜单中（图9-52），使用时先将需要焊接的线条选中（图9-53）。

图9-52

在菜单栏单击"插件→焊接线条"命令，会弹出询问"是否闭合线条"和"是否生成面域"对话框（图9-54、图9-55），按需要进行选择，焊接完成后线条会合并为一条完整的多段线（图9-56）。

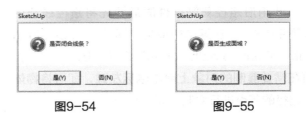

图9-54　　　　　　　　图9-55

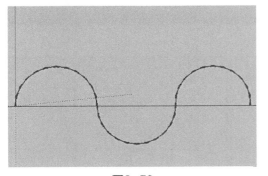

图9-53

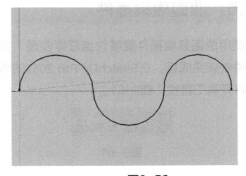

图9-56

补充提示

从3ds max中导出的模型，外表轮廓显得略微生硬，这时应该将模型选中后，单击鼠标右键，单击"软化/平滑边线"命令，在打开的"柔化边线"对话框中将"平滑法线"与"软化共面"勾选，这将大幅度改善模型的表面效果。但是在场景较大且特别复杂的模型上，应当谨慎使用，避免系统的计算量过大而导致长时间停滞不前。在选择该命令时应当预先将文件保存一遍，以防不测。其实，大规模的场景模型也不必采用这种命令。如果需要观察细节，可以将该场景单独另存，将视图区以外的模型删除后再执行"软化/平滑边线"命令。

9.5　沿路径复制插件

当物体阵列的路径不是直线或弧线，而是复杂的路径时，可以使用沿路径复制插件来完成操作，沿路径复制插件只对组和组件进行操作。

沿路径复制插件安装好后，在"插件"菜单的"Copy along path"（沿路径复制）命令下会有两个子命令，分别为"Copy to path nodes"（沿节点复制）和"Copy to spacing"（按间距复制）命令（图9-57）。使用"Copy to path nodes"（沿节点复制）命令，对象可以在路径线上的每个节点处复制一个对象，使用"Copy to spacing"（按间距复制）命令，需要在数值输入区输入复制对象的间距。

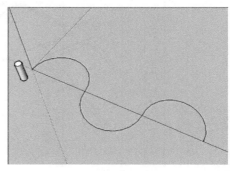

图9-58

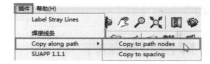

图9-59

图9-57

使用沿路径复制插件时需要先将路径线选中（图9-58），在菜单栏单击"插件→Copy along path→Copy to path nodes"命令（图9-59），再在需要复制的对象上单击鼠标左键，即可将物体沿路径的节点进行复制（图9-60）。

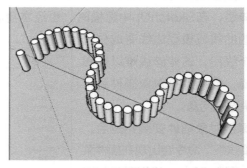

图9-60

9.6　曲面建模插件

使用曲面建模插件能够快速获得曲面，曲面建模插件安装完成后，在SketchUp Pro 2019的界面中能够打开其工具栏（图9-61）。

图9-61

9.6.1　Skin（生成网格）工具

在场景中绘制好封闭的曲线后将其选择，单击该按钮可生成曲面或网格平面，此时可输入数值指定网格的密度，数值在1~30之间，输入后按〈Enter〉键可观察到网格的计算和产生过程。

1）将绘制好的封闭曲线选择（图9-62）。

2）单击Skin（生成网格）工具，输入细分值

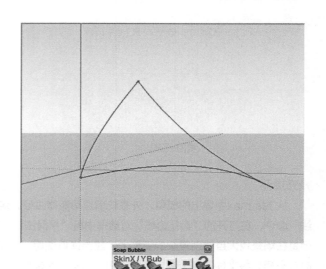

图9-62

为20，会生成细分的网格（图9-63）。

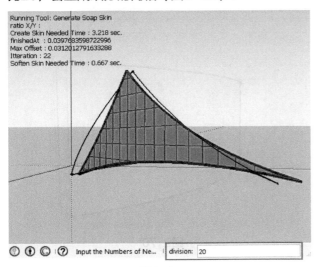

图9-63

3）此时按〈Enter〉键确定，即可生成曲面物体，计算过程和时间会显示在左上角（图6-64）。

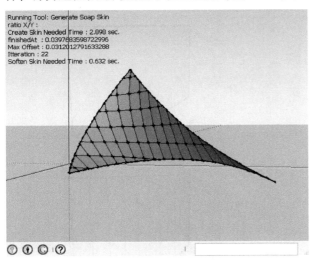

图6-64

9.6.2　X/Y（X/Y比率）工具

Skin命令结束后可产生一个曲面群组。将曲面群组选择并单击此工具，输入X/Y比率，数值在0.01~100之间，输入后按〈Enter〉键确定，即可调整曲面中间偏移的效果。

9.6.3　Bub（起泡）工具

将曲面群组选择并单击此工具，输入数值指定

压力，该值可正也可负，输入后按回车键确定，可使曲面整体向内或向外偏移产生曲面的效果，分别为压力值为100（图9-65）和200（图9-66）时的效果。

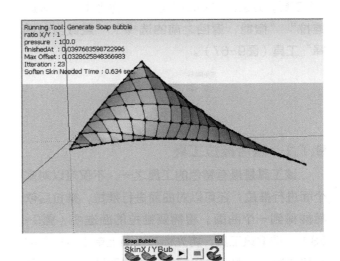

图9-65

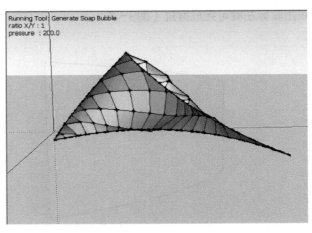

图9-66

9.6.4　播放/停止工具

在生成曲面的过程中单击"停止"按钮可停止计算，单击"播放"按钮可继续操作。

9.6.5　帮助工具

单击"帮助"工具能了解该插件工具的基本特征与版本信息。

9.7 超级推拉插件

超级推拉插件是比"推/拉"工具强大很多的插件，可与3ds max的表面挤压工具媲美，工具栏有5个工具，分别为"联合推拉""矢量推拉""垂直推拉""撤销，返回之前的选择""重做当前选择"工具（图9-67）。

图9-67

9.7.1 联合推拉工具

该工具是最有特色的工具之一，不仅可以对多个面进行推拉，还可以对曲面进行推拉，推拉后依然能得到一个曲面。将需要推拉的面选中（图9-68），选取该工具，将光标移至面上单击鼠标左键并移动光标，此时会以线框形式显示推拉结果（图9-69），移动光标至合适的位置或输入推拉距离，双击鼠标左键可完成推拉（图9-70）。

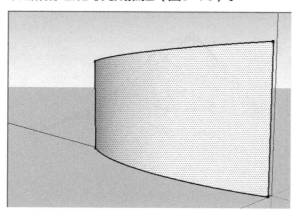

图9-68

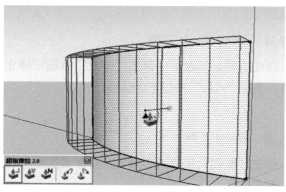

图9-69

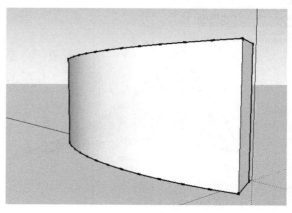

图9-70

9.7.2 矢量推拉工具

使用该工具可将表面沿任意方向推拉，使用方法与联合推拉工具相同（图9-71~图9-73）。

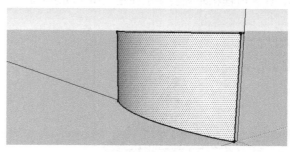

图9-71

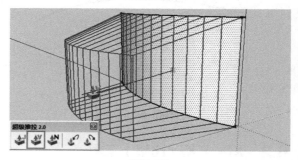

图9-72

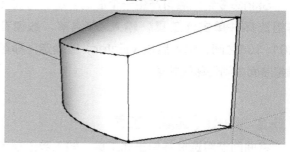

图9-73

9.7.3　垂直推拉工具

使用该工具可将所选表面沿各自的法线方向进行推拉，使用方法与联合推拉工具相同（图9-74~图9-76）。

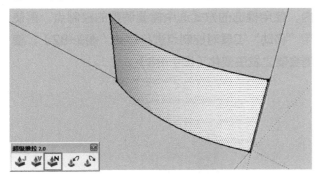

图9-74

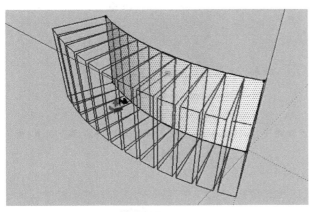

图9-75

9.7.4　撤销，返回之前的选择工具

单击该按钮可取消前一次的推拉操作，保持推拉前选择的表面。

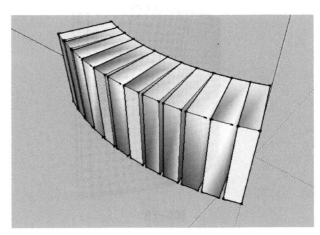

图9-76

9.7.5　重做当前选择工具

单击该按钮可重复上一次推拉操作，可选择新的平面应用上一次推拉。

补充提示

SketchUp Pro 2019中的大多数插件仅能满足某一方面的建模要求，虽然操作简单，但却弥补了原有软件的不足。但是在模型制作操作中，不能完全依赖于插件，寄希望于某种插件来塑造完美，更多创意造型仍需要按部就班的执行，仍需对模型进行多次塑造以丰富模型的形体。

9.8　自由变形插件

自由变形插件也称为SketchyFFD插件，与3ds Max中的FFD修改器作用相同，是曲面建模必不可少的工具，主要用于对所选对象进行自由变形。

自由变形插件安装完成后，在选择一个组对象时单击鼠标右键，在弹出的快捷菜单中可执行该命令（图9-77）。

可以对群组添加"2×2 FFD""3×3 FFD"和"N×N FFD"控制器，图9-78是添加2×2 FFD控制器的效果、图9-79是添加3×3 FFD控制

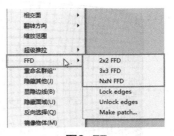

图9-77

器的效果，当添加N×N FFD控制器时，会弹出一个对话框（图9-80），在此需要设置控制点的数目，设置完成后单击"好"按钮，图9-81为添加

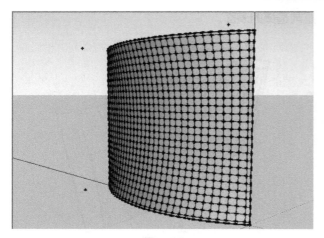

图9-78

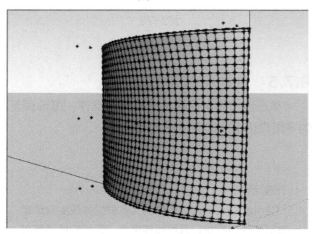

图9-79

图9-80

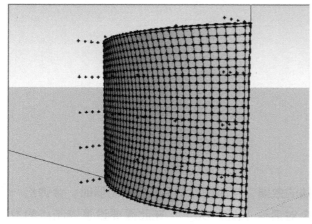

图9-81

5×5 FFD控制器的效果。生成的控制点会自动成为一个单独的组，控制点数目越多，对模型的控制力越强，操作越难。

添加控制器后，双击控制点，进入控制点的组内，使用框选的方式选中需要调整的控制点，再使用"移动"工具对控制点进行移动（图9-82），模型会随之发生变化（图9-83）。

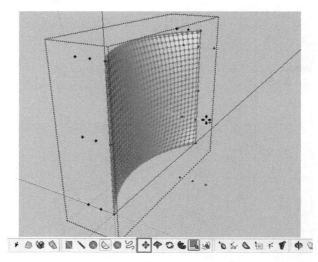

图9-82

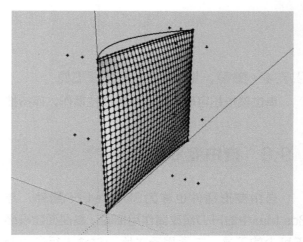

图9-83

双击鼠标左键进入模型的组内，将需要锁定的边选中，单击鼠标右键，选择"FFDLock edges"选项（图9-84），再进入控制点的组内，使用框选的方式选中需要调整的控制点，再使用"移动"工具对控制点进行移动（图9-85），被锁定的边将不会受到影响（图9-86）。

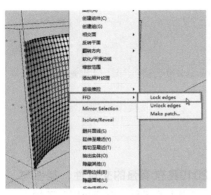

图9-84

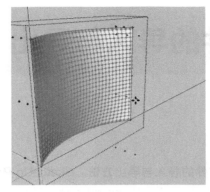

图9-85

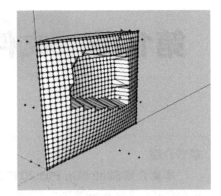

图9-86

9.9 倒圆角插件

倒圆角插件非常实用，解决了SketchUp Pro 2019无法直接倒圆角的问题。倒圆角工具栏包含3个工具（图9-87），分别为"倒圆角""倒尖角"和"倒斜角"工具。将需要倒角的物体选中，单击"倒角"按钮，输入距离，按〈Enter〉键确定即可完成倒角操作。

图9-87

图9-88~图9-90分别为对同一个长方体进行倒圆角、倒尖角和倒斜角后的效果。

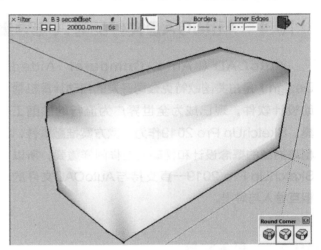

图9-89

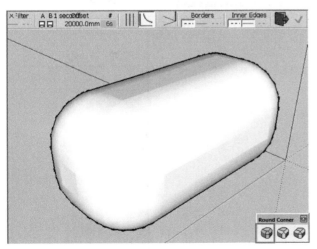

图9-88

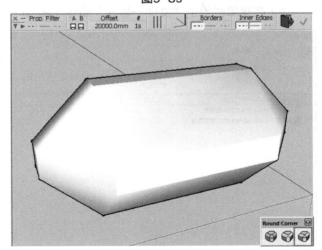

图9-90

第10章 文件的导入与导出

操作难度☆★★★★

章节介绍

　　本章介绍SketchUp Pro 2019文件的导入与导出方法。SketchUp Pro 2019具有很强的交互性，能够与AutoCAD、3ds max等软件共享数据成果，可以弥补SketchUp Pro 2019在精确建模上的不足。它还可以在建模完成后导出准确的平面图、立面图和剖面图，方便之后的施工图制作。本章主要介绍AutoCAD、3ds max这两款软件的导入与导出方法，其他软件的交互使用方法基本一致。

10.1　AutoCAD文件的导入与导出

　　AutoCAD（Auto Computer Aided Design）是由美国欧特克公司开发的自动计算机辅助设计软件，现已成为全世界广为流行的绘图工具。SketchUp Pro 2019作为一款方案推敲软件，粗略抽象的概念设计和精确的图样同样重要，所以SketchUp Pro 2019一直支持与AutoCAD文件的相互导入与导出。

10.1.1　导入文件

　　1）在菜单栏单击"文件→导入"命令（图10-1），弹出"打开"对话框，在该对话框中设置"文件类型"为"AutoCAD文件（*.dwg.*.dxf）"，并且选择本书附赠素材资料中的"第10章→1导入DWG/DXF格式文件"文件（图10-2）。

　　2）单击对话框右

图10-1

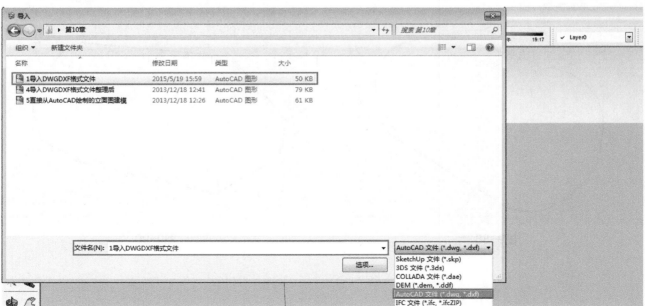

图10-2

侧 的 "选 项" 按 钮 , 弹 出 "导 入 AutoCAD DWG/DXF 选项"对话框(图10-3),将"合并共同平面"与"平面方向一致"选项勾选,同时选择一个导入的单位,单击"好"按钮关闭对话框。

3)设置完成后单击"打开"按钮即可将文件导入。导入的过程中需要大量的运算,会显示"导入进度"(图10-4)。导入完成后,会显示"导入结果"(图10-5),此时AutoCAD文件已导入到场景中(图10-6)。

图10-3

图10-4

图10-5

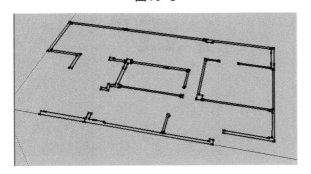

图10-6

10.1.2　导入选项

"导入AutoCAD DWG/DXF 选项"对话框中共有4个选项。

1．合并共同平面

有时导入的CAD文件有大量的多余直线,勾选该选项,可以自动将多余的直线删除。

2．平面方向一致

勾选该选项可以统一面的法线,能够避免正反面不统一的情况。

3．单位

在AutoCAD绘制图形时,会根据不同的内容设置不同的单位,绘制规划图单位一般设置为"米",产品设计或室内设计单位一般为"毫米"。在导入SketchUp Pro 2019中时需要将两款软件的单位统一,才能够正确导入。

4．保持绘图原点

勾选该选项可以保持图形与坐标轴原点的相对应位置。

10.1.3　快速拉伸多面墙体

1)之前已经将户型平面图导入到场景中(图10-7),光标移至户型平面图上双击鼠标左键进入到组内,将导入的CAD图形全选(图10-8)。

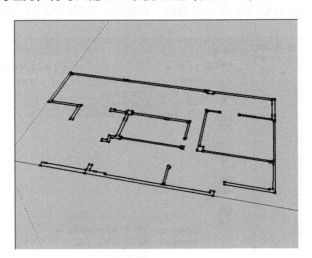

图10-7

2)在菜单栏单击"插件→线面工具→生成面域"命令(图10-9),弹出"结果报告"对话框(图10-10),单击"好"按钮墙体即可自动封面。

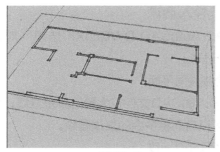

图10-8

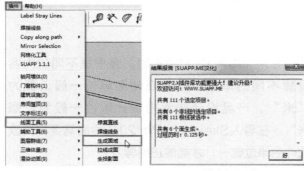

图10-9 图10-10

3）再使用"推/拉"工具将面向上推拉即可形成墙体（图10-11）。

10.1.4 导出DWG/DXF格式

SketchUp Pro 2019可以将模型导出为多种格式的二维矢量图，导出的二维矢量图能够在CAD或矢量软件中导入和编辑，但贴图、阴影和透明度的

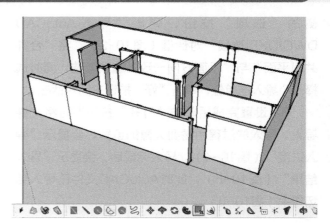

图10-11

特性无法导出到二维矢量图中。

1）先将视图的视角调整好（SketchUp Pro 2019会将当前视图导出），在菜单栏单击"文件→导出二维图形"命令（图10-12），弹出"导出二维图形"对话框，在此对话框中设置文件名，选择"输出类型"为AutoCAD DWG File（*.dwg）或AutoCAD DXF File（*.dxf）（图10-13）。

图10-12

图10-13

2）单击对话框右下角的"选项"按钮，弹出"DWG/DXF隐藏线选项"对话框（图10-14），设置完成后单击"好"按钮关闭对话框，单击"导出"按钮即可导出二维矢量图文件。

图10-14

10.1.5 DWG/ DXF隐藏线选项

"DWG/ DXF隐藏线选项"对话框包含"图纸比例与大小""AutoCAD版本"等5组选项组。

1. "图纸比例与大小"选项组

（1）实际尺寸 将该项勾选可按真实尺寸1：1导出。

（2）在图纸中/在模型中 "在图纸中"和"在模型中"的比例就是导出时的缩放比例。

（3）宽度/高度 指定导出图形的宽度和高度。

2. "AutoCAD版本"选项组

在此选择导出的AutoCAD版本，一般选择低版本。

3. "轮廓线"选项组

（1）无 如勾选该选项，导出时可忽略屏幕显示效果，导出正常的线条，如不勾选，导出的轮廓线为较粗的线。

（2）有宽度的折线 如勾选该选项，导出的轮廓线为多段线实体。

（3）宽线图元 如勾选该选项，导出的轮廓线为粗线实体。

（4）在图层上分离 如勾选该选项，可导出专门的轮廓线图层，便于在其他程序中设置和修改。

4. "截面线"选项组

该选项组与"轮廓线"选项组相似。

5. "延长线"选项组

（1）显示延长线 勾选该选项可将显示的延长线导出。

（2）长度 用于设置延长线的长度。

（3）自动 如勾选该选项可分析用户设置的导出尺寸，匹配延长线的长度。

6. "始终提示隐藏线"选项

勾选该选项，每次导出DWG和DXF格式的二维矢量图文件时都会打开该对话框。

7. "默认值"按钮

单击该按钮可恢复系统默认值。

10.1.6 导出3D模型文件

1）在菜单栏单击"文件→导出→三维模型"命令（图10-15），弹出"导出模型"对话框，在该对话框中设置文件名，选择"输出类型"为AutoCAD DWG文件（*.dwg）或AutoCAD DXF文件（*.dxf）（图10-16）。

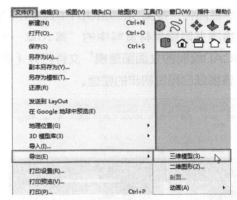

图10-15

图10-16

2）单击"选项"按钮，弹出"AutoCAD导出选项"对话框（图10-17），在此对AutoCAD版本和导出内容进行设置。

图10-17

3）设置完成后单击"好"按钮关闭对话框，单击"导出"按钮即可完成导出。

10.1.7 AutoCAD绘制的立面图建模

1）建立模型之前需要对CAD图纸进行整理，将图纸尽量简化，提高SketchUp Pro 2019的绘图效率。将本书附赠素材资料中的"第10章→5直接从AutoCAD绘制的立面图建模"文件打开（图10-18），该图纸已经过初步的整理。

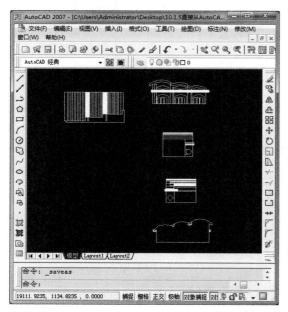

图10-18

2）在AutoCAD中输入"pu"命令并按下空格键，即可弹出"清理"对话框（图10-19），将该对话框中的"确认要清理的每个项目"和"清理嵌套项目"勾选，单击"全部清理"按钮。

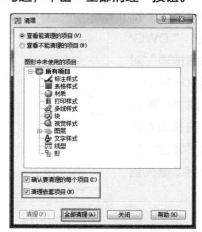

图10-19

3）在弹出的"确认清理"对话框中单击"全部是"按钮（图10-20）。

图10-20

4）清理多余图层和块后，"清理"和"全部清理"按钮将变成不可选择的灰色（图10-21）。

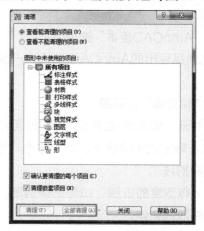

图10-21

5）将平面图选中，单击"绘图"工具栏中的"创建块"按钮，在弹出的"块定义"对话框中设置名称，设置完成后单击"确定"按钮，同样的将其他4个视图也创建为块（图10-22）。

6）单击"图层"工具栏"图层特性管理器"按钮，打开"图层特性管理器"（图10-23），单击"新建图层"按钮新建5个图层，分别以5个视图命名，并修改图层颜色（图10-24）。

图10-22

图10-23

图10-24

7）将各图块移至对应图层中（图10-25），此时CAD文件整理完成，将其另存。

8）打开SketchUp Pro 2019，在菜单栏单击

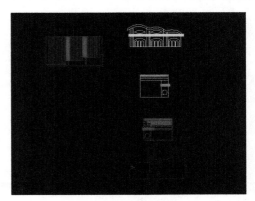

图10-25

"文件→导入"命令，在弹出的"打开"对话框中选择之前整理的CAD文件（图10-26），单击对话框右侧的"选项"按钮，打开"导入AutoCAD DWG/DXF 选项"对话框，将单位设置为"毫米"（图10-27）。

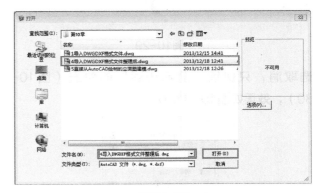

图10-26

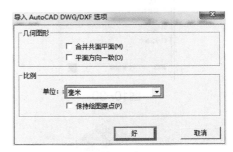

图10-27

9）设置完成后单击"好"按钮关闭对话框。单击"打开"按钮即可将CAD文件导入（图10-28、图10-29）。

10）线条太粗会导致操作困难，在菜单栏单击"窗口→样式"命令，打开"样式"面板，在"编辑"选项卡的边线设置中将"延长""端点"等勾

图10-28

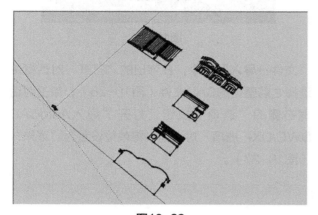

图10-29

选取消，只保留"显示边线"的勾选（图10-30），效果如图10-31所示。

图10-30

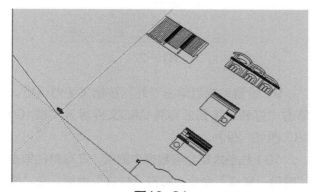

图10-31

11）使用"移动"工具将主视图移到合适的位置，再使用"旋转"工具使其垂直于平面图（图10-32、图10-33）。

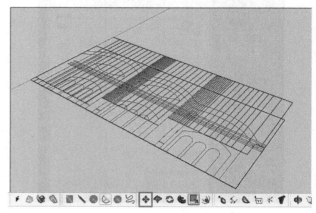

图10-32

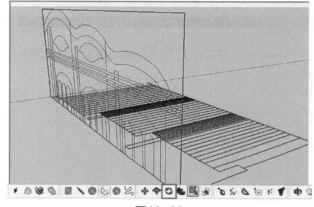

图10-33

12）同样，使用"移动"工具将后视图移到合适的位置，可以发现后视图方向反了（图10-34）。将后视图选中，单击鼠标右键，选择"翻转方向→组件的红色"选项（图10-35），此时已将其翻转过来（图10-36），再使用"旋转"工具使其垂直于平面图。

图10-34

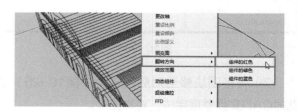

图10-35

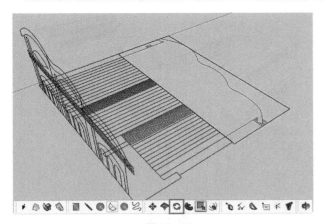

图10-36

13）用同样的方法将其他两个视图也移到相应的位置，并使之垂直于平面图（图10-37）。

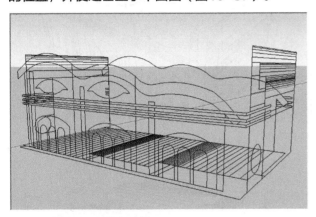

图10-37

14）若觉得场景中的图元过多而影响操作，可通过"图层"面板控制图层的显示与隐藏（图10-38）。

图10-38

15）将主视图选中单击鼠标右键，选择"分解"选项，将组分解（图10-39）。分解后使用"铅笔"工具描绘CAD正立面图，可将面封闭（图10-40）。面封闭后，正、反面不统一（图10-41），选择一个正面，单击鼠标右键，选择"确定

平面的方向"选项（图10-42），即可将所有反面翻转（图10-43）。

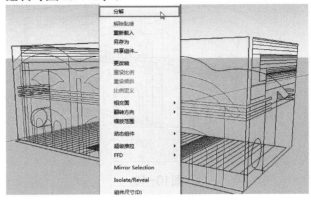

图10-39

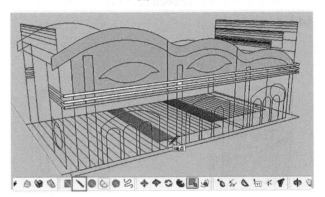

图10-40

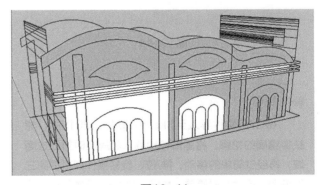

图10-41

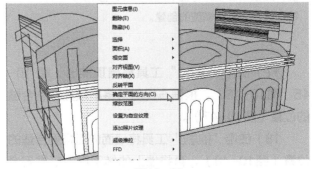

图10-42

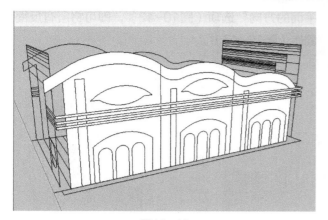

图10-43

16）用同样的方法将后视图的面封闭（图10-44）。

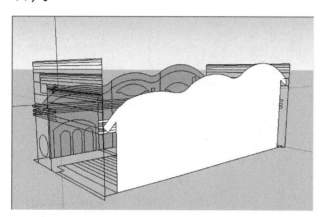

图10-44

补充提示

　　将CAD文件导入至SketchUp Pro 2019中，能获得精确的轮廓，将图形轮廓导入后应及时封闭成面域，再经过简单的移动、推/拉、旋转操作即可得到三维模型，这种方式简单、快捷，其中推/拉操作特别重要，应根据模型的特征精确输入推/拉数据。这种方法特别适合效果图模型的创建。

　　17）使用"推/拉"工具将屋顶推出（图10-45、图10-46），根据右视图再将屋顶推拉到合适的位置（图10-47）。

　　18）使用"推/拉"工具将墙面向后推到合适的位置（图10-48），再将墙上的椭圆窗向后推到合适的位置（图10-49）。

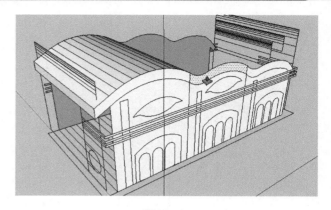

图10-45

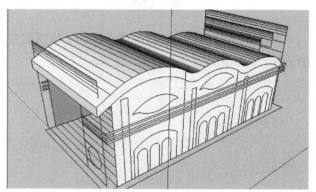

图10-46

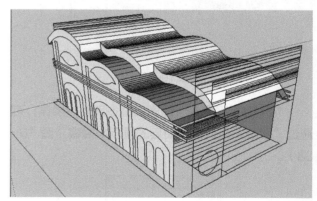

图10-47

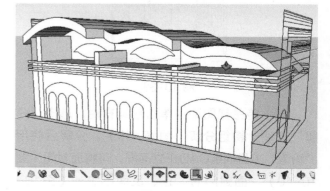

图10-48

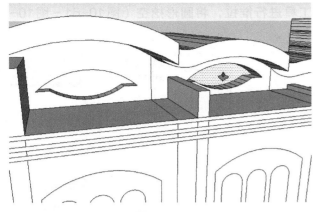

图10-49

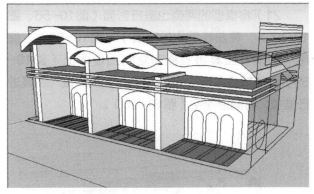

图 10-52

19）继续使用"推/拉"工具将下面的墙推到合适的位置（图10-50），推拉后，在其他面上双击鼠标左键即可推拉相同的距离（图10-51），效果如图 10-52所示。

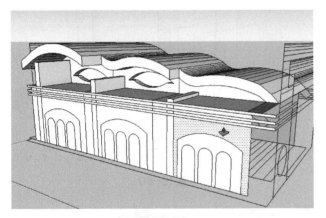

图10-50

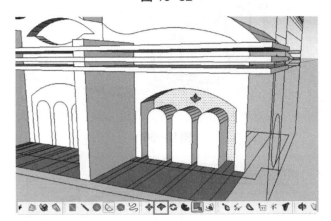

图10-53

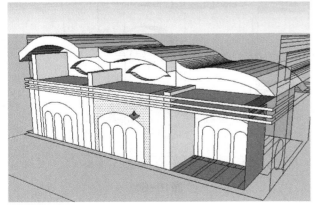

图10-51

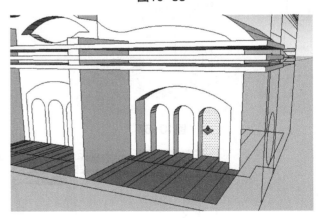

图10-54

20）再将墙上的门洞向后推拉（图10-53、图10-54），效果如图10-55所示。

图10-55

21）将模型的两侧也进行封面（图10-56、图10-57），将左视图中的圆选中（图10-58），使用"移动"工具将圆移动复制到墙体上（图10-59），使其成为单独的面，再使用"推/拉"工具进行推拉，将圆形挖空（图10-60）。

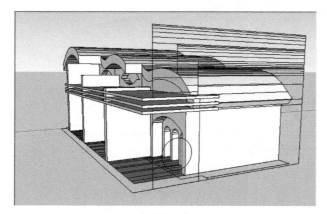

图10-56

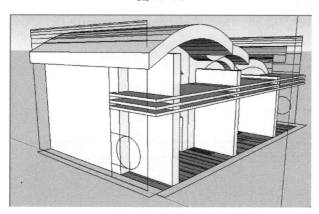

图10-57

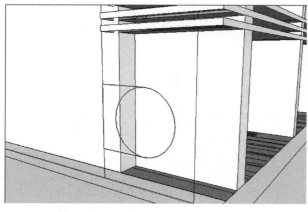

图10-58

22）同样，将右视图中的圆选中，使用"移动"工具将圆移动复制到墙面上，再使用"推/拉"工具进行推拉，将圆形挖空（图10-61～图10-63）。

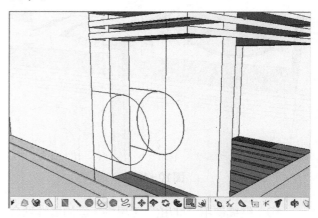

图10-59

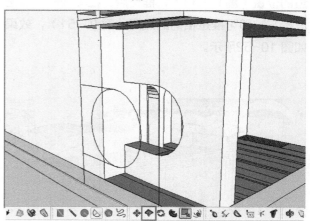

图10-60

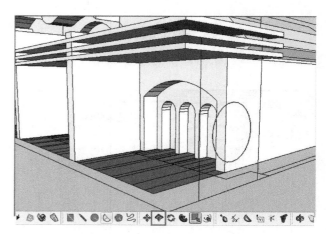

图10-61

23）此时模型已基本建好，仔细检查无误后将多余的线删除（图10-64、图10-65）。

24）最后为模型赋予材质，效果如图10-66、图10-67所示。

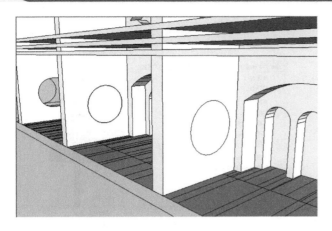

图10-62

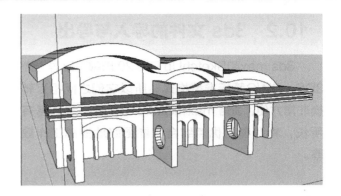

图10-65

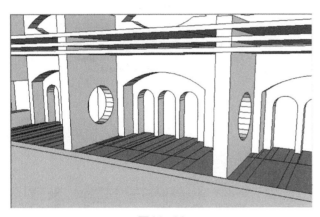

图10-63

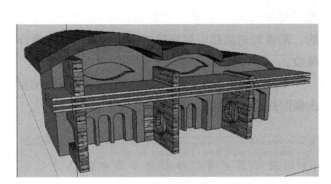

图10-66

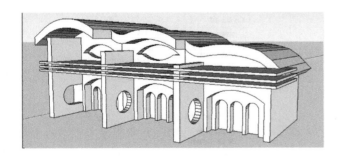

图10-64

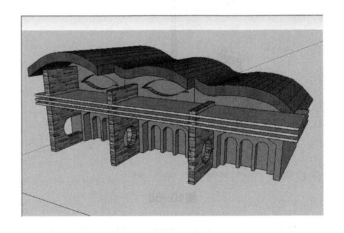

图10-67

补充提示

　　完成后的模型应经过仔细检查，导入二维图形制作的模型，最容易忽视细节，一定要根据设计要求将细节构造补充完整，只是简要的轮廓无法反映真实的效果。

　　赋予材质时应注意模型的分配，独立的模型才能单独赋予一种材质。在模型创建时注意，如果希望在某个独立的模型上赋予两种以上的材质，那么就要将该模型分解。如果希望将制作好的模型再导出至3ds max中渲染，那么所用贴图最好全部为jpg格式，这样通用性会更好。

10.2　3ds 文件的导入与导出

　　3ds max和SketchUp Pro 2019都可以导出为3DS、DWG等标准型格式，所以它们之间相互转换非常方便，3ds max和SketchUp Pro 2019各有所长，将两者的优点结合，能更好地提高工作效率。

10.2.1　导出模型并输出到3ds max中

　　3ds max和SketchUp Pro 2019对模型的描述方式是不同的，后者对对象是以线和面进行定义的，前者对对象是以可编辑的网格物体为基本操作单位。

　　1）打开本书附赠素材资料中的"第10章→6导出模型并输出到3ds max中"文件（图10-68）。

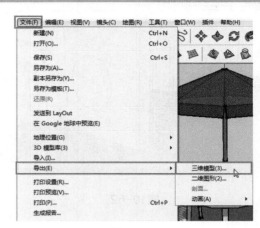

图10-69

图10-70

图10-68

　　2）在菜单栏单击"文件→导出→三维模型"命令（图10-69），弹出"导出模型"对话框，在此设置文件名和导出路径，选择"输出类型"为3DS文件（*.3ds）（图10-70），单击右下角的"选项"按钮，弹出"3DS导出选项"对话框（图10-71）。

　　3）在"3DS导出选项"对话框中将"几何图形"中的"导出"列表设置为"完整层次结构"，在"比例"中将单位设置为毫米。

图10-71

　　4）设置完成后单击"好"按钮关闭对话框，单击"导出"按钮开始导出，此时会显示导出进度

（图10-72），导出完成后弹出"3DS导出结果"（图10-73）。

图10-72　　　　　图10-73

10.2.2　3DS导出选项对话框

1. "几何图形"选项组

在此设置导出的模式，包含4个不同的选项，（图10-74）。

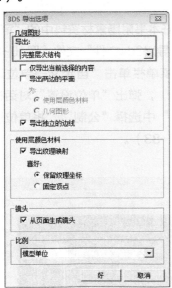

图10-74

（1）完整层次结构　选择该项以SketchUp Pro 2019的分组和分组件的层级关系导出。

（2）按图层　选择该项以图层关系导出。

（3）按材质　选择该项以材质贴图关系分组导出。

（4）单个对象　选择该项可以将整个模型作为一个物体进行导出。

（5）仅导出当前选择的内容　选择该项可以只导出当前选择的物体。

（6）导出两边的平面　勾选该项可激活下面的"使用层颜色材料"和"几何图形"选项。勾选"使用层颜色材料"可以开启双面标记，勾选"几何图形"可将每个面分为正、反面分两次导出，导出的多边形数量增加一倍。

（7）导出独立的边线　勾选该项可将边线单独导出。

2. "使用层颜色材料"选项组

（1）导出纹理映射　勾选该项可导出模型的材质贴图。

（2）保留纹理坐标　可保持材质贴图的坐标。

（3）固定顶点　可保持贴图坐标与平面视图对齐。

3. "镜头"选项组

勾选从页面生成镜头，为当前视图及页面创建摄影机。

4. "比例"选项组

设置导出模型的单位。

10.2.3　导入3ds模型文件

1）打开3ds max软件，在菜单栏单击"自定义→单位设置"命令（图10-75），弹出"单位设置"对话框。

2）在"单位设置"对话框的"显示单位比例"中选择"公制"，设置单位为"毫米"（图10-76）。单击"系统单位设置"按钮，在弹出的"系统单位设置"对话框中将单位设置为"毫米"（图10-77）。

图10-75　　　　　　　图10-76

图10-77

3）设置完成后，在菜单栏单击"文件→导入"命令，弹出"选择要导入的文件"对话框，将"文件类型"设置为"3D Studio网格"（*.3DS，*.PRJ）格式，选择之前导出的3DS模型（图10-78）。

图10-78

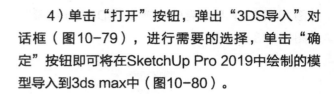

4）单击"打开"按钮，弹出"3DS导入"对话框（图10-79），进行需要的选择，单击"确定"按钮即可将在SketchUp Pro 2019中绘制的模型导入到3ds max中（图10-80）。

10.2.4　3DS导入对话框

1. 合并对象到当前场景

选择该项会保留当前场景模型，将导入的模型添加进来。

2. 完全替换当前场景

选择该项会删除原有场景模型，只保留导入的模型。

3. 转换单位

选择该项后，如原3ds模型的单位与当前场景的单位不一致，将进行转换。

10.2.5　在3ds max中导出3ds文件

1）打开本书附赠素材资料中的"第10章→8在3ds max中导出3ds文件"文件（图10-81）。

2）在菜单栏单击"自定义→单位设置"命令（图10-82），弹出"单位设置"对话框，在"显示单位比例"中选择"公制"，将单位设置为"毫米"（图10-83）。

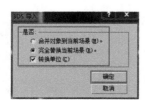

图10-79

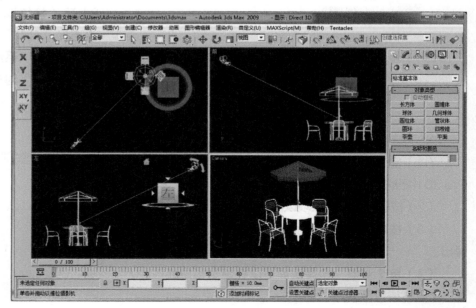

图10-80

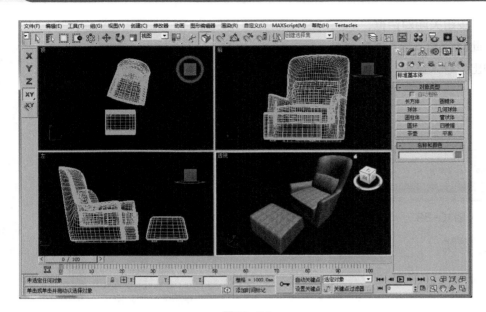

图10-81

图10-82

图10-83

3）设置完成后，在菜单栏单击"文件→导出"按钮，在弹出的"选择要导出的文件"对话框中设置"保存类型"为"3D Studio（*.3DS）"，选择输出路径并设置文件名（图10-84）。

图10-84

4）设置完成后单击"保存"按钮，弹出对话

框中勾选"保持MAX的纹理坐标"（图10-85），即可将文件导出为3ds格式。

图10-85

10.2.6 导入3ds格式文件

1）打开SketchUp Pro 2019，在菜单栏单击"文件→导入"命令，弹出"打开"对话框，设置"文件"类型为"3DS文件（*.3ds）"，选择之前导出的3DS模型（图10-86）。

2）单击右侧的"选项"按钮，在弹出的"3DS导入选项"对话框中勾选"合并共面平面"选项，单位设置为"毫米"（图10-87）。

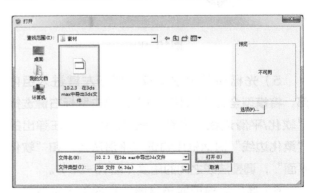

图10-86

3）设置完成后单击"好"按钮关闭对话框，单击"打开"按钮开始导入，此时会显示导入进度（图10-88），导入完成后弹出"导入结果"对话框（图10-89）。

图10-87

图10-88

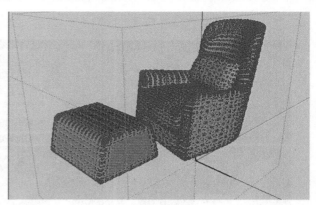

图10-91

图10-89

4）导入后，光标会变为移动工具的图样，将光标移至合适的位置并单击鼠标左键即可放置导入的模型（图10-90）。

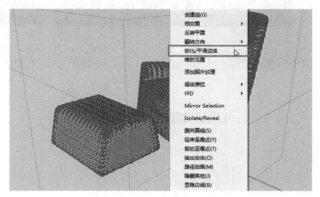

图10-92

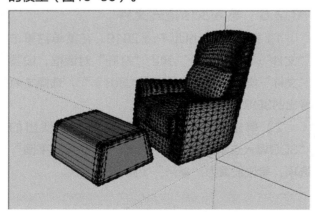

图10-90

5）光标移至模型上双击鼠标左键进入组内部，将模型全选（图10-91）。单击鼠标右键选择"软化/平滑边线"命令（图10-92），在弹出的"柔化边线"对话框中勾选"平滑法线"和"软化平面"，调整法线之间的角度（图10-93）。

6）最后为模型赋予材质，完成3DS模型导入（图10-94）。

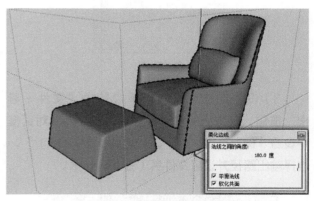

图10-93

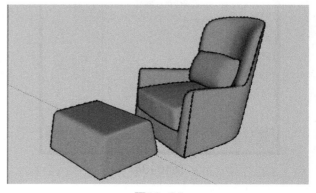

图10-94

中文版SketchUp Pro 2019／VRay
效果图全能教程

精华篇·实例制作

第11章 家居客厅餐厅设计实例

操作难度☆★★★★

章节介绍

本章介绍一套家居客厅餐厅的设计案例。首先在AutoCAD中绘制家居平面图，将墙体线框导入到SketchUp Pro 2019中，再进行模型创建，创建方法主要为"线条"与"推/拉"工具，造型简洁大方，模型创建速度快，家具、灯具、陈设饰品均可以从素材库中调用，大幅度提高了模型的创建速度。采用SketchUp Pro 2019制作类似家居效果图模型的效率极高，因此极受现代设计师的青睐。

11.1 案例基本内容

家是人们最关心的地方，与日常生活息息相关，不同的人有不同的喜好和需求。本案例是一个客餐厅的空间，采用了较为现代的设计风格，暖色的壁纸、圆形的天花板吊顶、木地板营造了大方简洁、时尚温馨的空间氛围。SketchUp模型效果如图11-1、图11-2所示。创建模型的方式有很多种，可以将手绘的平面图纸扫描成数码图像后导入SketchUp中创建模型，也可以直接在SketchUp中直接推敲，本案例采用将绘制好的CAD图纸导入到SketchUp中创建模型的方法。

图11-1

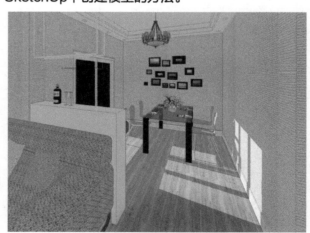

图11-2

11.2 在SketchUp中创建模型

11.2.1 整理CAD平面图

在SketchUp中制作模型之前，需要先对CAD图纸进行整理，使图纸尽量简化，简化的图纸可以提高建模的速度和准确性，室内设计中需要的参考线很少，主要以墙体和门窗为主。

1）打开本书附赠素材资料中的"第11章→CAD图纸→平面图"文件（图11-3）。

2）在CAD的命令框中输入"layoff"，按〈Enter〉键确定，光标移至图框、标注、家具等需要关闭的图层对象上单击鼠标左键将图层关闭，效果如图11-4所示。

3）检查图层，将多余的图形删除，在CAD的

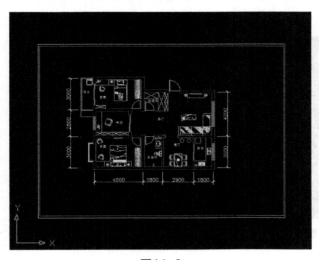

图11-3

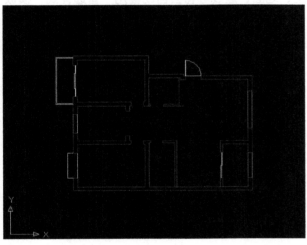

图11-4

命令输入框中输入"pu",按回车键确定,弹出"清理"对话框(图11-5),单击该对话框中的"全部清理"按钮。

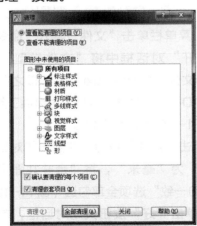

图11-5

4)在弹出的"确认清理"对话框中单击"全

部是"按钮(图11-6),即可对场景中的图元信息进行清理。

图11-6

5)清理完成后,"清理"对话框中的"清理"和"全部清理"按钮会变为灰色(图11-7)。

图11-7

6)将所有显示的图形选中,在CAD的命令输入框中输入"w",按〈Enter〉键确定,在弹出的"写块"对话框中设置文件路径和文件名,将图形创建为图块,然后关闭文件(图11-8)。

图11-8

7)重新打开平面图,单击"图层特性管理器"按钮,在"图层特性管理器"对话框中新建一个图层并命名为"底图"(图11-9),将所有图形炸开并移动到"底图"图层上(图11-10)。

8)在CAD的命令输入框中输入"pu",将文件清理(图11-11),清理完成后将其另存。

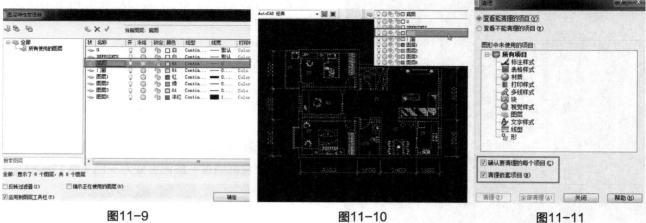

图11-9　　　　　　　　　　图11-10　　　　　　　　　　图11-11

11.2.2　优化SketchUp的场景设置

1）运行SketchUp软件，在菜单栏单击"窗口→模型信息"命令（图11-12），在弹出的"模型信息"对话框中单击左侧的"单位"，并进行相应的设置（图11-13）。

图11-12　　　　　　　图11-13

2）在菜单栏单击"窗口→样式"命令（图11-14），在弹出的"样式"对话框的样式下拉列表中选择"预设样式"（图11-15）。

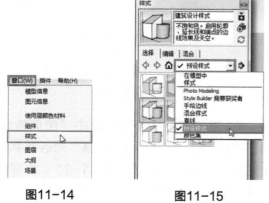

图11-14　　　　　　　图11-15

3）选择"预设样式"中的"普通样式"，天空、地面、边线等将会自动套用"普通样式"模板（图11-16）。

图11-16

11.2.3　将CAD图纸导入到SketchUp中

1）在菜单栏单击"文件→导入"命令，在弹出的"打开"对话框中将"文件类型"设置为AutoCAD文件（*.dwg,*.dxf），选择之前整理好的AutoCAD平面图文件，素材中也提供了整理好的文件（图11-17、图11-18）。

2）单击"选项"按钮，在弹出的对话框中设置"单位"为"毫米"，将"合并共面平面"和"平面方向一致"选项全部勾选（图11-19）。设置完成后单击"好"按钮关闭对话框，单击"打开"按钮即可将AutoCAD图纸导入到SketchUp中，导入完成后会弹出"导入结果"对话框（图

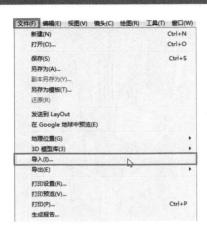

图11-17

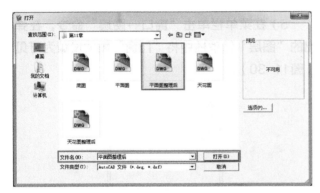

图11-18

图11-19

11-20）和导入结果（图11-21）。

图11-20

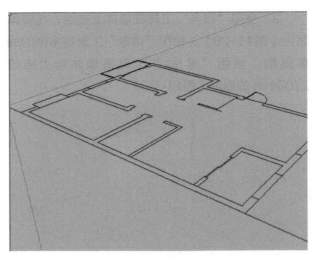

图11-21

11.2.4 在SketchUp中创建模型

1．创建空间体块

1）将导入的平面图选中，单击鼠标右键选择"分解"选项（图11-22）。

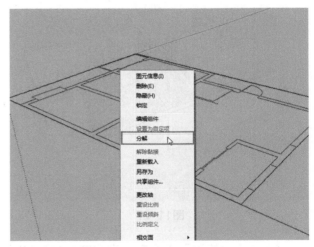

图11-22

2）在菜单栏单击"窗口→图层"命令（图11-23），会弹出"图层"管理器（图11-24），将"门窗"图层设为不可见（图11-25）。

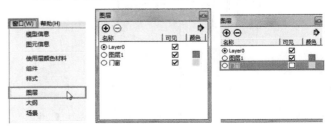

图11-23　　　图11-24　　　图11-25

3）使用"线条"工具在墙体上描绘，将墙体封边（图11-26）。使用"擦除"工具将多余的线条删除，使用"推/拉"工具将墙体向上推拉2700mm 的高度（图11-27）。

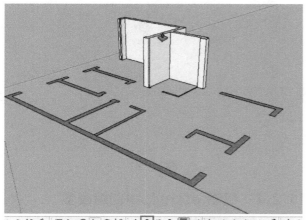

图11-26

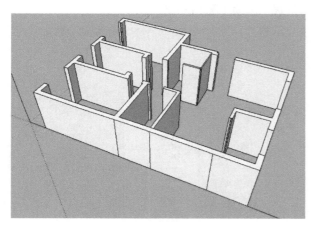

图11-27

4）使用"矩形"工具在门窗洞口上方绘制矩形（图11-28、图11-29）。

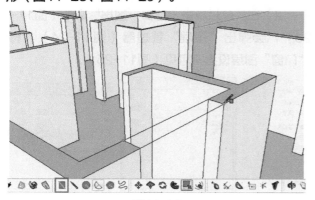

图11-28

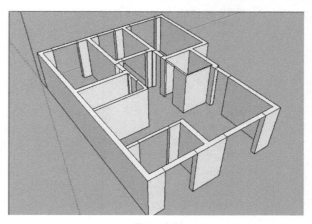

图11-29

5）在菜单栏单击"窗口→图层"命令，在弹出的"图层"管理器中将"门窗"图层设置为可见（图11-30）。

图11-30

6）使用"移动"工具，按住〈Ctrl〉键将飘窗的轮廓线向上复制到墙上沿（图11-31）。

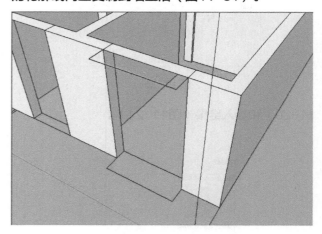

图11-31

7）将复制出的飘窗轮廓线选中，单击鼠标右键选择"图元信息"选项（图11-32）。在"图元信息"对话框中将图层设置为"Layer0"（图11-33）。

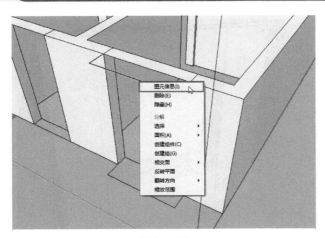

图11-32

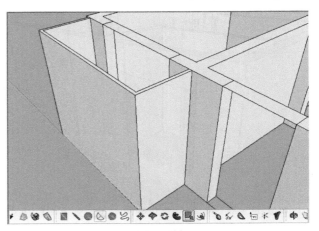

图11-35

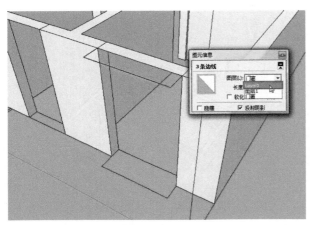

图11-33

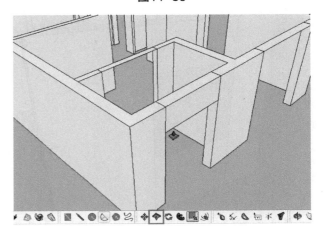

图11-36

8）使用"线条"工具在阳台轮廓上描绘，将阳台封面，使用"推/拉"工具将阳台向上推拉2700mm的高度（图11-34、图11-35）。

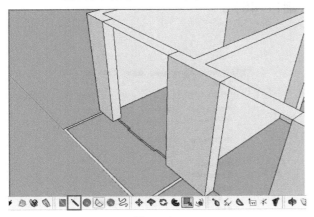

图11-34

9）再次将"门窗"图层设置为不可见，使用"推/拉"工具将门窗洞口上的面向下推拉600mm（图11-36、图11-37）。

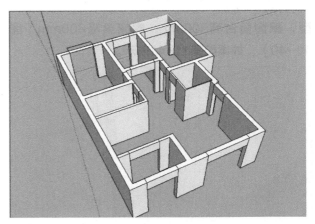

图11-37

10）窗洞和门洞的不同在于窗洞下部有窗台。"线条"工具在窗洞的下边绘制轮廓线，使用"推/拉"工具向上推拉合适的高度，客厅窗向上推拉400mm（图11-38），普通窗户向上推拉900mm（图11-39）。

11）使用"线条"和"推/拉"工具绘制飘窗模

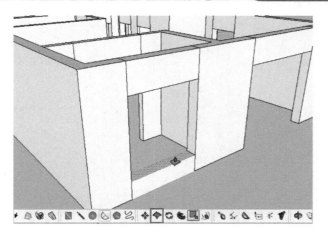

图11-38

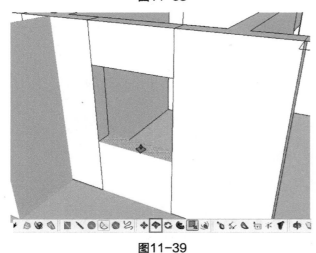

图11-39

型，飘窗窗台高600mm，飘窗梁高600mm（图11-40），效果如图11-41所示。

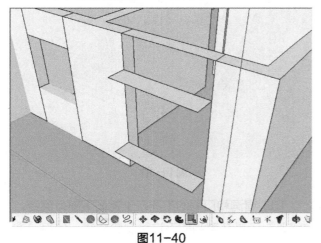

图11-40

12）使用"擦除"工具将多余的线、面删除（图11-42）。

13）在菜单栏单击"文件→导入"命令将之前

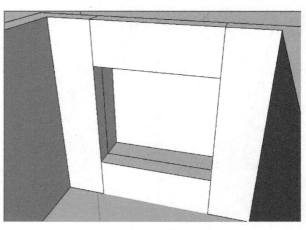

图11-41

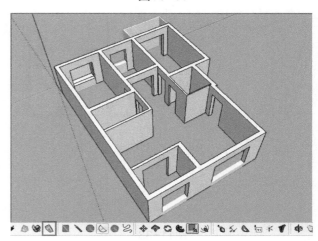

图11-42

整理的"底图"文件导入到场景中（图11-43、图11-44），使用"移动"工具将其放到合适的位置（图11-45）。

图11-43

图11-44

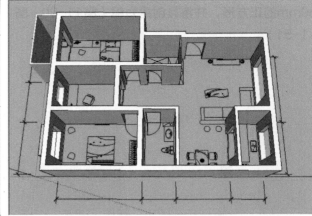

图11-45

补充提示

如果只是在SketchUp Pro 2019中创建模型，而不通过其他软件渲染，应当尽量将模型制作完整，而不局限于客厅、餐厅，最好将全房模型都创建，至少应创建出基础框架，尤其是全房的门窗洞口应根据平面图精确制作，方便客户能对设计方案作进一步推敲。

如果需要通过其他软件渲染，可以只制作相关房间，能提高制作效率，加快后期的渲染速度。

2. 创建门窗

1）使用"矩形"工具在窗洞口绘制矩形（图11-46），光标移至矩形上双击鼠标左键将其边线选中，单击鼠标右键，选择"创建组"选项将其创建为组（图11-47）。

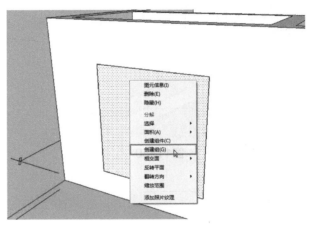

图11-47

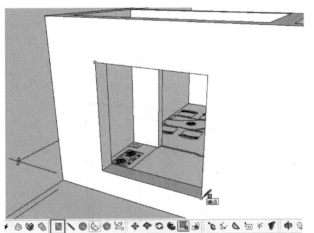

图11-46

2）进入到组内，使用"偏移"工具将矩形向内偏移50mm（图11-48），再使用"推/拉"工具将窗框向外推拉50mm（图11-49）。

3）再使用"矩形"工具绘制一个50mm×

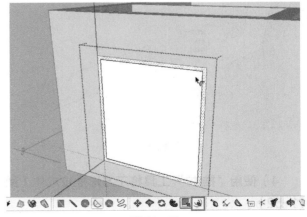

图11-48

50mm的正方形，并将其创建为组（图11-50、图11-51）。

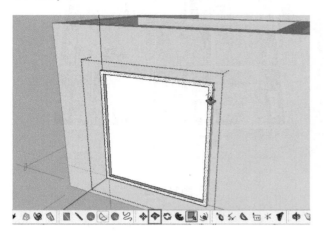

图11-49

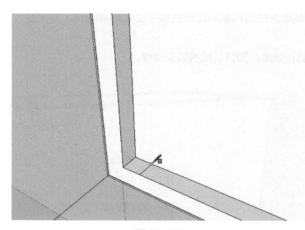

图11-50

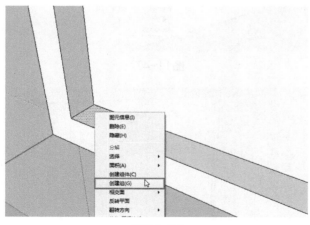

图11-51

4）使用"推/拉"工具将正方形推拉成体（图11-52）。

5）使用"移动""拉伸"工具等将窗户创建

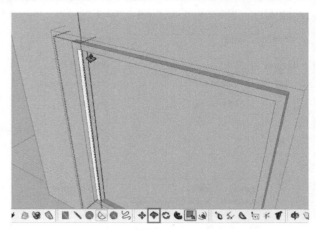

图11-52

完成，效果如图11-53所示，再使用"移动"工具将窗户移动到合适的位置（图11-54），最后为窗户赋予材质（图11-55）。

图11-53

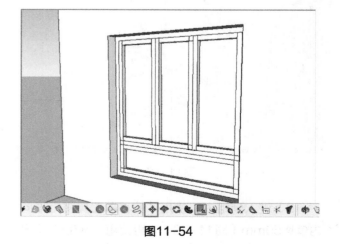

图11-54

6）用同样的方法制作出其他几个窗户（图11-56）。

图11-55

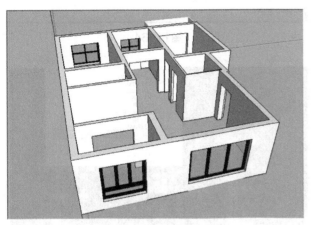

图11-56

7）将本书附赠素材资料中的"第11章→贴图及模型→"室内门""推拉门"文件模型添加到场景中，并放置到合适的位置（图11-57）。

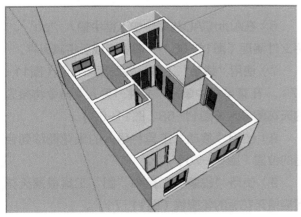

图11-57

1）为了方便创建踢脚线，先要将底图和门窗

隐藏（图11-58），使用"线条"工具将地面封面（图11-59）。

图11-58

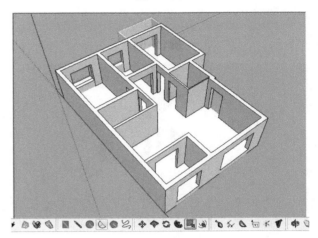

图11-59

2）使用"偏移"工具将地面向内偏移10mm，绘制出踢脚线轮廓线（图11-60），再使用"推/拉"工具向上推拉150mm，制作出踢脚线（图11-61）。

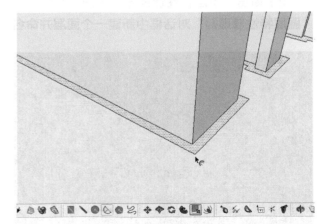

图11-60

3）将门窗恢复显示，将地面、踢脚线创建为一个组，墙体和门窗创建为一组（图11-62）。

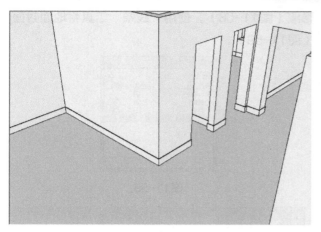

图11-61

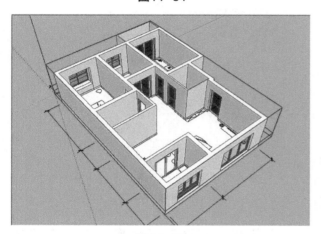

图11-62

4）打开本书附赠素材资料中的"第11章→CAD图纸→天花图"文件（图11-63）。

5）单击"图层特性管理器"按钮，在打开的"图层特性管理器"对话框中新建一个图层并命名

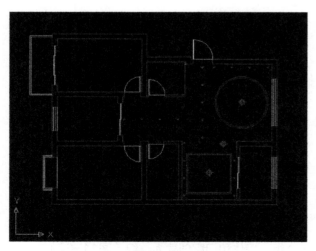

图11-63

为"天花"（图11-64），将所有图形炸开并移动到"天花"图层上（图11-65）。

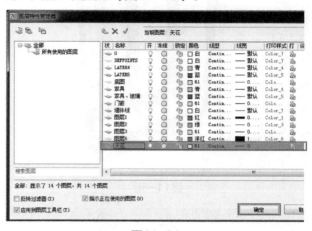

图11-64

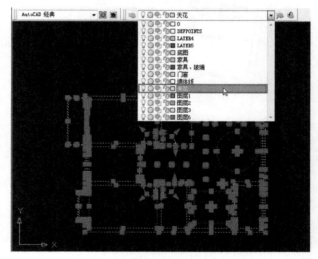

图11-65

6）在AutoCAD的命令输入框中输入"pu"，将文件清理（图11-66），清理完成后将其另存。

7）使用"线条"工具将模型顶面封闭（图11-67），在菜单栏中单击"文件→导入"命令将整理的天花图导入（图11-68、图11-69）。

8）使用"移动"工具将导入的天花图移到合适的位置（图11-70）。

9）使用"线条"工具和"圆"工具根据天花图描绘天花板的轮廓线（图11-71）。

10）使用"推/拉"工具将天花板推拉至适当的高度（图11-72），最后将面整理（图11-73）。

4. 为场景添加页面

1）此时空间的模型基本创建完成，需要为场

图11-66

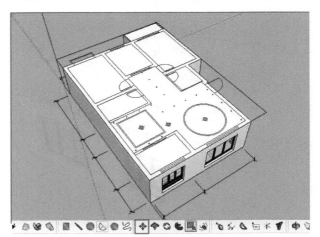

图11-70

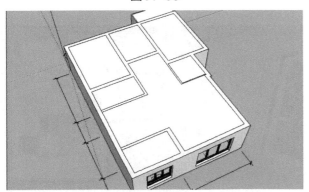

图11-67

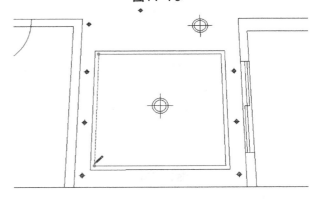

图11-71

图11-68

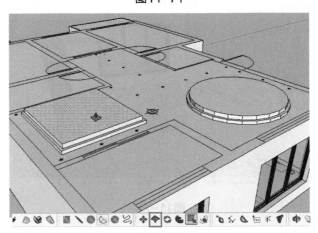

图11-72

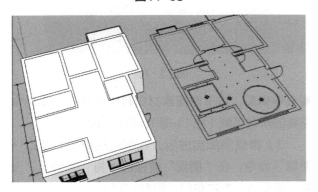

图11-69

景中添加页面，选取"缩放"工具，输入"75deg"，将默认的35°视角调整为75°。在菜单栏单击"窗口→场景"命令（图11-74），打开"场景"管理器，调整好角度后单击"添加场景"按钮创建场景1，再调整角度，添加场景2（图11-75、图11-76）。

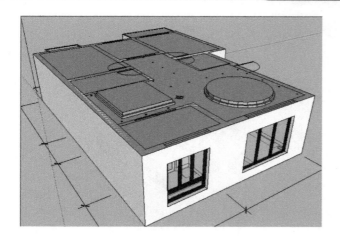

图11-73

图11-74

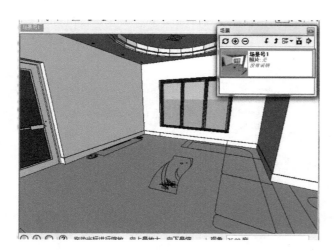

图11-75

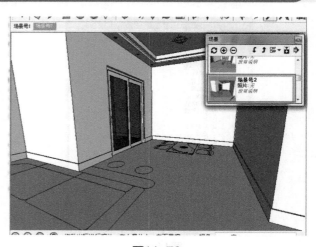

图11-76

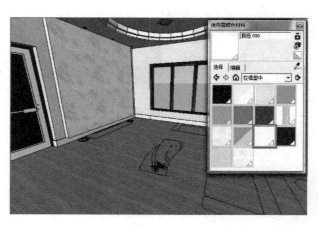

图11-77

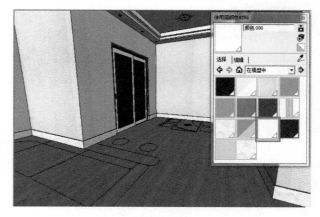

图11-78

2）在菜单栏单击"窗口→使用层颜色材料"命令，打开"使用层颜色材料"管理器，为场景中添加相应的材质（图11-77、图11-78）。

5. 为室内场景添加家具模型

1）在室内空间中添加各种灯具模型（图11-79）。

2）在室内空间中添加沙发、茶几、电视柜、

餐桌等模型，本书附赠素材资料中提供了本案例中需要的所有模型（图11-80、图11-81）。

3）模型添加完成后，在菜单栏单击"窗口→图层"命令，在"图层"管理器中将"底图""天花"图层设置为不可见（图11-82）。

图11-79

图11-81

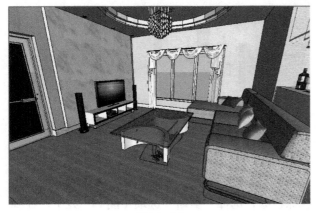

图11-80

图11-82

11.3 导出图像

11.3.1 设置场景风格

1）在菜单栏单击"窗口→样式"命令，打开"样式"管理器（图11-83、图11-84）。

图11-83

图11-84

图11-85

2）打开"样式"管理器中的"编辑"选项卡，单击"背景设置"按钮，设置"背景"颜色为黑色（图11-85）。

3）单击"边线设置"按钮，取消"显示边线"选项的勾选（图11-86）。

图11-90

图11-86

11.3.2 调整阴影显示

1）在菜单栏单击"镜头→两点透视图"命令（图11-87），将视图进行调整（图11-88）。

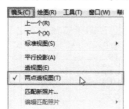

图11-87

图11-91

3）设置完成后，光标移至场景选项卡上单击鼠标右键，选择"更新"选项（图11-92），在弹出的"警告-场景和样式"对话框中将"不做任何事情，保存更改。"选项勾选，单击"更新场景"按钮将场景更新（图11-93）。

图11-88

图11-92

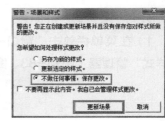

图11-93

2）在菜单栏单击"窗口→阴影"命令（图11-89），打开"阴影设置"对话框，激活"显示/隐藏阴影"按钮，在此设置"时间""日期"和光线亮暗，调节出满意的光影效果（图11-90、图11-91）。

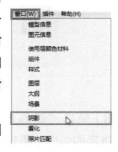

图11-89

4）用同样的方法对另一个场景的阴影进行设置，单击"镜头→两点透视图"命令，将视图进行调整（图11-94）。在"阴影设置"对话框中设置阴影（图11-95），效果如图11-96所示。

11.3.3 导出图像

1）在菜单栏单击"文件→导出→二维图形"命令，打开"导出二维图形"对话框（图11-97、图11-98），在此对话框中设置文件名，"输出类

图11-94

图11-95

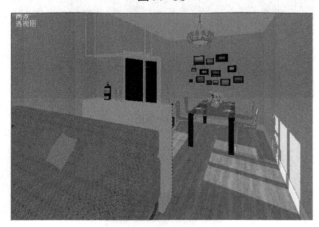

图11-96

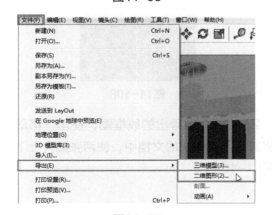

图11-97

型"设置为"JPEG图像（*.jpg）"。

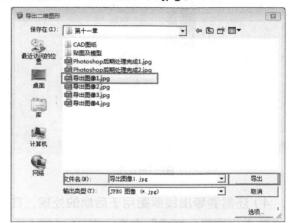

图11-98

2）单击右下角的"选项"按钮，在弹出的"导出JPG选项"对话框中设置图像大小，勾选"消除锯齿"选项，将JPEG压缩滑块拖至最右端，设置完成后单击"好"按钮关闭对话框（图11-99）。单击"导出"按钮将图像导出，效果如图11-100所示。

图11-99

图11-100

3）用同样的方法将另一个场景导出，效果如图11-101所示。

图11-101

4）还需要导出线框图用于后期的处理，在菜单栏单击"窗口→样式"命令（图11-102），打开"样式"管理器。在"样式"管理器中打开"编辑"选项卡，单击"平面设置"按钮，选择"以隐藏线模式显示"样式（图11-103）。

图11-102

图11-103

5）使用上述的方法再将图像导出，效果如图11-104、图11-105所示。

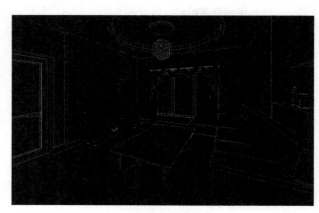
图11-104

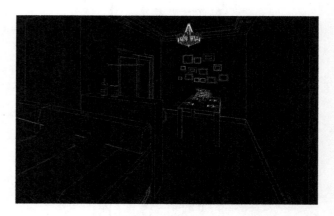
图11-105

11.4 Photoshop后期处理

1）打开Photoshop软件，打开之前导出的图像（图11-106），按住〈Alt〉键，光标移至"背景"图层上双击鼠标左键，将图层解锁（图11-107、图11-108）。

图11-106

图11-107

图11-108

2）打开之前导出的线框图，使用"移动"工具将其拖入到当前的文档中，使两张图片上下重叠（图11-109）。

图11-109

图11-110

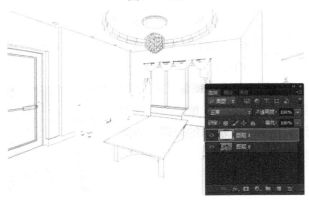

图11-111

4）将"图层1"的混合模式设置为"正片叠底"，"不透明度"设置为50%（图11-112）。

5）选择"图层0"，在菜单栏单击"滤镜→锐化→锐化"命令，使图片更加清

图11-112

晰（图11-113）。

图11-113

6）在菜单栏单击"图像→调整→色彩平衡"命令（图11-114），弹出"色彩平衡"对话框，在此设置色阶参数为+13、0、-21（图11-115），效果如图11-116所示。

图11-114

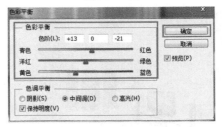

图11-115

7）在菜单栏单击"图像→调整→亮度/对比度"命令（图11-117），弹出"亮度/对比度"对话框，在此设置"亮度"为12、设置"对比度"为13（图11-118）。

8）使用"加深"工具在近处的地板上涂抹，使地板加深，增加进深感（图11-119）。

9）新建图层，按快捷键（Ctrl+Shift+Alt+

图11-116

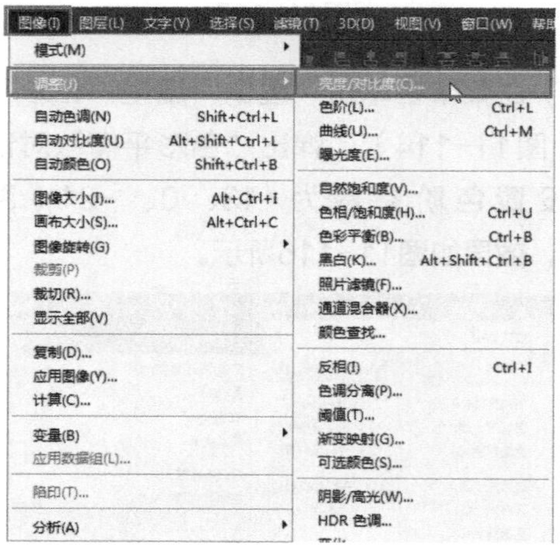

图11-120

图11-121

模糊→高斯模糊"命令（图11-122），在弹出的"高斯模糊"对话框中，设置"半径"为4.2（图11-123）。

图11-122

图11-123

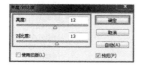

图11-117

图11-118

11）设置"图层2"的混合模式为"柔光"，"不透明度"设置为30%（图11-124），效果如图11-125所示。

12）此时，图像已经处理完成，将其另存。使用同样的方法完成另一张图像的处理，效果如图11-126所示。

图11-124

图11-119

E），合并所有可见图层到新图层（图11-120、图11-121）。

10）选择"图层2"，在菜单栏单击"滤镜→

补充提示

在SketchUp Pro 2019中创建的空间模型，即使不经过逼真细腻的渲染，也具备一定的审美，尤其能将空间中的结构清晰反映出来，这种效果图虽然不具备商业用途，但是能作为初步方案与客户交流，并且能随时渲染成逼真的效果图。

图11-125

图11-126

第12章 展示厅设计实例

操作难度☆★★★★

章节介绍

本章介绍SketchUp Pro 2019制作展示厅的方法。展示厅的内容比较复杂，要将各种展示道具逐个制作，这类专项定制的模型一般无法下载，只能单独制作。虽然制作方法比较单一，重复的部分较多，但是操作熟练后，制作速度就会提升起来，还可以打造出具有个性化的设计风格。此外，这类公共空间的装修效果图收费较高，制作好的模型可以单独保存下来，便于以后再次使用。

12.1 案例基本内容

本案例是一个工艺礼品商店的空间设计，面积为48m²，设有1个接待台、12个展柜，3个展台。本案例以展示道具的制作为重点来进行展示厅设计实例的讲解。图12-1、图12-2所示为模型效果图。

图12-1

图12-2

12.2 创建空间模型

12.2.1 创建空间基础模型

1）本书附赠素材资料中提供了整理好的CAD平面图和立面图图样（图12-3、图12-4）。运行SketchUp软件，在菜单栏单击"文件→导入"命令（图12-5），在弹出的"打开"对话框中设置"文件类型"为"AutoCAD文件（*.dwg，*.dxf）"。打开本书附赠素材资料中的"第12章→CAD图纸→平面图"文件夹，选择提供的CAD平面图文件（图12-6）。

2）单击右下角的"选项"按钮，在弹出的对话框中设置"单位"为"毫米"，勾选"合并共面

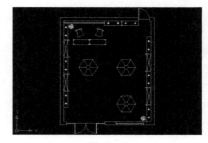

图12-3

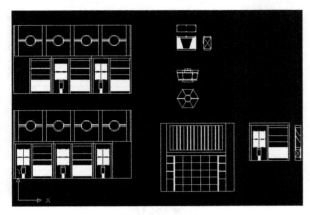

图12-4

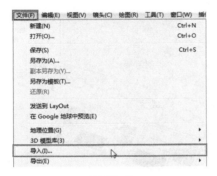

图12-5

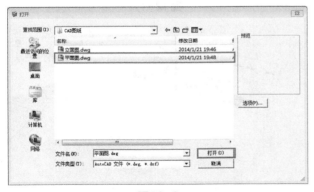

图12-6

平面"和"平面方向一致"选项（图12-7），设置完成后单击"好"按钮关闭对话框，单击"打开"按钮将CAD图样导入。

图12-7

3）将立面图也以同样的方式导入到场景中（图12-8）。选择立面图组，单击鼠标右键选择"分解"选项将组分解（图12-9），再将每个立面图单独创建为组（图12-10）。

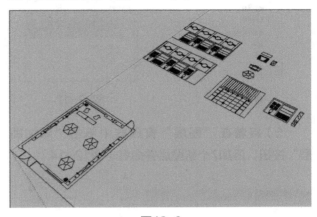

图12-8

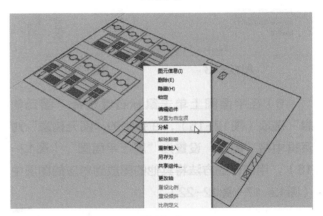

图12-9

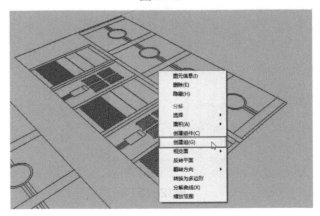

图12-10

4）在菜单栏单击"窗口→图层"命令（图12-11），在打开的"图层"管理器中将"Layer0"图层以外的所有图层选中并单击"删除图层"按钮（图12-12），在弹出的"删除包含图元的图层"

对话框中勾选"将内容移至默认图层"选项（图
12-13），单击"好"按钮关闭对话框。

图12-11   图12-12

5）接着在"图层"管理器中单击"添加图
层"按钮，添加7个新图层并命名（图12-14）。

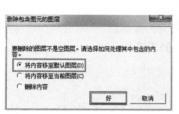

图12-13   图12-14

6）在平面图上单击鼠标右键选择"图元信
息"选项（图12-15），在弹出的"图元信息"对
话框中将"图层"设置为"展厅平面图"（图12-
16），用同样的方法将其他的图放到对应的图层中
（图12-17～图12-22）。

图12-15

7）使用"旋转"工具将展厅A立面图旋转，使
其垂直于地面（图12-23），再使用"移动"工具
将其移动到合适的位置（图12-24），用同样的方
法将其他的立面图也进行旋转并移动到合适的位置
（图12-25）。

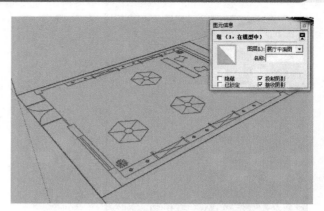

图12-16

图12-17

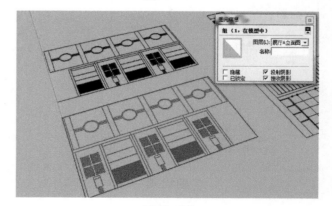

图12-18

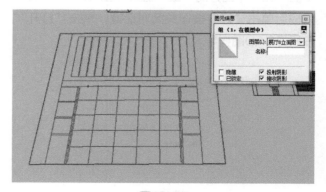

图12-19

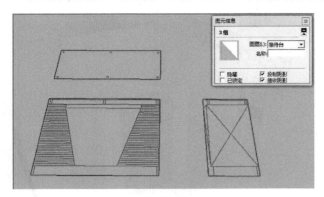

图12-20

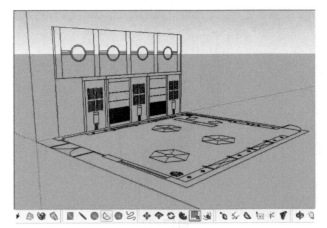

图12-24

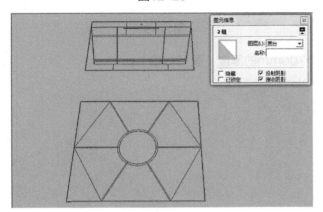

图12-21

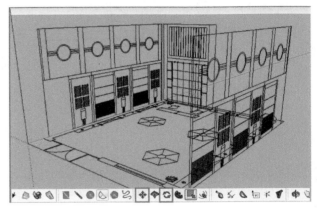

图12-25

8）使用同样的方法将接待台、展柜和展台的立面图和平面图放置到合适的位置（图12-26～图12-28）。

9）打开"图层"管理器，将"展台""展柜"和"接待台"图层隐藏（图12-29）。

10）使用"矩形"工具在展厅平面图上依据

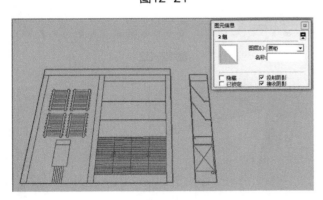

图12-22

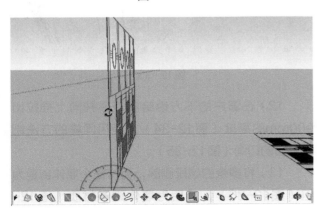

图12-23

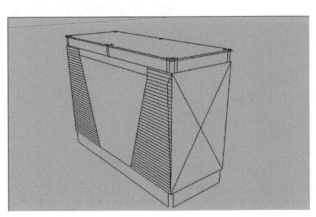

图12-26

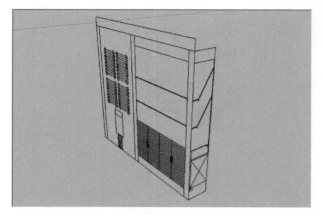

图12-27

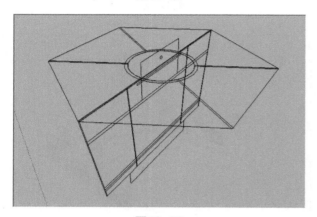

图12-28

图12-29

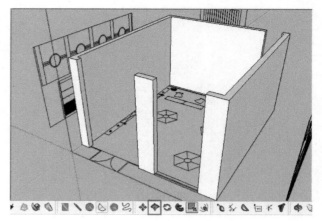

图12-31

1700mm的厚度（图12-33）。

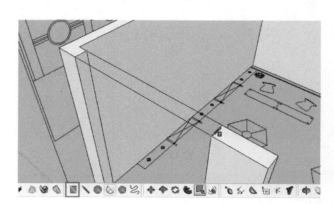

图12-32

CAD图绘制墙体（图12-30），再使用"推/拉"工具将墙体推拉4500mm的高度（图12-31）。

11）使用"矩形"工具在门窗洞口上方绘制矩形（图12-32），使用"推/拉"工具将矩形向下推拉出

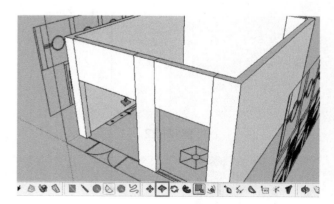

图12-33

12）在窗户的下方也绘制矩形并向上推拉出900mm的高度（图12-34），使用同样的方法制作后面的门洞（图12-35）。

13）将多余的线段删除，再将整个墙体创建为组（图12-36），最后为墙体赋予材质（图12-37）。

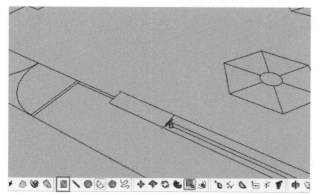

图12-30

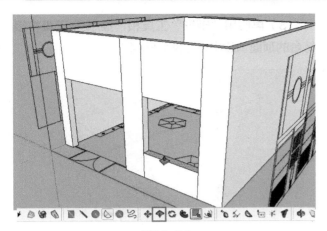

图12-34

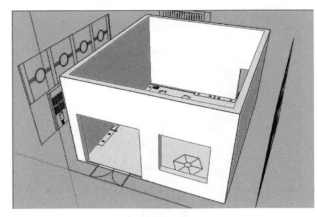

图12-36

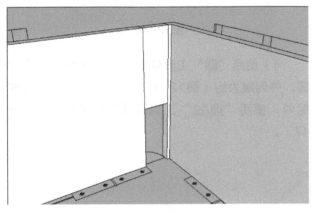

图12-35

图12-37

补充提示

即使再复杂的展示道具，只要将各个面的二维图形拼接起来，就能围合成三维框架。使用"画笔""矩形"工具等重新在二维图形上描绘，最后采用"拉伸"工具将其转换为三维实体模型即可。

12.2.2 创建展示道具模型

1. 创建接待台

1）打开"图层"管理器，将"接待台"图层显示（图12-38、图12-39），使用"矩形"工具根据CAD图绘制底面（图12-40），使用"推/拉"工具向上推拉到合适的高度（图12-41）。

图12-38

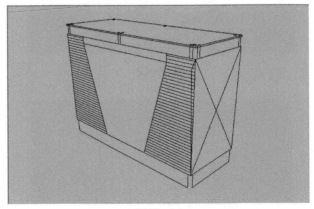

图12-39

2）同样使用"矩形"工具和"推/拉"工具将接待台的基本体块创建出来（图12-42），将创建的体块创建为组（图12-43）。

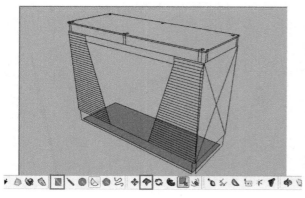

图12-40

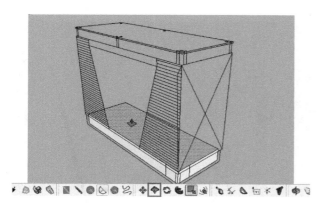

图12-41

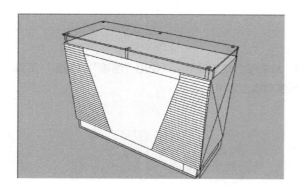

图12-42

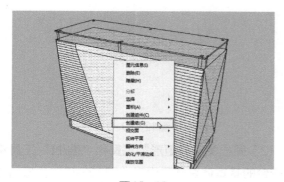

图12-43

3）再使用"矩形"工具和"推/拉"工具将接待台的顶面创建出来（图12-44）。

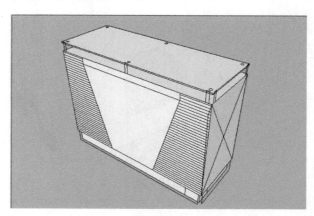

图12-44

4）使用"圆"工具依据CAD图形绘制顶面的圆，并创建为组（图12-45、图12-46），进入到组内，使用"推/拉"工具将圆推拉成体（图12-47）。

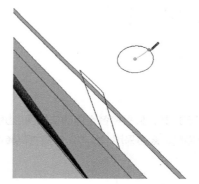

图12-45

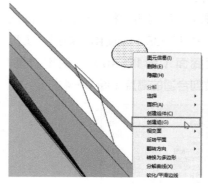

图12-46

5）圆柱体创建完成后将其创建为组件（图12-48），使用"移动"工具将其复制移动（图12-

49）。

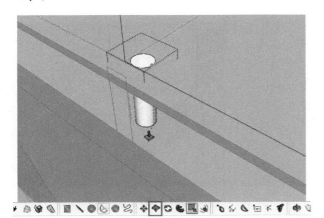

图12-47

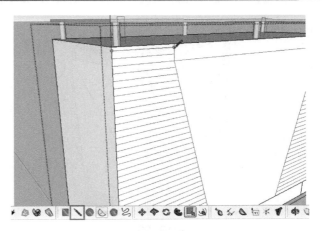

图12-50

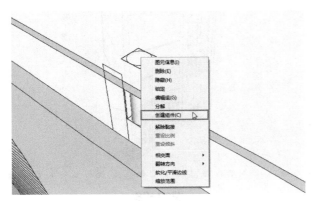

图12-48

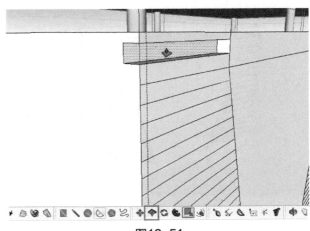

图12-51

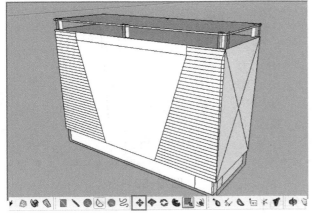

图12-49

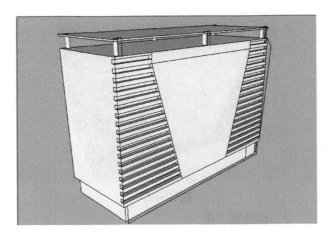

图12-52

6）进入到基本体块的组内，使用"线条"工具依据CAD图绘制线条（图12-50）。

7）绘制完成后，使用"推/拉"工具将矩形向后推拉20mm的距离制作表面造型（图12-51），效果如图12-52所示。

8）再根据CAD图完成中间梯形部分的造型（图12-53）。

9）模型创建完成后，将CAD图删除，并将模型中多余的线条删除（图12-54）。

10）最后为模型赋予材质（图12-55）。

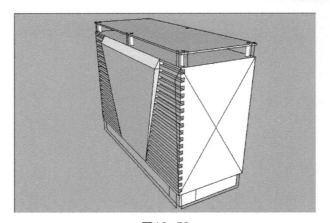

图12-53

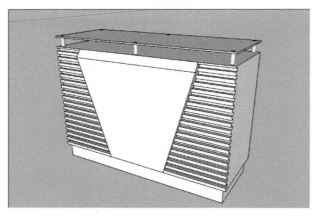

图12-54

图12-55

2. 创建展示柜

1）打开"图层"管理器，将"展柜"图层显示（图12-56、图12-57）。使用"矩形"工具根据CAD图绘制底面（图12-58），使用"推/拉"工具向上推拉到合适的高度（图

图12-56

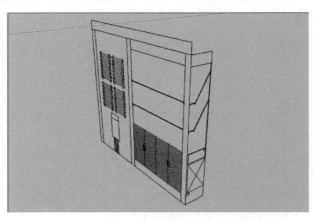

图12-57

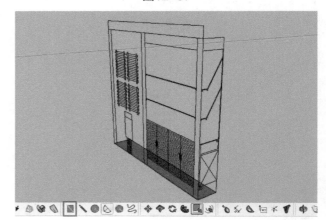

图12-58

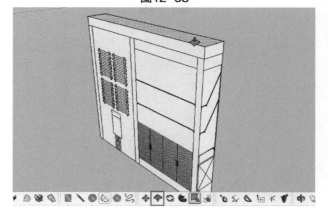

图12-59

12-59）。

2）使用"线条"工具依据CAD图绘制线条（图12-60），再根据CAD图使用"推/拉"工具推拉出合适的效果（图12-61）。

3）接着制作隔板，将展柜的右视图移到柜体内侧（图12-62），使用"线条"工具依据CAD图进行描绘（图12-63），再使用"推/拉"工具将面进行推拉（图12-64），将下面的隔板也进行相同

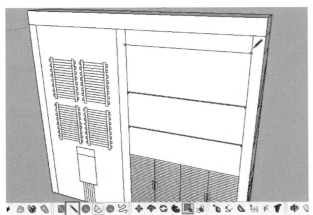

图12-60

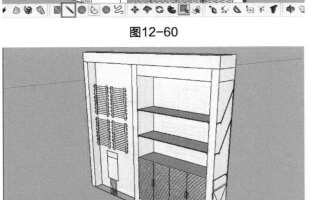

图12-61

图12-62

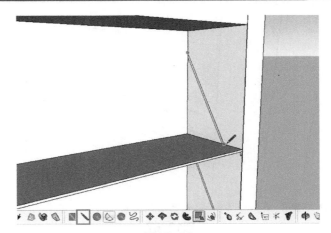

图12-63

图12-64

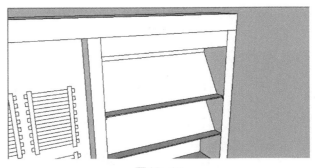

图12-65

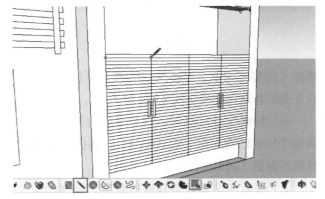

图12-66

的操作（图12-65）。

4）使用"线条"工具依据CAD图描绘柜体下部的线条（图12-66），绘制完成后使用"推/拉"工具将矩形向后推拉20mm的距离制作表面造型（图12-67），效果如图12-68所示。

5）将CAD立面图向后移至左侧柜体的表面（图12-69），使用"矩形"工具依据CAD图进行

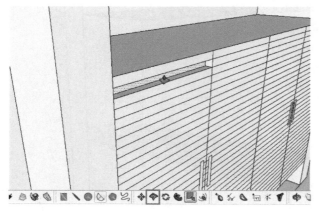

图12-67

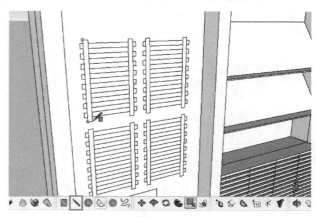

图12-70

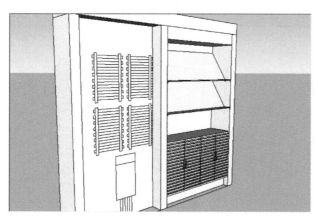

图12-68

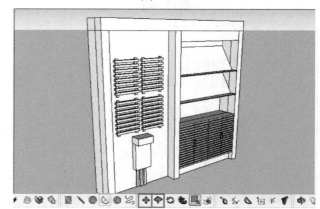

图12-71

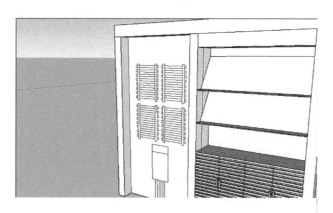

图12-69

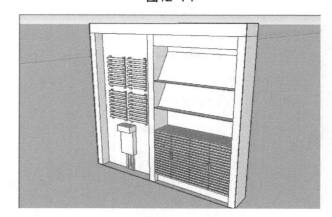

图12-72

描绘（图12-70），再使用"推/拉""移动"工具
将左侧柜体造型制作完成（图12-71）。

　　6）对模型进行整理，将多余的线条删除，再
将整个柜体创建为组（图12-72），将CAD图删除
并赋予贴图（图12-73）。

　　7）最后将柜体复制并进行整理，制作出单个
的柜体（图12-74）。

图12-73

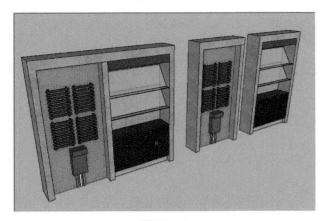

图12-74

3. 创建展示台

1）打开"图层"管理器，将"展台"图层显示（图12-75、图12-76），使用"多边形"工具依据CAD图绘制一个正六边形（图12-77、图12-78）。

图12-75

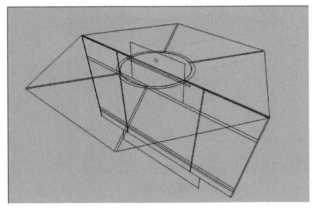

图12-76

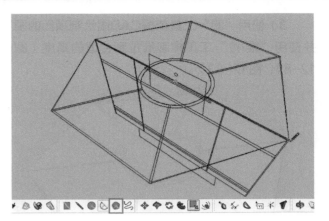

图12-77

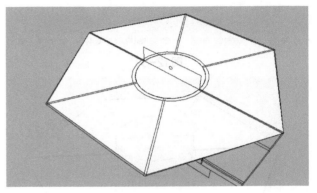

图12-78

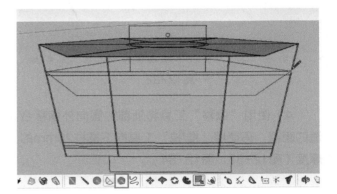

图12-79

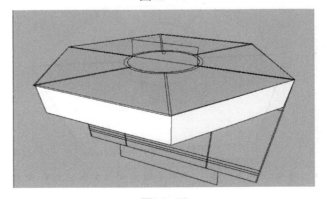

图12-80

2）同样使用"多边形"工具依据CAD图绘制一个稍小的正六边形（图12-79），再使用"线条"工具将两个面连接起来，形成展台面（图12-80）。

3）使用"圆"工具依据CAD图绘制顶面的圆并使用"推/拉"工具将圆推拉到合适的高度（图12-81、图12-82）。

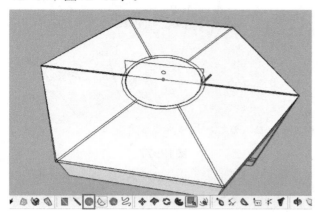

图12-81

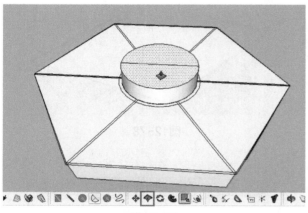

图12-82

4）使用"偏移"工具将顶部的圆向外偏移合适的距离，再使用"推/拉"工具向下推拉20mm的厚度（图12-83、图12-84）。

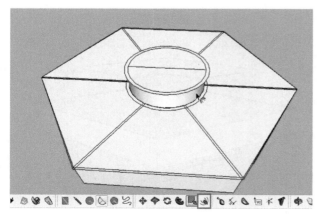

图12-83

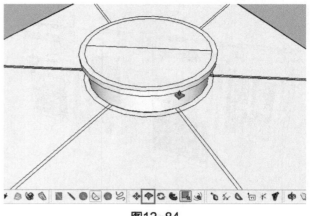

图12-84

5）使用同样的方法制作出模型下部的正六边体（图12-85、图12-86）。

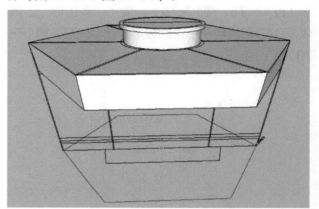

图12-85

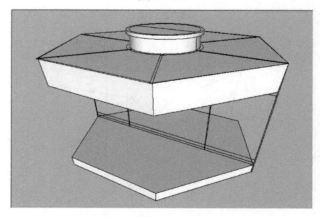

图12-86

6）使用"圆"工具依据CAD图绘制圆形再使用"推/拉"工具向下推拉到合适的位置（图12-87、图12-88）。

7）再依据CAD图绘制底面的圆，再使用"推/拉"工具向下推拉到合适的位置（图12-89、图

12-90）。

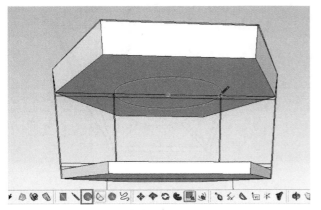

图12-87

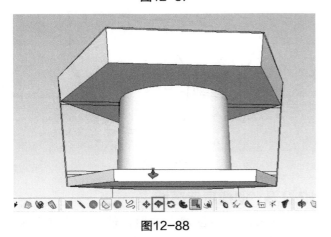

图12-88

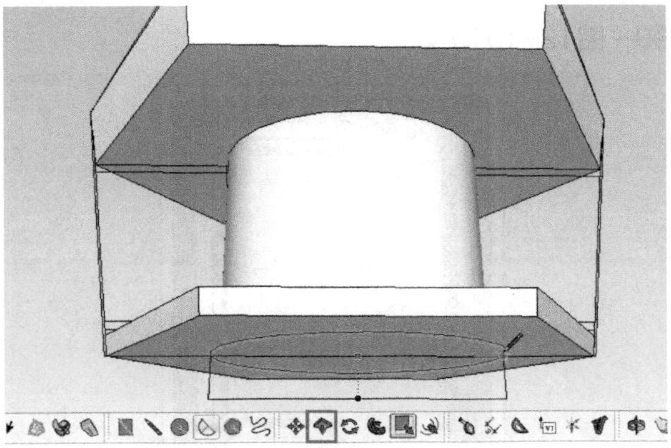

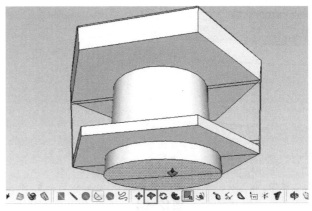

图12-90

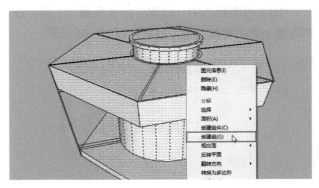

图12-91

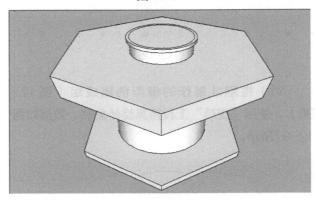

图12-92

（图12-89图）

图12-89

8）对模型的多余线段进行删除，并将模型创建为组（图12-91），然后将CAD图删除（图12-92）。

9）使用"线条"工具绘制一条路径（图12-93），在路径端点处绘制一个矩形，使其垂直于路径（图12-94）。

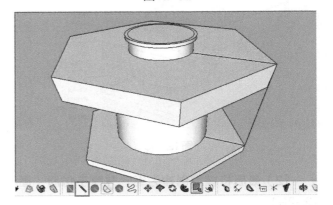

图12-93

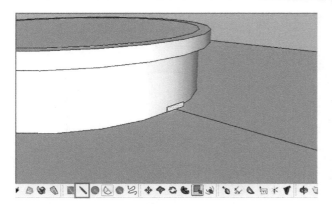

图12-94

10）将路径选中，选取"路径跟随"工具，在矩形面上单击将其拾取，效果如图12-95所示。

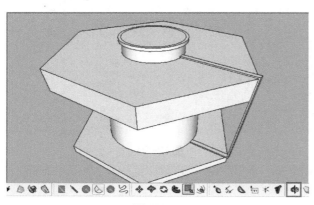

图12-95

11）将刚才制作的模型创建成组（图12-96），使用"旋转"工具将其旋转复制，效果如图12-97所示。

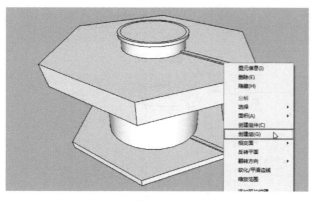

图12-96

12）最后将模型创建为组，并赋予材质（图12-98）。

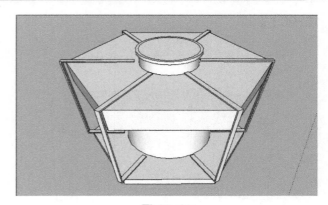

图12-97

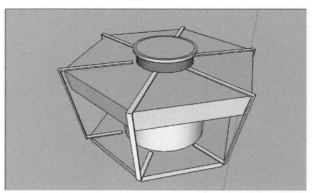

图12-98

12.2.3　创建展示隔墙

1）展示道具创建完成后，使用"旋转"和"移动"工具将模型放置到展示空间中（图12-99～图12-101）。

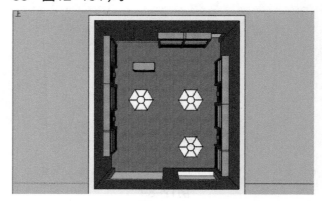

图12-99

2）使用"移动"工具将展厅立面图移到空间内侧（图12-102、图12-103），便于后面模型的制作。

3）使用"矩形"工具根据CAD图绘制墙面造型（图12-104），将创建的矩形创建为组（图12-

图12-100

图12-101

图12-102

图12-103

图12-104

105），进入到组内，再使用"矩形""圆"和"线条"工具进行绘制，将多余的面删除，使用"推/拉"工具推拉出合适的厚度（图12-106）。

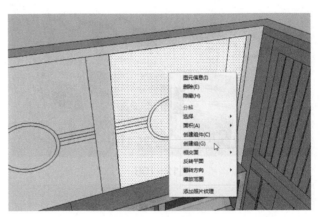

图12-105

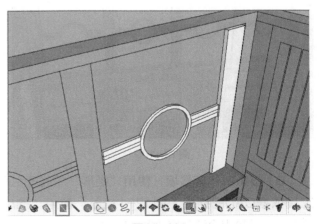

图12-106

4）为创建的模型赋予材质（图12-107），再将其移动复制（图12-108）。

5）在另外两面墙上也进行放置（图12-109、

图12-110）。

图12-107

图12-108

图12-109

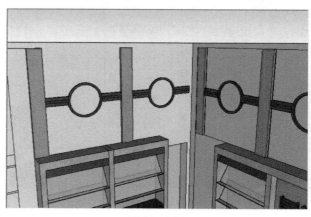

图12-110

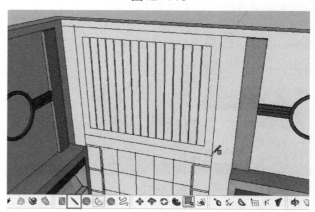

图12-111

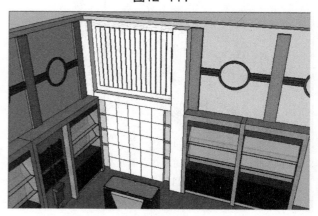

图12-112

图12-113

6）接着制作背景墙，使用"矩形""线条"工具依据CAD图描绘（图12-111），使用"推/拉"工具推拉出合适厚度（图12-112），并为背景墙赋予材质（图12-113）。

7）选取工具箱中的"三维文本"工具，在弹出的"放置三维文本"对话框中设置文字内容、字体等（图12-114），设置完成后单击"放置"按

图12-114

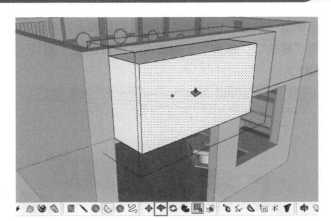

图12-117

钮，将文字放置到背景墙上（图12-115），可使用"移动""拉伸"工具对文字进行调整。

图12-115

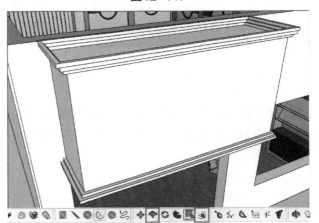

图12-118

8）接着创建门面的造型，使用"矩形"工具在门洞上方创建矩形并创建为组（图12-116）。进入到组内，使用"推/拉"工具将矩形推拉出800mm的厚度（图12-117）。

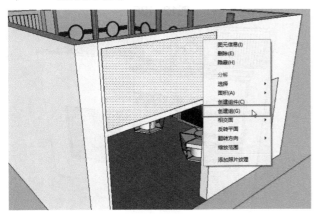

图12-116

图12-119

9）再使用"偏移""推/拉"工具制作门面造型（图12-118），接着为门面赋予材质（图12-119）。

10）选取工具箱中的"三维文本"工具，在弹出的"放置三维文本"对话框中设置文字为"工艺礼品商店"、字体为"粗黑体"（图12-120），设置完成

图12-120

后单击"放置"按钮将文字放置到招牌上，可以使用"移动""拉伸"工具对文字进行调整（图12-121）。

图12-121

11）制作窗户，使用"矩形"工具在窗户洞口上绘制矩形，并创建为组（图12-122、图12-123）。

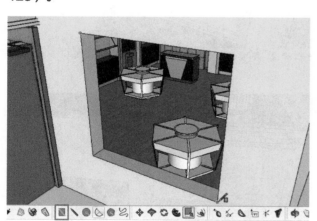

图12-122

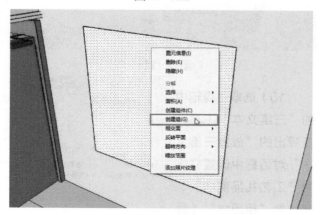

图12-123

12）使用"偏移"工具将矩形向内偏移50mm（图12-124），再使用"推/拉"工具将门框推拉出50mm的厚度（图12-125），最后为其赋予材质（图12-126）。

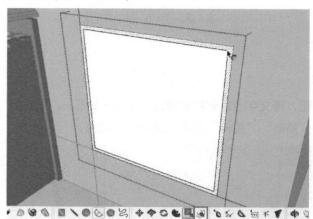

图12-124

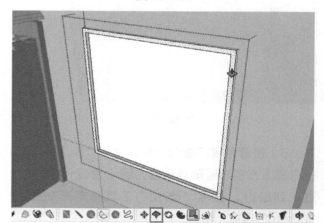

图12-125

图12-126

13）打开本书附赠素材资料中的"第12章→模型库→室内门、室外门"文件，将门模型添加到场景中，效果如图12-127、图12-128所示。

图12-127

图12-128

12.2.4 创建吊顶

1）本案例吊顶使用波纹板材料。使用"矩形"工具在吊顶处绘制矩形并创建为组（图12-129、图12-130）。

图12-129

2）使用"移动"工具将矩形移动到旁边，便于操作（图12-131），选取工具箱中的"圆弧"工

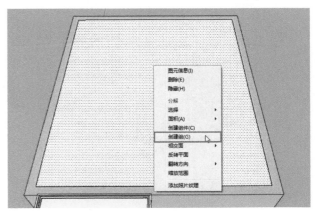

图12-130

具绘制垂直于平面的半圆，直径为100mm（图12-132），再绘制一个大小相同、方向相反的半圆（图12-133），使用"线条"工具进行封面。

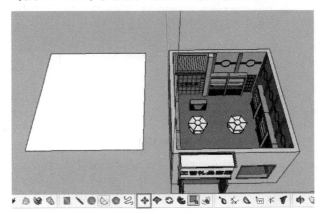

图12-131

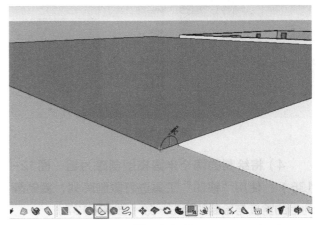

图12-132

3）绘制完成后使用"推/拉"工具对半圆进行推拉（图12-134），推拉后对面进行反转，使正面朝下（图12-135）。

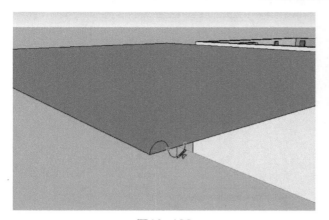

图12-133

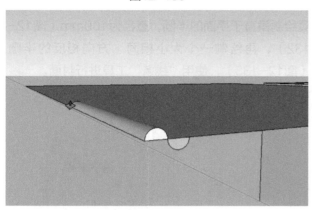

图12-134

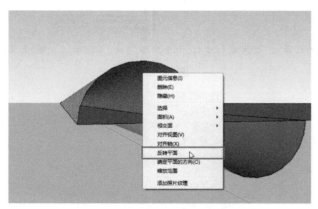

图12-135

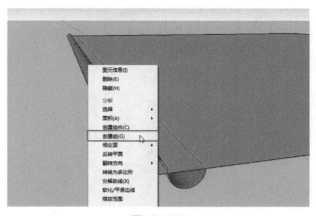

图12-136

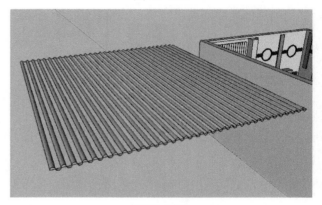

图12-137

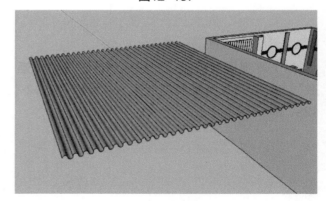

图12-138

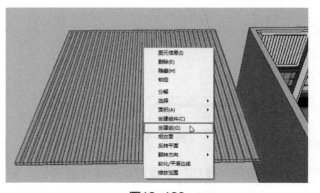

图12-139

4）将绘制的两个半圆模型创建为组（图12-136），使用"移动"工具进行复制阵列，复制阵列后的宽度与绘制的矩形一致（图12-137）。

5）复制完成后将之前绘制的矩形删除，将整个吊顶模型创建为组（图12-138、图12-139）。

6）使用"移动"工具将创建好的模型移动到合适的位置（图12-140），最后赋予一个灰色的材质，效果如图12-141所示。

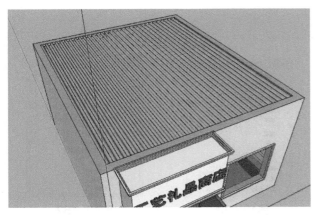

图12-140

图12-141

7）将本书附赠素材资料中的"第12章→模型库→灯"模型添加到场景中（图12-142）。

图12-142

12.2.5 添加配景

此时模型已创建完成，最后在场景中添加植物、椅子、工艺品、宣传册等配景模型（图12-143~图12-146）。

图12-143

图12-144

图12-145

图12-146

12.3 导出图像

12.3.1 设置场景风格

1）在菜单栏单击"窗口→样式"命令，打开"样式"管理器（图12-147、图12-148）。

图12-147 　　　　　图12-148

2）打开"样式"管理器中的"编辑"选项卡，单击"背景设置"按钮，设置"背景"颜色为黑色（图12-149）。

3）单击"边线设置"按钮，取消"显示边线"选项的勾选（图12-150）。

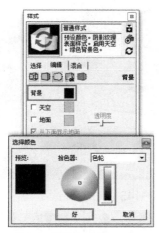

图12-149 　　　　　图12-150

12.3.2 调整阴影显示

在菜单栏单击"窗口→阴影"命令（图12-151），打开"阴影设置"对话框（图12-152），激活"显示/隐藏阴影"按钮，设置"时间""日期"和光线明暗度，调节出满意的光影效果。

图12-151 　　　　　图12-152

12.3.3 添加场景页面

1）阴影调整完成后，在菜单栏单击"窗口→场景"命令（图12-153），打开"场景"对话框，将视图调整到合适的角度，单击"场景"对话框中的"添加场景"按钮（图12-154）。

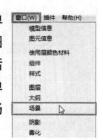

图12-153

2）再将视图进行调整，单击"添加场景"按钮为场景添加其他场景（图12-155）。

图12-154

图12-155

12.3.4 导出图像

1）在菜单栏单击"文件→导出→二维图形"命令（图12-156），打开"导出二维图形"对话框（图12-157），在此设置文件名，"输出类型"设置为"JPEG图像（*.jpg）"，单击"选项"按钮，在弹出的"导出JPG选项"对话框中进行相应的设置（图12-158）。

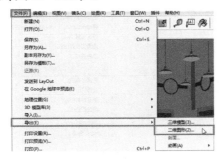

图12-156

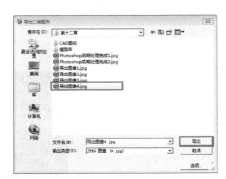

图12-157

图12-158

2）设置完成后单击"好"按钮关闭对话框，单击"导出"按钮将图像导出，导出的效果如图12-159所示。

3）使用同样的方法将另外一个场景导出，导出的效果如图12-160所示。

4）还需要导出线框图用于后期的处理，打开"样式"管理器，在"样式"管理器中打开"编辑"选项卡，单击"平面设置"按钮，选择"以隐

图12-159

图12-160

藏线模式显示"的样式（图12-161）。

5）使用上述的方法再将图像导出，效果如图12-162、图12-163所示。

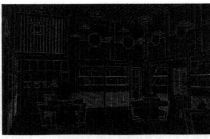

图12-161 图12-162

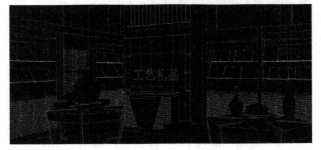

图12-163

12.4 Photoshop后期处理

1）打开Photoshop软件，打开之前导出的图像（图12-164），按住〈Alt〉键并在"背景"图层上双击鼠标左键，图层解锁（图12-165、图12-166）。

图12-164

图12-165　　　　　图12-166

2）打开之前导出的线框图，使用"移动"工具将其拖入到当前的文档中，使两张图片上下重叠（图12-167）。

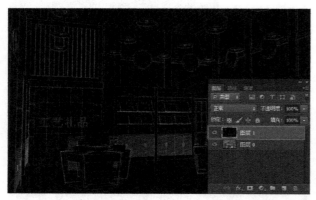

图12-167

3）选择"图层1"，在菜单栏单击"图像→调整→反相"命令，将线框图颜色反相（图12-

168、图12-169）。

图12-168

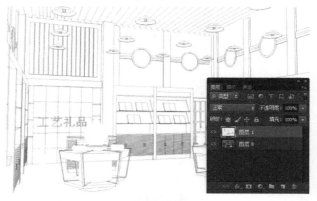

图12-169

4）将"图层1"的图层模式设置为"正片叠底"，"不透明度"设置为50%（图12-170）。

5）选择"图层0"，在菜单栏单击"滤镜→锐化→锐化"命令，使图片更加清晰（图12-171）。

图12-170　　　　　图12-171

6）在菜单栏单击"图像→调整→色彩平衡"命令（图12-172），弹出"色彩平衡"对话框，在此设置色阶参数为+10、0、-10（图12-173），效果如图12-174所示。

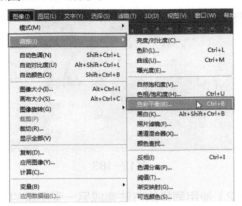

图12-172

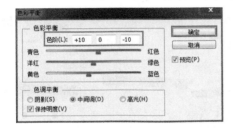

图12-173

图12-174

7）在菜单栏单击"图像→调整→亮度/对比度"命令（图12-175），弹出"亮度/对比度"对话框，在此设置"亮度"为40、"对比度"为15（图12-176）。

8）使用"加深"工具在周围的地板上涂抹，使地板颜色加深，增加进深感（图12-177）。

9）新建图层，按快捷键（Ctrl+Shift+Alt+E）

图12-175

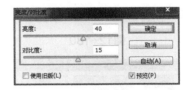

图12-176

图12-177

合并所有可见图层（图12-178、图12-179）。

图12-178

图12-179

10）选择"图层2"，在菜单栏单击"滤镜→模糊→高斯模糊"命令（图12-180），在弹出的

"高斯模糊"对话框中设置"半径"为4.0（图12-181）。

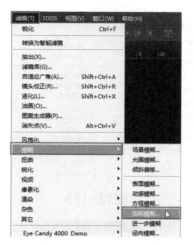

图12-180

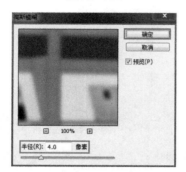

图12-181

11）设置"图层2"的混合模式为"柔光"，"不透明度"为35%（图12-182）。此时，效果图已经处理完成，效果如图12-183所示。

图12-182

图12-183

12）使用同样的方法完成另一张图像的处理，效果如图12-184所示。

图12-184

补充提示

后期修饰效果图的方法很多，要根据实际需求来运用，SketchUp Pro 2019制作的效果图虽然比较平淡，但是精确的模型能提升整体空间的档次。类似这样的展示厅最终会采用更高级的光线追踪渲染器或渲染插件来表现。因此，精确的模型才是SketchUp Pro 2019的制作关键。

第13章　园林景观设计实例

操作难度☆☆★★★

章节介绍

　　本章介绍了一套园林景观的设计案例。计算机制作园林效果图的技术已经非常成熟，制作水平也日渐提高。用于制作园林计算机效果图的软件很多，以AutoCAD、Photoshop、SketchUp、3ds max为最佳组合。AutoCAD主要用于设计阶段的制图和施工图的制作；Photoshop主要用于制作园林规划设计平面效果图，即所谓的"彩平图"和效果图的后期处理，包括校正色彩，修复缺陷，添加环境等；SketchUp主要用于构建模型草图；3ds max主要用于园林效果图的制作。

13.1　了解修建性详细规划

　　修建性详细规划（site plan）是城市详细规划的一种，以城市总体规划、分区规划或控制性详细规划为依据，制订用以指导各项建筑和工程设施的设计和施工的规划设计。根据依据《城市规划编制办法》，修建性详细规划应当包括建设条件分析及综合技术经济论证；作出建筑、道路和绿地等的空间布局和景观规划设计，布置总平面图；道路交通规划设计；绿地系统规划设计；工程管线规划设计；竖向规划设计；估算工程量、拆迁量和总造价，分析投资效益。

　　修建性详细规划的成果包括规划设计说明书和修建性详细规划图。修建性详细规划图包括规划地区现状图、规划总平面图、各项专业规划图、竖向规划图和反映规划设计意图的透视图，图纸比例为1/500～1/2000。

　　SketchUp不但能够在快速构建概念模型空间的阶段大显身手，在进行精细建模的阶段也毫不示弱。

13.2　了解案例的规划情况

　　本案例为庭院设计，总面积130m²，设有菜地、水池、停车位、活动区和健步区。本案例在SketchUp中创建基础模型后，导入到3ds Max中设置摄像机、制作材质、设置灯光等，完成的效果如图13-1所示。

图13-1

13.3　整理CAD图纸

　　1）本案例提供了一张庭院设计平面图（图13-2），电子文件见本书附赠素材资料中的"第13章→CAD图纸→平面图"。

　　2）在建模之前需要对CAD图进行整理（图13-3），整理后的平面图电子文件见本书附赠素材资料中的"第13章→CAD图纸→平面图整理后"。

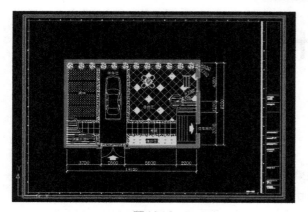

图13-2

图13-3

3）在AutoCAD的命令输入框中输入"pu"，弹出"清理"对话框（图13-4），单击该对话框中的"全部清理"按钮。

4）在弹出的"确认清理"对话框中单击"全部是"按钮（图13-5），即可对场景中的图元信息进行清理。

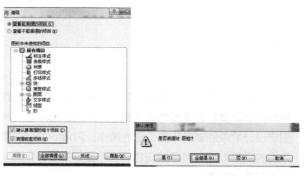

图13-4　　　　　　　　图13-5

5）清理完成后，"清理"对话框中的"清理"和"全部清理"按钮变为灰色（图13-6）。此时就将CAD图纸整理完成，将其另存。

图13-6

13.4　在SketchUp中创建模型

1）运行SketchUp软件，在菜单栏单击"窗口→模型信息"命令（图13-7），在弹出的"模型信息"对话框中单击左侧的"单位"，并进行相应的设置（图13-8）。

2）在菜单栏单击"窗口→样式"命令（图13-9），弹出"样式"对话框（图13-10），选择"预设样式"中的"普通样式"，天空、地面、边线等将会自动套用"普通样式"模板。

3）在菜单栏单击"文件→导入"命令（图13-11），在弹出的"打开"对话框中将"文件类型"设置为AutoCAD文件（*.dwg,*.dxf），选择整理好的CAD平面图文件（图13-12）。

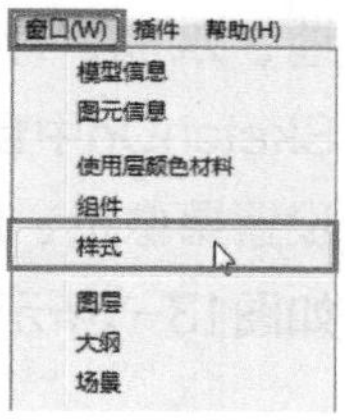

4）单击该对话框右侧的"选项"按钮，在弹出的对话框中设置"单位"为"毫米"，将"合并共面平面"和"平面方向一致"选项勾选（图13-

图13-9

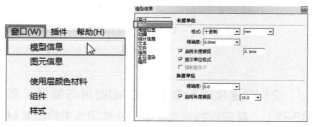

图13-7　　　　　　　　图13-8

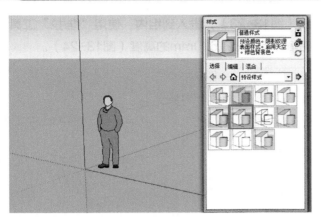

图13-10

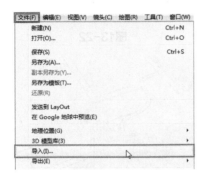

图13-11

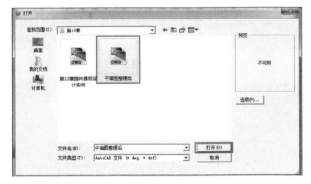

图13-12

13），设置完成后单击"好"按钮关闭对话框。单击"打开"按钮即可将CAD图纸导入到SketchUp中（图13-14、图13-15）。

图13-13　　　　图13-14

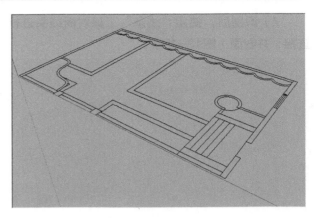

图13-15

5）在导入的平面图上单击鼠标右键，选择"分解"选项将组分解（图13-16），

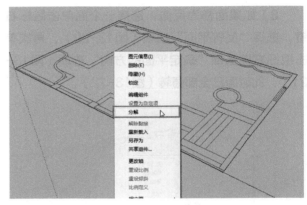

图13-16

6）在菜单栏单击"插件→Label Stray Lines"命令，使用标注线头插件将断线头识别出来（图13-17、图13-18）。

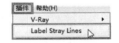

图13-17

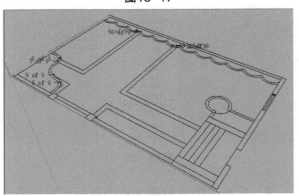

图13-18

7）识别后，使用"线条"工具对断线头进行连接，并封面（图13-19）。

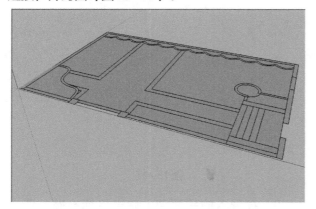

图13-19

8）如果面都为反面，选择一个面单击鼠标右键，选择"反转平面"选项（图13-20），再次单击鼠标右键选择"确定平面的方向"选项（图13-21），此时面已全部翻转（图13-22）。

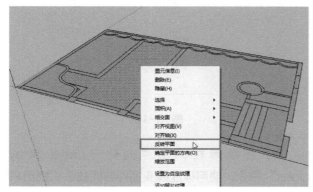

图13-20

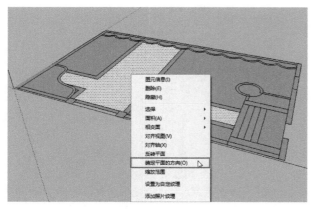

图13-21

9）在庭院围墙的面上双击鼠标左键将面选中，单击鼠标右键选择"创建组"选项将其创建为组（图13-23），进入到组内，使用"推/拉"工具将墙体向上推拉600mm的高度（图13-24）。

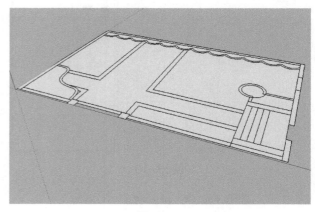

图13-22

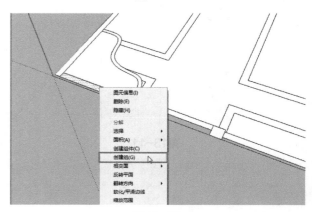

图13-23

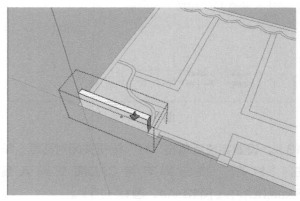

图13-24

10）用同样的方法将另一侧的围墙也制作出来（图13-25）。

11）将另外三个面的围墙也分别创建为组，分别向上推拉1800mm和3400mm的高度，创建完成后将多余的线删除（图13-26~图13-28）。

12）将水池围墙选中并创建组（图13-29），

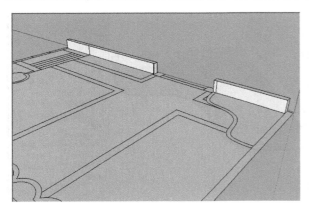

图13-25

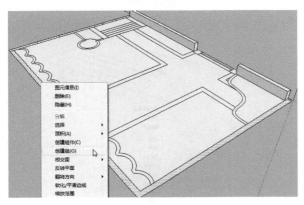

图13-26

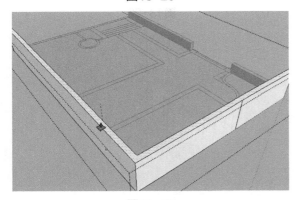

图13-27

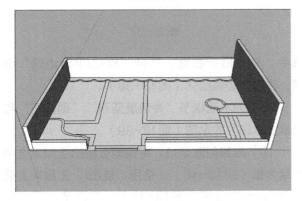

图13-28

使用"推/拉"工具将墙体向上推拉450mm的高度（图13-30）。

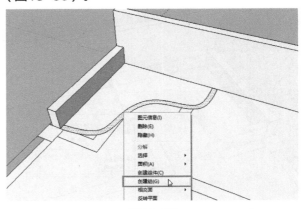

图13-29

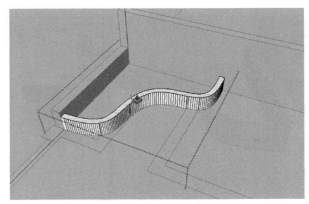

图13-30

13）将创建的水池围墙组选中，单击鼠标右键，选择"软化/平滑边线"选项，在弹出的"柔化边线"对话框中勾选"平滑法线"和"软化共面"选项将围墙边线柔化（图13-31、图13-32）。

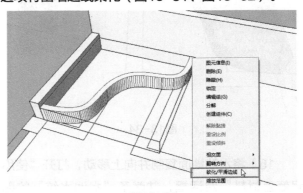

图13-31

14）打开"使用层颜色材料"对话框，选择本书附赠素材资料中的"第13章→模型库→青色蘑菇石"，将"青色蘑菇石"贴图赋予水池围墙（图

13-33），将"鹅卵石"贴图赋予水池地面（图 13-34）。

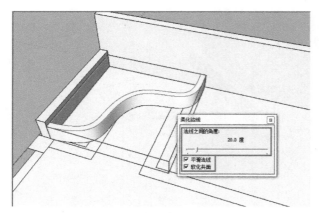

图13-32

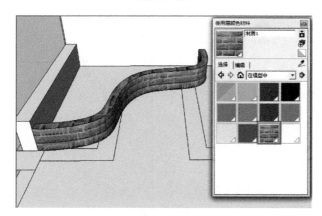

图13-33

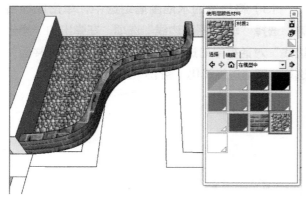

图13-34

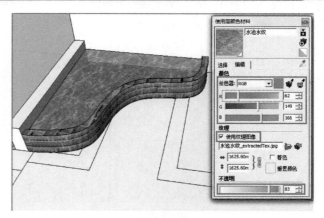

图13-35

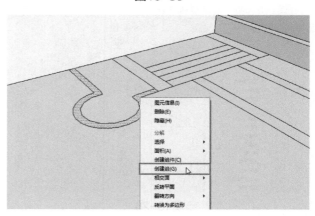

图13-36

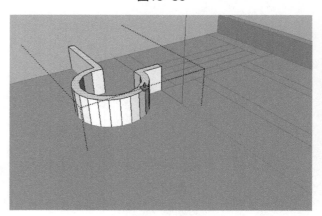

图13-37

选中，单击鼠标右键，选择"软化/平滑边线"选项，将围墙边线柔化（图13-38）。

17）为水池赋予"青色蘑菇石""鹅卵石"和"水池水纹"的贴图（图13-39）。

18）接着创建菜地，将菜地区域的围墙面选中创建为组（图13-40），使用"推/拉"工具向上推拉300mm的高度（图13-41），并赋予"褐色仿古瓷砖"贴图（图13-42）。

15）将水池地面复制并向上移动，打开"使用层颜色材料"对话框，并赋予"水池水纹"的贴图，调整其不透明度（图13-35）。

16）同样，将庭院中的另一个水池围墙创建为组，并使用"推/拉"工具将墙体向上推拉500mm的高度（图13-36、图13-37），将围墙

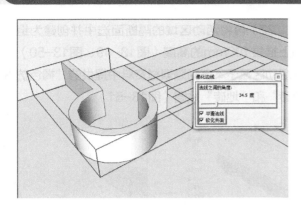

图13-38

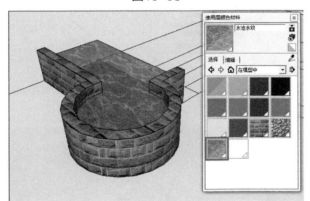

图13-39

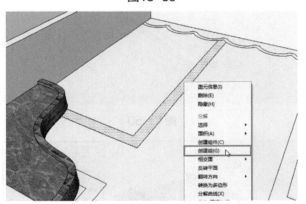

图13-40

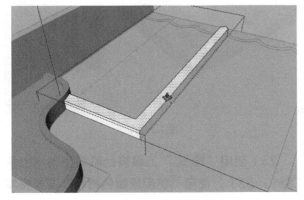

图13-41

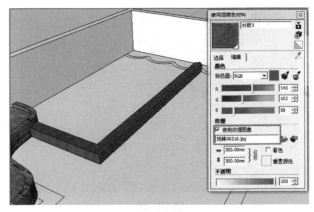

图13-42

19）将菜地区域向上推拉200mm的高度，并赋予"草皮植被"的贴图（图13-43）。

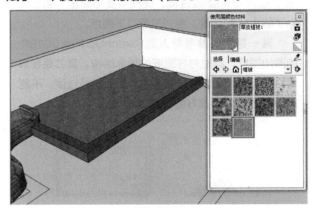

图13-43

20）用同样的方法制作庭院中的花坛，将花坛区域的围墙面选中创建为组（图13-44），使用"推/拉"工具向上推拉450mm的高度并将其边线柔化（图13-45、图13-46）。

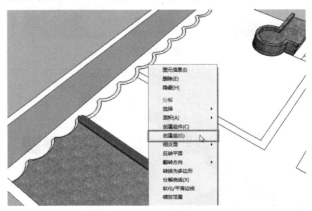

图13-44

21）为花坛赋予"青色蘑菇石"和"草皮植被"的贴图（图13-47、图13-48）。

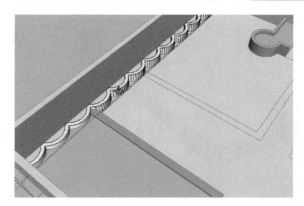

图13-45

补充提示

经过推/拉的模型要严格控制尺度，不能习惯性推/拉，否则容易推/拉过度，使模型变得厚重、粗壮。为了防止推/拉过度，应当注意以下两点。

其一是严格参考导入到SketchUp Pro 2019中的原始图纸，随时对齐图纸的轮廓结构。其二是在屏幕右下角输入准确的推/拉数据，防止推拉过度。不能因为推/拉操作简单方便，而忽略尺度。

图13-46

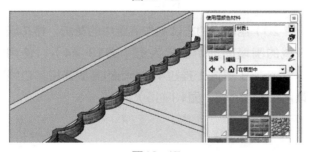

图13-47

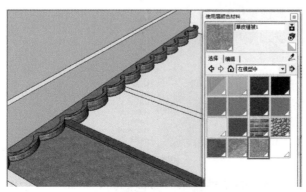

图13-48

22）再将活动区域的隔断面选中并创建为组，向上推拉100mm的高度（图13-49、图13-50），为活动区域赋予本书附赠素材资料中提供的"褐色仿古瓷砖"和"地砖"贴图（图13-51）。

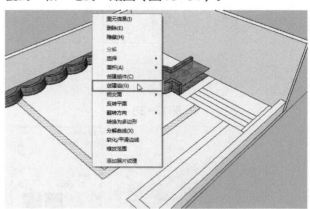

图13-49

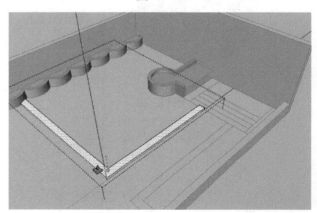

图13-50

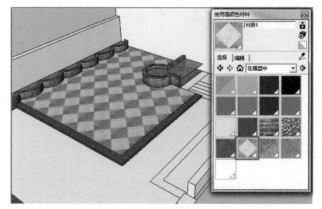

图13-51

23）使用"推/拉"工具将台阶模型创建出来（图13-52），使用"使用层颜色材料"面板将本书附赠素材资料中提供的"青色蘑菇石"和"褐色仿古瓷砖"贴图赋予台阶（图13-53）。

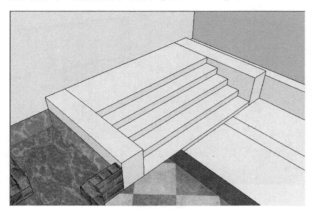

图13-52

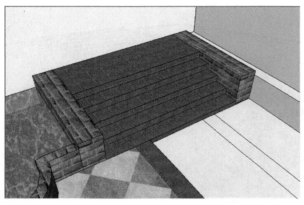

图13-53

24）用同样的的方法制作健步区，将"褐色仿古瓷砖"和"鹅卵石"贴图赋予模型（图13-54）。

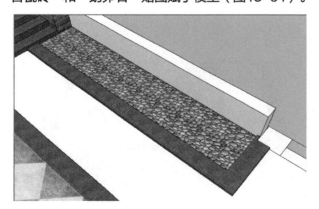

图13-54

25）再将庭院的走道区域赋予"红色仿古瓷砖"和"水泥砂浆"贴图（图13-55）。

26）接着为庭院创建门柱，将门柱区域的正方形创建为组，并向上推拉1800mm的高度（图13-56），使用"线条""推/拉""偏移"等工具对门

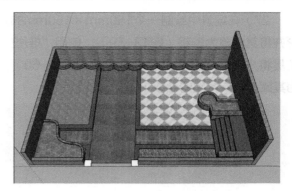

图13-55

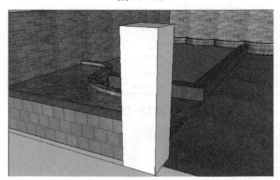

图13-56

柱造型进行修改（图13-57），将"黄褐色碎石"贴图赋予材质，并复制一个到大门另一侧（图13-58）。

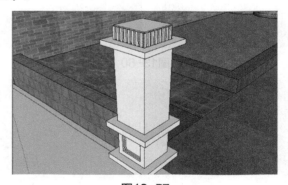

图13-57

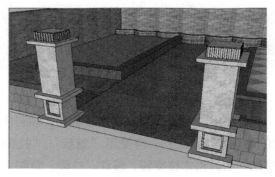

图13-58

27）在场景中绘制一个150mm×150mm的方形并将其创建为群组（图13-59），使用"推/拉"工具将方形推拉出2000mm的高度（图13-60），为其赋予一个木纹的贴图（图13-61）。

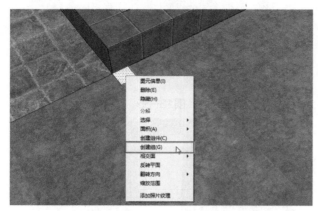

图13-59

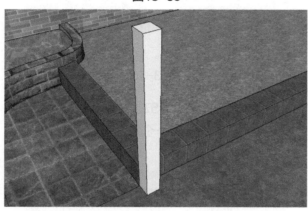

图13-60

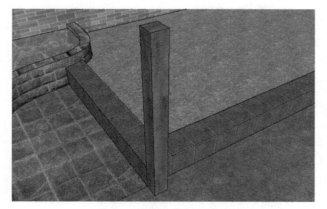

图13-61

28）使用"移动"工具将木柱复制并移到合适的位置（图13-62），再使用"旋转""拉伸""移动"工具将木柱旋转、移动、拉伸、复制，完成花架模型的制作（图13-63）。

图13-62

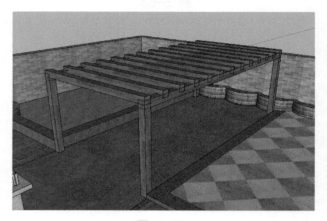

图13-63

29）此时模型已创建完成，效果如图13-64所示。

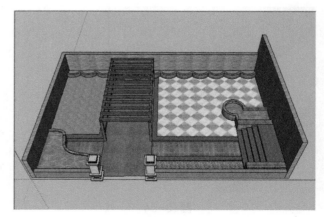

图13-64

30）最后将本书附赠素材资料中"第13章→模型库提供的门、栏杆、汽车、桌椅"等模型添加到场景中，效果如图13-65～图13-68所示，全部模型添加后的最终效果如图13-69、图13-70所示。

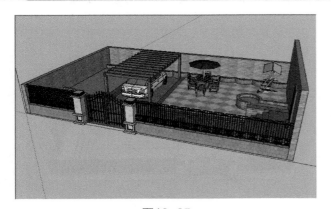

图13-65

图13-66

图13-67

图13-68

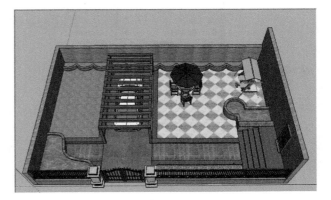

图13-69

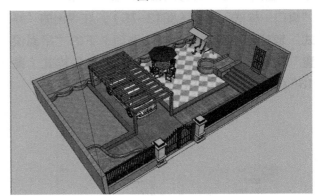

图13-70

13.5 导入3ds max进行渲染

13.5.1 整理模型

1）在导出模型前需要对模型进行整理。在菜单栏单击"窗口→组件"命令（图13-71），弹出"组件"管理器，单击"组件"管理器中的"在模型中"按钮，再单击"详细信息"按钮，在弹出菜单中单击"清除未使用项"命令（图13-72），将模型中未使用的组件清除。

2）在菜单栏单击"窗口→使用层颜色材料"命令（图13-73），弹出"使用层颜色材料"管理器，单击"使用层颜色材料"管理器中的"在模型中"按钮，再单击"详细信息"按钮，在弹出菜单中单击"清除未使用项"命令（图13-74），将模型中未使用的材质清除。

3）接着对模型贴图的尺寸和坐标进行调整，

图13-71　　　　　　　　图13-72

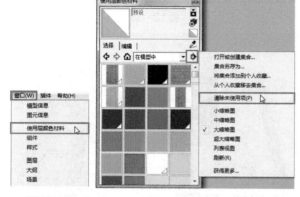

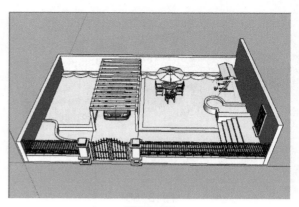

图13-77

图13-73　　　　　　　　图13-74

检查模型中是否存在方向相反的面。在菜单栏单击
"窗口→样式"命令（图13-75），在弹出的"样
式"管理器中单击"编辑"选项卡下的"平面设
置"按钮，选择"样式"中的"单色"样式（图
13-76）。

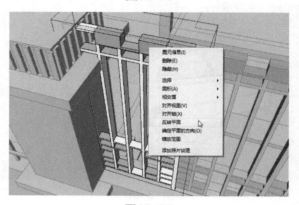

图13-78

图13-75　　　　　　　　图13-76

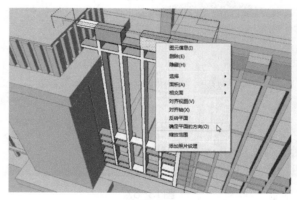

图13-79

4）此时以默认材质的颜色显示模型的正反面
（图13-77），这样易于分辨模型的正反。选择一
个反面，单击鼠标右键，选择"反转平面"选项将
面反转（图13-78），再单击鼠标右键，选择"确
定平面的方向"选项（图13-79），将多个面反转
（图13-80）。用同样的方法将模型中的面翻正。

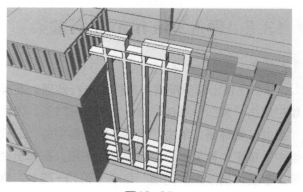

图13-80

13.5.2 从SketchUp中导出模型

1）模型整理完成后将其导出为3ds格式，在菜单栏单击"文件→导出→三维模型"命令（图13-81），在弹出的"导出模型"对话框中设置文件保存路径、文件名，输出类型设置为"3DS文件（*.3ds）"（图13-82）。

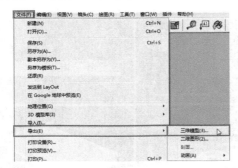

图13-81

图13-82

2）单击"导出模型"对话框右下角的"选项"按钮，弹出"3DS导出选项"对话框，在该对话框中设置"几何图形"选项组中的"导出"为"按图层"，勾选"使用层颜色材料"选项组中的"导出纹理映射"选项，并勾选"喜好"中的"保留纹理坐标"，设置"比例"为"模型单位"（图13-83）。

3）设置完成后，单击"好"按钮关闭对话框。单击"导出"按钮将模型导出，弹出"导出进度"提示信息（图13-84），导出完成后会弹出"3DS导出结果"对话框（图13-85）。

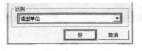
图13-83

图13-84

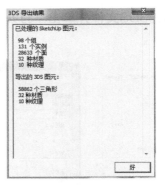

图13-85

13.5.3 导入模型

1）运行3ds max软件（图13-86），图13-87为3ds Max 2009工作界面。

图13-86

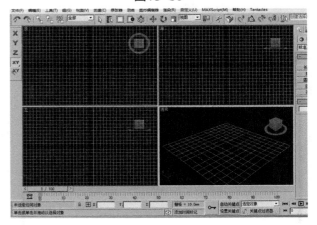

图13-87

2）在菜单栏单击"自定义→单位设置"命令（图13-88），在弹出的"单位设置"对话框中勾选"公制"，设置为"毫米"（图13-89），单击"系统单位设置"按钮，弹出"系统单位设置"对话框，也进行相应的设置（图13-90）。

3）在菜单栏单击"文件→导入"命令（图13-91），在弹出的"选择要导入的文件"对话框中选

择之前导出的3DS文件并单击"打开"按钮（图
13-92）。

图13-88

图13-89

图13-90　　　　　　　图13-91

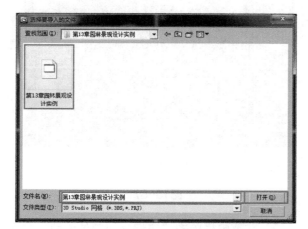

图13-92

4）在弹出的"3DS导入"对话框中选择"合
并对象到当前场景"选项，并勾选"转换单位"，
设置完成后单击"确定"按钮（图13-93）。

5）此时模型导入完成（图13-94）。

图13-93

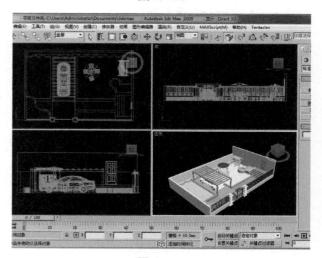

图13-94

13.5.4　设置摄像机

在"创建"选项卡中单击
"摄像机"按钮，再单击"对象类
型"中的"目标"按钮（图13-
95），在视图中放置一架目标摄
像机，使用"选择并移动"工具对
摄像机进行移动，将其调至合适的
位置（图13-96）。

图13-95

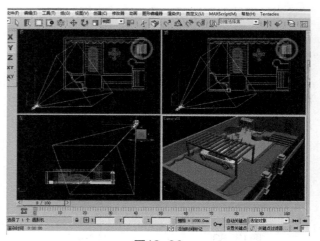

图13-96

13.5.5 制作材质

1. 制作墙壁面砖材质

1）单击"材质编辑器"按钮，打开"材质编辑器"，使用"从对象拾取材质"工具在场景中的墙壁面砖上单击鼠标左键吸取材质（图13-97）。

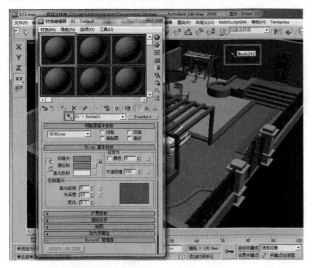

图13-97

2）在"Phong基本参数"卷展栏中单击"漫反射"参数右侧的图标（图13-98），在弹出的"材质/贴图浏览器"中单击"位图"选项，并单击"确定"按钮（图13-99）。

3）在弹出的"选择位图图像文件"对话框中

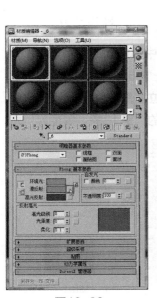

图13-98

图13-99

选择本书附赠素材资料中的"第13章→模型库→外墙砖"图片（图13-100），并单击"打开"按钮。

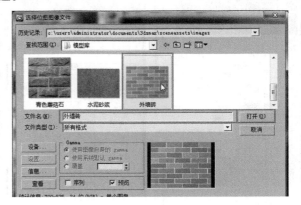

图13-100

4）完成材质的路径定义后，单击"转到父对象"按钮，返回到"Phong基本参数"卷展栏，在"反射高光"选项组中设置"高光级别"为68，"光泽度"为48（图13-101）。

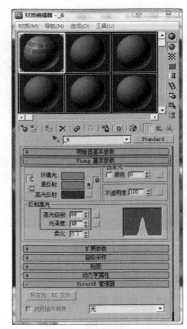

图13-101

5）在"漫反射"参数右侧的"M"图标上单击鼠标右键，选择"复制"选项（图13-102），并且展开"贴图"卷展栏，将漫反射贴图通道粘贴到"凹凸"通道中，设置"凹凸"值为30（图13-103）。

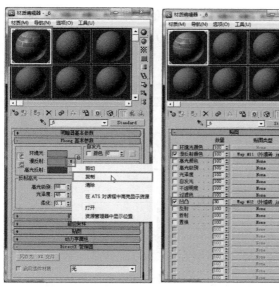

图13-102　　　　　　　图13-103

6）此时墙壁面砖材质设置完成，效果如图13-104所示。

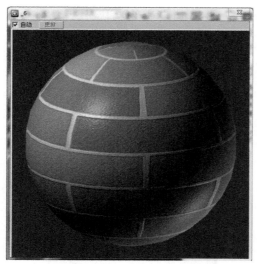

图13-104

2. 制作木纹材质

1）在"材质编辑器"中选择一个空白材质球，使用"从对象拾取材质"工具，在场景中的木架上单击鼠标左键吸取材质（图13-105）。

2）在"Phong基本参数"卷展栏的"反射高光"选项组中设置"高光级别"为20，"光泽度"为10（图13-106）。

3）展开"贴图"卷展栏，单击"漫反射颜色"通道后的"None"按钮（图13-107），在弹

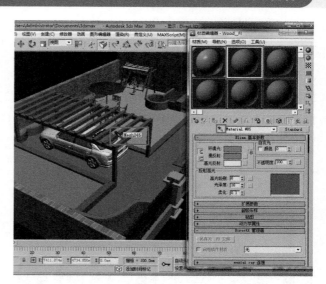

图13-105

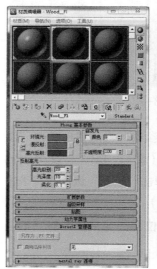　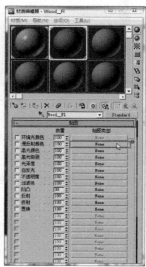

图13-106　　　　　　　图13-107

出的"材质/贴图浏览器"中单击"位图"选项，并单击"确定"按钮（图13-108）。

4）在弹出的"选择位图图像文件"对话框中选择本书附赠素材资料中的"第13章→模型库→木

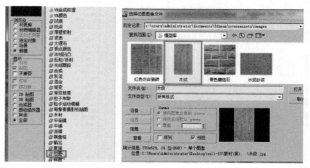

图13-108　　　　　　　图13-109

纹"图片（图13-109），并单击"打开"按钮。

5）回到"贴图"卷展栏，将"漫反射颜色"通道中的贴图以"实例"的方式复制到"凹凸"通道中（图13-110、图13-111），设置"凹凸"值为30。

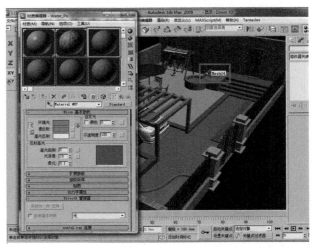

图13-113

光"选项组中设置"高光级别"为53，"光泽度"为48（图13-114）。

3）展开"贴图"卷展栏，单击"凹凸"通道后的"None"按钮（图13-115），在弹出的"材质/贴图浏览器"中单击"噪波"选项，并单击"确定"按钮（图13-116）。

4）在"噪波参数"卷展栏中设置"大小"为300（图13-117），回到"贴图"卷展栏，设置"凹凸"值为20（图13-118）。

5）单击"反射"通道后的"None"按钮（图13-119），在弹出的"材质/贴图浏览器"中单击"VR贴图"选项，并单击"确定"按钮（图13-120），设置"反射"值为60（图13-121）。

6）此时水面材质设置完成，效果如图13-122所示。

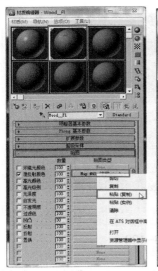 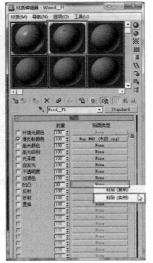

图13-110　　　　　　图13-111

6）此时木纹材质设置完成，效果如图13-112所示。

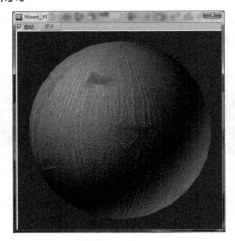

图13-112

3. 制作水面材质

1）在"材质编辑器"中选择一个空白材质球，使用"从对象拾取材质"工具在场景中的水材质上单击鼠标左键吸取材质（图13-113）。

2）在"Phong基本参数"卷展栏的"反射高

图13-114　　　　　　图13-115

图13-116   图13-117

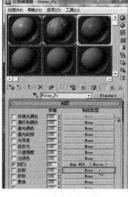

图13-118   图13-119

图13-120   图13-121

图13-122

4．制作路面材质

1）在"材质编辑器"中选择一个空白材质球，使用"从对象拾取材质"工具在场景中的路面上单击鼠标左键吸取材质（图13-123）。

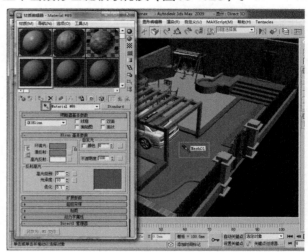

图13-123

2）这是一个多维子材质，在"多维/子对象基本参数"卷展栏中单击第4个材质通道（图13-124）。

3）在"Phong基本参数"卷展栏的"反射高光"选项组中设置"高光级别"为15，"光泽度"为15（图13-125）。

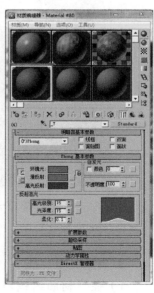

图13-124   图13-125

4）展开"贴图"卷展栏，单击"漫反射颜色"通道后的"None"按钮（图13-126），在弹

出的"材质/贴图浏览器"中单击"位图"选项，并
单击"确定"按钮（图13-127）。

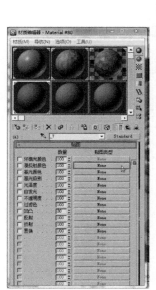

图13-126　　　　　图13-127

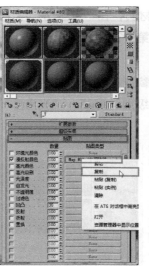

图13-129　　　　　　图13-130

5）在弹出"选择位图图像文件"对话框中选
择本书附赠素材资料中的"第13章→模型库→水泥
砂浆"图片（图13-128），并单击"打开"按钮。

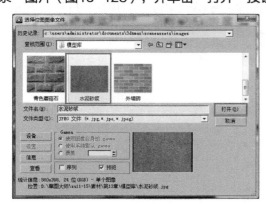

图13-128

图13-131　　　　　　图13-132

6）回到"贴图"卷展栏，将"漫反射颜色"
通道中的贴图以"实例"的方式复制到"凹凸"通
道中（图13-129、图13-130），设置"凹凸"值
为50（图13-131）。

7）此时道路材质设置完成，效果如图13-
132所示。

5.制作草地材质

1）在"材质编辑器"中选择一个空白材质

球，使用"从对象拾取材质"工具在场景中的草地
上单击鼠标左键吸取材质（图13-133）。

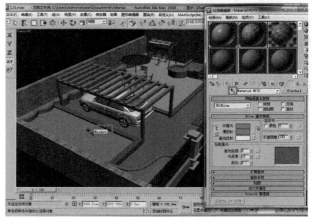

图13-133

2）这是一个多维子材质，在"多维/子对象基本参数"卷展栏中单击第9个材质通道（图13-134）。

3）在"Phong基本参数"卷展栏的"反射高光"选项组中设置"高光级别"为25，"光泽度"为17（图13-135）。

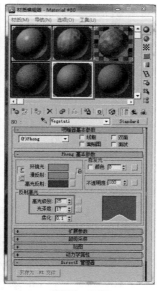

图13-134   图13-135

4）展开"贴图"卷展栏，单击"漫反射颜色"通道后的"None"按钮（图13-136），在弹出的"材质/贴图浏览器"中单击"RGB染色"选项，并单击"确定"按钮（图13-137）。

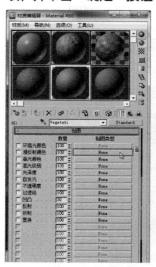

图13-136   图13-137

5）单击"RGB染色参数"卷展栏中的

"None"按钮（图13-138），在弹出的"材质/贴图浏览器"中单击"位图"选项，并单击"确定"按钮（图13-139）。

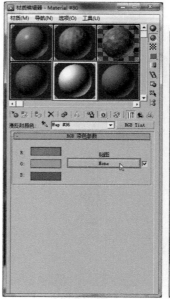

图13-138   图13-139

6）在弹出的"选择位图图像文件"对话框中选择本书附赠素材资料中的"第13章→模型库→草地"图片（图13-140），并单击"打开"按钮。

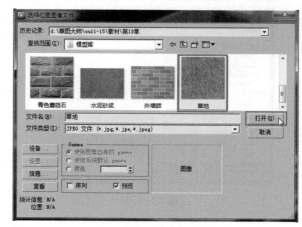

图13-140

7）单击"RGB染色参数"卷展栏中的绿色色块（图13-141），在弹出的"颜色选择器：绿（G）"对话框中降低绿色饱和度（图13-142），设置完成后单击"确定"按钮。

8）此时草地设置完成，效果如图13-143所示。

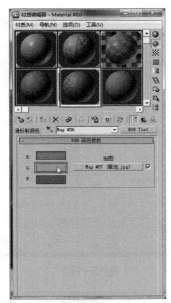

图13-141

图13-142

图13-143

13.5.6 设置灯光

1）将顶视图调整为当前视图，单击"创建"选项卡中的"灯光"按钮，设置灯光类型为"标准"，单击"目标聚光灯"按钮（图13-144）。

2）在场景中放置目标聚光灯，使聚光灯的目标点位于场景的中心位置，灯光位于物体的主面（图13-145）。

图13-144

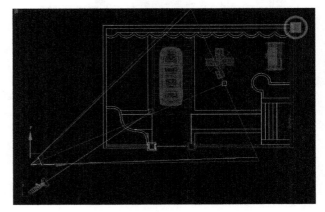

图13-145

3）将前视图调整为当前视图，使用"选择并移动"工具将灯光的发光点向上移动（图13-146）。

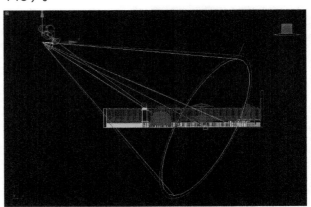

图13-146

4）选择灯光，打开"修改"选项卡中的"常规参数"卷展栏，在此卷展栏中勾选"灯光类型"选项组中的"启用"选项，设置"灯光"类型为"聚光灯"，勾选"阴影"选项组中的"启用"选项，设置"阴影"类型为"VRay阴影"（图13-147）。

5）在"强度/颜色/衰减"卷展栏中设置"倍增"为0.8，单击右侧的颜色块，设置为淡黄色（图13-148）。

6）在"聚光灯参数"卷展栏中设置"聚光区/光束"为60，"衰减区/区域"为80（图13-149）。

图13-147　　　　图13-148　　　　图13-149

13.5.7　VRay渲染设置

1. 指定渲染器

在菜单栏单击"渲染→渲染设置"命令或单击工具栏上的"渲染设置"按钮，打开"渲染设置"对话框，打开"公用"选项卡中的"指定渲染器"卷展栏，单击"产品级"右侧的"选择渲染器"按钮（图13-150），在弹出的"选择渲染器"对话框中单击"V-Ray Adv2.10.01"渲染器（图13-151），单击"确定"按钮关闭对话框。

图13-150　　　　　　图13-151

2. 测试渲染

1）打开"V-Ray"选项卡中的"全局开关"卷展栏，取消"隐藏灯光"的勾选（图13-152）。

2）打开"图像采样器"卷展栏，设置"图像采样器"类型为"固定"，在"抗锯齿过滤器"选项组中勾选"开"选项，设置类型为"区域"（图13-153）。

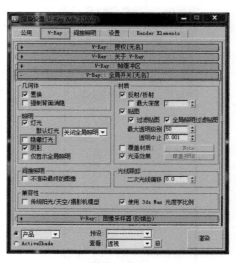

图13-152

图13-153

3）打开"间接照明"选项卡中的"间接照明"卷展栏，勾选"开"和"折射"选项，设置"二次反弹"的"倍增器"为0.9，"全局照明引擎"为"BF算法"（图13-154）。

4）打开"发光图"卷展栏，设置"当前预置"为"非常低"，设置"半球细分"为20（图13-155）。

5）打开"V-Ray"选项卡中的"环境"卷展栏，勾选"全局照明环境（天光）覆盖"选项组中的"开"选项，设置"倍增器"为0.5（图13-156）。

6）打开"公用"选项卡中的"公用参数"卷

图13-154

图13-155

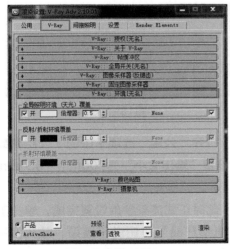

图13-156

展栏，设置"输出大小"为640mm×480mm（图13-157）。

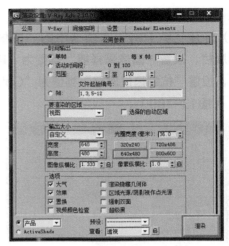

图13-157

7）此时测试渲染参数设置完成，单击工具栏上的"渲染产品"按钮进行渲染，效果如图13-158所示。

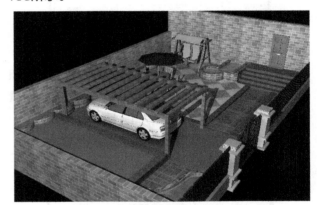

图13-158

8）测试渲染完成后在模型中加入配景模型再进行测试渲染，效果如图13-159所示。

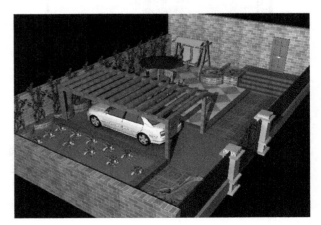

图13-159

3. 正式渲染

1）打开"V-Ray"选项卡中的"图像采样器"卷展栏，设置"图像采样器"类型为"自适应细分"，设置"抗锯齿过滤器"类型为"Catmull-Rom"（图13-160）。

图13-160

2）打开"间接照明"选项卡中的"间接照明"卷展栏，勾选"开"和"折射"选项，设置"二次反弹"的"倍增器"为1（图13-161）。

图13-161

3）打开"发光图"卷展栏，设置"当前预置"为"中"，设置"半球细分"为50（图13-162）。

图13-162

4）打开"V-Ray"选项卡中的"环境"卷展栏，勾选"全局照明环境（天光）覆盖"选项组中的"开"选项，设置"倍增器"为0.6（图13-163）。

图13-163

5）打开"公用"选项卡中的"公用参数"卷展栏，设置"输出大小"为800mm×600mm（图13-164）。

6）此时正式渲染参数设置完成，单击工具栏上的"渲染产品"按钮进行渲染，效果如图13-165所示，将渲染的图片保存为JPEG文件。

图13-164

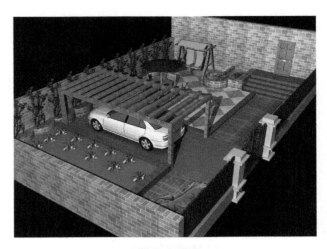

图13-165

13.6　图像的Photoshop后期处理

1）打开Photoshop软件，打开之前渲染的图像（图13-166），按住〈Alt〉键，并在"背景"图层上双击鼠标左键，将图层解锁（图13-167、图13-168）。

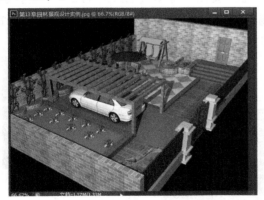

图13-166

图13-167　　　　　图13-168

2）选取工具箱中的"魔棒"工具，在工具属性栏中单击"添加到选区"按钮，设置"容差"为

2，勾选"消除锯齿"和"连续"选项（图13-169）。设置完成后，在黑色背景上单击鼠标左键将黑色背景选中（图13-170）。

图13-169

图13-170

3）按"Delete"键将背景删除（图13-171）。打开本书附赠素材资料中的"第13章→模型库→草地"文件，使用"移动"工具将其拖入到当前的文档中，将草地图层置于图层最下方（图13-172），调整图层大小与位置，效果如图13-173所示。

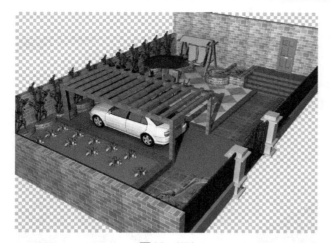

图13-171

图13-172

图13-173

4）选择"图层0"，在菜单栏单击"图像→调整→亮度/对比度"命令（图13-174），弹出"亮度/对比度"对话框，在此设置"亮度"为12、"对比度"为15（图13-175）。

5）在菜单栏单击"滤镜→锐化→锐化"命令（图13-176），使图像更加清晰。

6）新建图层，按快捷键〈Ctrl+Shift+Alt+E〉合并所有可见图层到新图层（图13-177、图13-178）。

图13-174

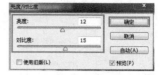

图13-175

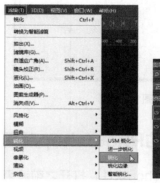

图13-176

图13-177

7）选择"图层2"，在菜单栏单击"滤镜→模糊→高斯模糊"命令（图13-179），在弹出的"高斯模糊"对话框中设置"半径"为4.0（图13-180）。

图13-178

图13-179

图13-180

8）设置"图层2"的混合模式为"柔光"，"填充"为30%（图13-181），效果如图13-182所示。此时，图像已经处理完成，将其另存。

图13-181

图13-182

第14章　建筑设计实例

操作难度☆★★★★

章节介绍

　　本章介绍SketchUp Pro 2019制作建筑效果图的方法。建筑效果图看似复杂，其实结构基本类似，可以上下、左右复制。制作建筑效果图的关键在于把握好建筑外墙门窗的尺度，复制后应严格控制位置的精确性。仔细调节光照的各项参数，模拟出真实的光影效果。建筑模型制作完成后，还应该配置植物和装饰，制作出自然、和谐的构图。

14.1　案例基本内容

　　本案例是一幢办公楼的设计。随着时代的发展，现代的办公建筑也发生了新的变化，建筑外形更加关注特色的塑造，以融入本土文化或彰显企业形象。办公建筑的设计也更加注重人性化的设计和周围环境的营造。图14-1~图14-3所示为办公楼最终的效果图。

图14-2

图14-1

图14-3

14.2　导入前的准备工作

　　1）拿到建筑施工图和规划总平面图后（图14-4、图14-5），要先对设计图纸进行整理，将尺寸标注、文字注释等没有建模参考意义的内容删除，简化后的图样如图14-6所示，本书附赠素材资料中提供了简化后的CAD文件。

　　2）在AutoCAD的命令输入框中输入"pu"，弹出"清理"对话框（图14-7），单击该对话框中的"全部清理"按钮。

　　3）在弹出的"确认清理"对话框中单击"全部是"按钮（图14-8），即可对场景中的图元信息进行清理。

　　4）清理后，"清理"对话框中的"清理"和"全部清理"按钮会变为灰色（图14-9）。此时已将AutoCAD图样整理完成，将其另存。

　　5）运行SketchUp软件，在菜单栏单击"窗口→模型信息"命令（图14-10），在弹出的"模型

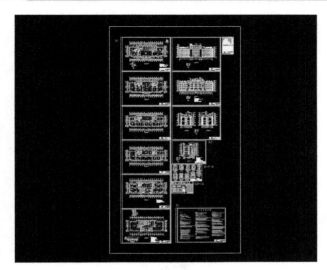

图14-4

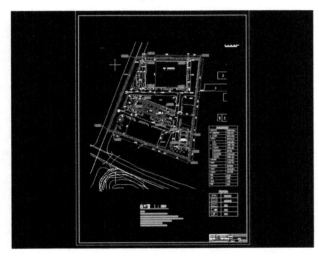

图14-5

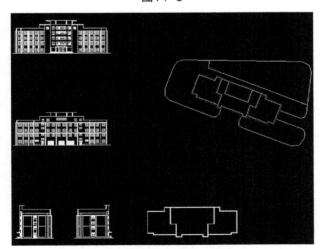

图14-6

信息"对话框中单击左侧的"单位",在该对话框
中进行相应的设置(图14-11)。

图14-7

图14-8

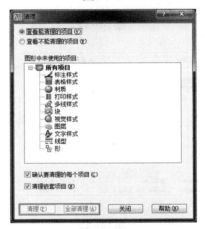

图14-9

图14-10

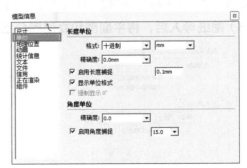

图14-11

14.3 创建空间模型

14.3.1 将CAD图纸导入SketchUp

1）在菜单栏单击"文件→导入"命令（图14-12），在弹出的"打开"对话框中将"文件类型"设置为AutoCAD文件（*.dwg,*.dxf），选择本书附赠素材资料中的"第14章→CAD图纸→整理后"的CAD文件（图14-13）。

图14-12

图14-13

2）单击"打开"对话框右侧的"选项"按钮，在弹出的对话框中设置"单位"为"毫米"，取消其他几项的勾选（图14-14）。设置完成后单击"好"按钮关闭对话框。单击"打开"按钮即可将AutoCAD图样导入到SketchUp中（图14-15）。

3）图纸导入后，将平面图和立面图分别创建

图14-14

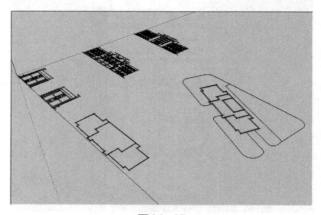

图14-15

组，选择一个立面图的所有图形，单击鼠标右键，选择"创建组"选项，即可创建为组（图14-16）。

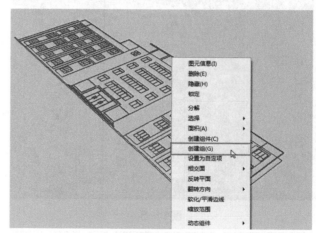

图14-16

4）将其他的平面图和立面图也都单独创建为组（图14-17）。

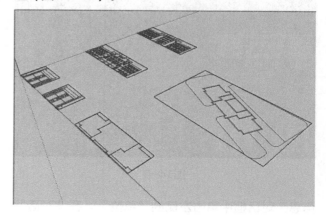

图14-17

14.3.2　分离图层

1）将平面图和立面图分别创建组后再归到不同的图层中去，以方便管理。在菜单栏单击"窗口→图层"命令（图14-18），弹出"图层"管理器（图14-19）。

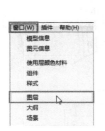

图14-18　　　　　　图14-19

2）在"图层"管理器中将"Layer0"以外的其他图层全部选中，单击"删除图层"按钮（图14-20），在弹出的"删除包含图元的图层"对话框中选择"将内容移至默认图层"选项（图14-21），单击"好"按钮关闭对话框。

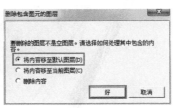

图14-20　　　　　　图14-21

3）单击"图层"管理器中的"添加图层"按钮，添加图层，命名为"建筑平面图"（图14-22）。

图14-22

4）图层创建后，将建筑平面图的组选中，单击鼠标右键，选择其中"图元信息"选项（图14-

23），弹出"图元信息"对话框（图14-24）。

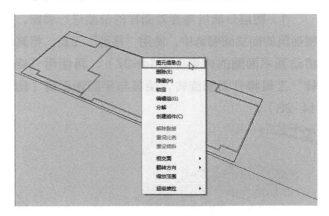

图14-23

图14-24

5）在"图元信息"对话框中将"图层"改为"建筑平面图"的图层（图14-25）。

图14-25

6）使用同样的方法创建新图层，并将平面图和立面图归到各自的图层（图14-26）。

图14-26

14.3.3 调整图纸位置

1）图层分离后需要对图样的位置进行调整，将建筑的南立面图选中，使用"移动"工具，将其移动到平面图的位置（图14-27），再使用"旋转"工具将立面图旋转，使其与平面图垂直（图14-28）。

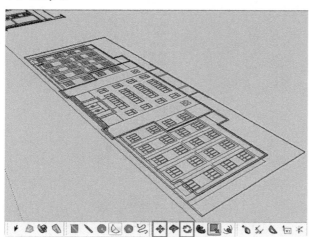

图14-27

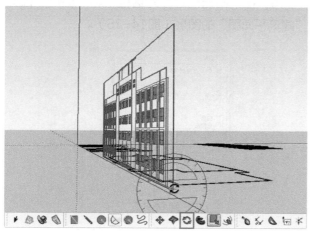

图14-28

2）用同样的方法将其他几个建筑立面图也放置到相应的位置（图14-29）。

3）为了方便后面的操作，先将总平面图隐藏，打开"图层"管理器，将"总平面图"后的勾取消（图14-30）。

14.3.4 创建模型体块

1）使用"线条"工具根据平面图绘制墙体轮廓线，并将其创建为群组（图14-31），再使用

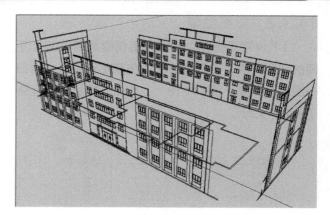

图14-29

图14-30

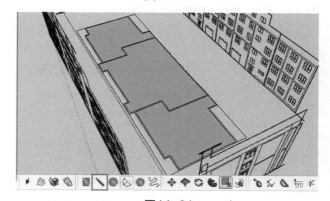

图14-31

"推/拉"工具依据立面图推拉到相应的高度（图14-32、图14-33）。

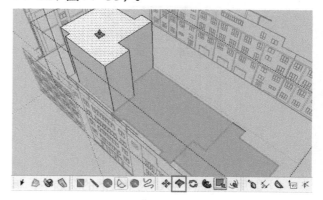

图14-32

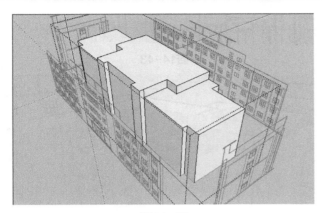

图14-33

2）选择中间体块的顶面，使用"偏移"工具向内偏移200mm，再使用"推/拉"工具向下推拉1200mm制作出女儿墙（图14-34、图14-35）。

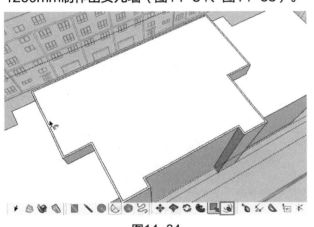

图14-34

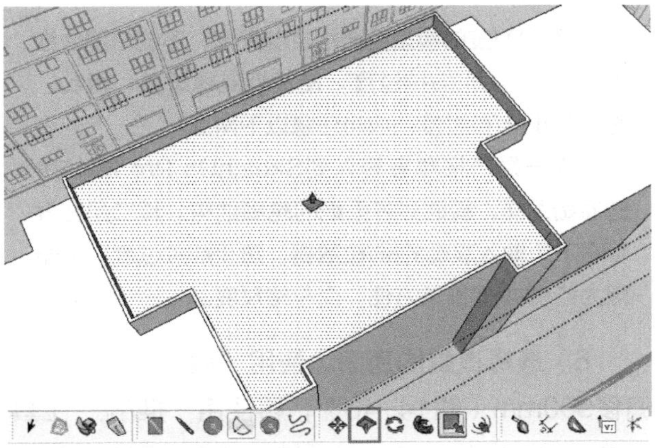

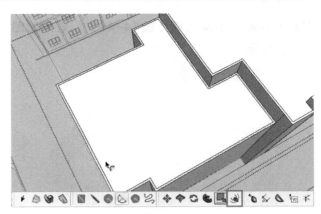

图14-36

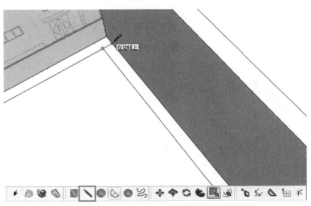

图14-37

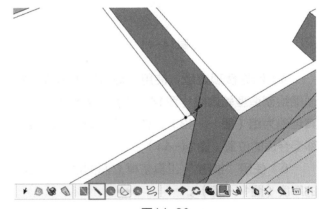

图14-38

3）将两侧体块的顶面也向内偏移200mm（图14-36），使用"线条"工具对偏移的线进行整理（图14-37、图14-38），将多余的线删除（图14-39），再使用"推/拉"工具向下推拉

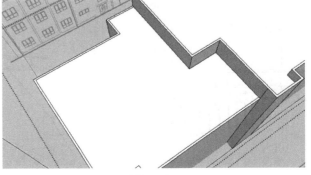

图14-39

图14-35

1200mm制作出女儿墙（图14-40），效果如图14-41所示。

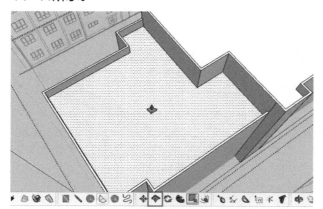

图14-40

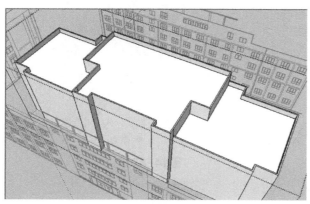

图14-41

4）制作楼顶造型，使用"矩形"工具依据立面图绘制造型轮廓线（图14-42），绘制完成后将其创建为组（图14-43），使用"移动"工具将其移至合适的位置（图14-44）。

5）使用"推/拉"工具依据立面图推拉到相应的厚度（图14-45）。

图14-42

图14-43

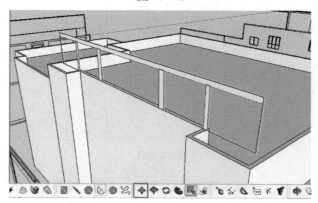

图14-44

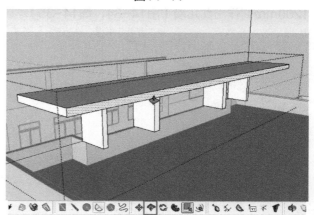

图14-45

补充提示

经过推/拉的模型要严格控制尺度，不能习惯性推/拉，否则容易推/拉过度，使模型变得厚重、粗壮。为了防止推/拉过度，应当注意以下两点。

其一是严格参考导入到SketchUp Pro 2019中的原始图样，随时对齐图纸的轮廓结构。其二是在屏幕右下角输入准确的推/拉数据，防止推拉过度。不能因为推/拉操作简单方便，而忽略尺度。

6）选择造型的顶面，使用"偏移"工具向内偏移500mm（图14-46），再使用"推/拉"工具将中间的面向下推拉使其呈镂空状态（图14-47、图14-48）。

7）使用"矩形"工具绘制一个300mm×300mm的正方形（图14-49），并将其创建为组（图14-50），使用"推/拉"工具将其推拉至另一侧（图14-51）。

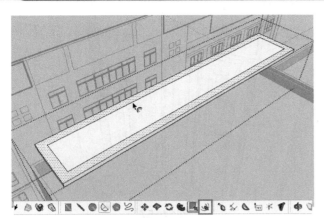

图14-46

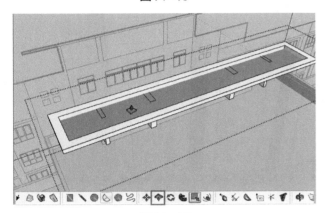

图14-47

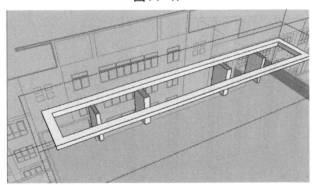

图14-48

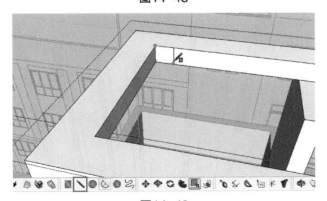

图14-49

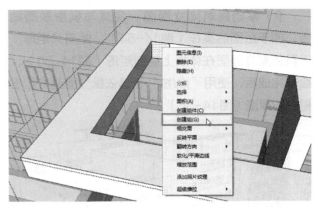

图14-50

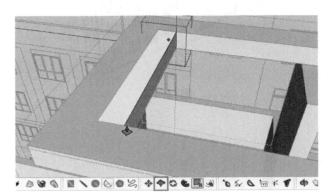

图14-51

8）使用"移动"工具，并按住〈Ctrl〉键将其向右移动200mm并复制（图14-52），移动完成后输入"30x"，会复制出30个相同的结构（图14-53）。

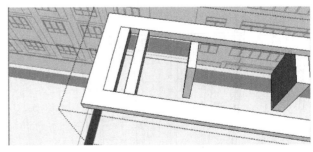

图14-52

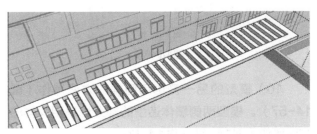

图14-53

9）移动建筑南立面图，使其与模型表面贴合，便于后面的操作（图14-54）。使用"矩形"工具依据立面图在体块上绘制矩形（图14-55），绘制完成后，使用"推/拉"工具依据立面图推拉出相应的厚度（图14-56）。

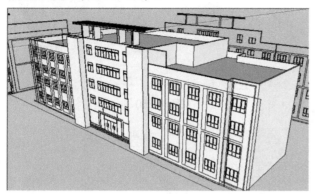

图14-54

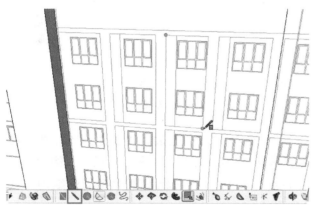

图14-55

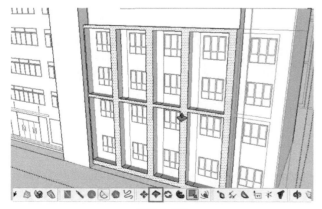

图14-56

图14-57

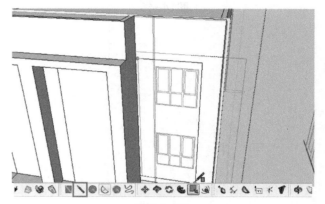

图14-58

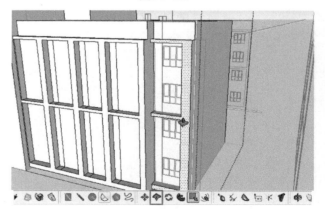

图14-59

10）模型的另一侧也用同样的方法操作（图14-57）。模型两侧墙体造型的部分也采用同样的方法操作（图14-58~图14-60）。

图14-60

11）模型中包括百叶窗的造型，制作方法与楼顶造型相似。使用"矩形"工具，依据立面图绘制矩形（图14-61），并将其创建成为组（图14-62），使用"推/拉"工具推出100mm的厚度（图14-63）。

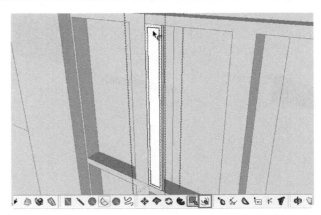

图14-64

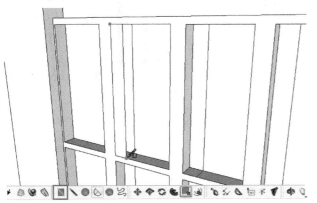

图14-61

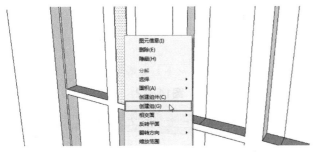

图14-62

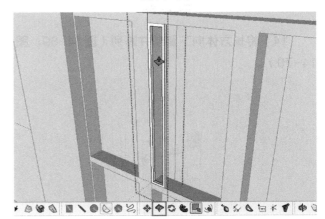

图14-65

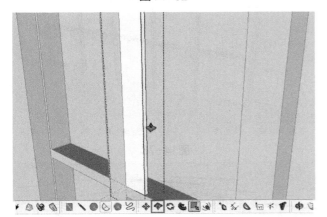

图14-63

12）使用"偏移"工具向内偏移100mm（图14-64），再使用"推/拉"工具将中间的面推拉使其镂空（图14-65）。

13）绘制一个100mm×100mm的正方形（图14-66），并将其创建为组（图14-67），使用"推/拉"工具将其推拉至另一侧（图14-68）。

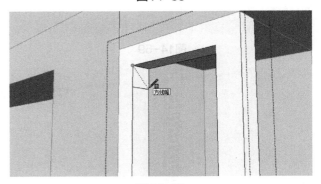

图14-66

图14-67

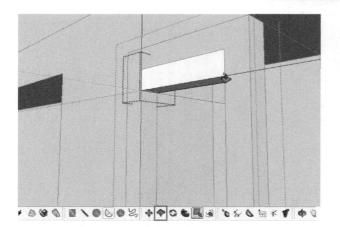

图14-68

14）将长方体向下复制并阵列（图14-69、图14-70）。

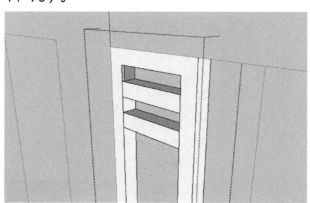

图14-69

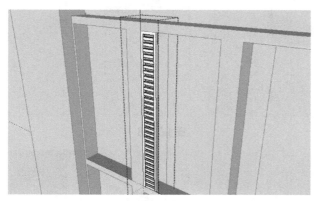

图14-70

15）将制作好的造型复制并放置到相应位置，效果如图14-71所示。

16）将其他三个面也做相同的处理，使用"矩形"工具依据立面图绘制矩形（图14-72），使用"推/拉"工具推拉出厚度（图14-73），效果如图14-74~图14-76所示。此时模型的体块就制作完

图14-71

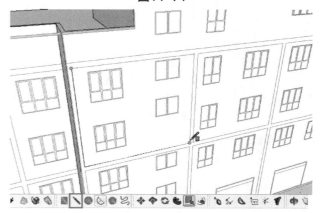

图14-72

图14-73

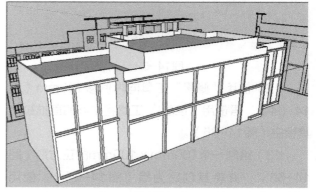

图14-74

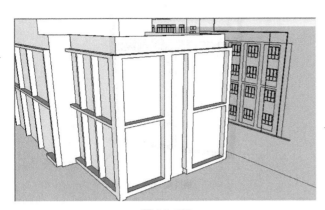

图14-75

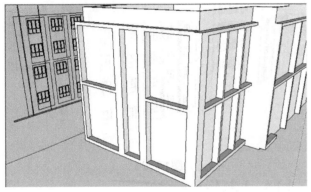

图14-76

成了。

14.3.5 创建门窗等构件

1）门窗的制作很简单，使用"矩形"工具依据立面图绘制出窗户轮廓（图14-77），并将其创建为组（图14-78），进入到组内，使用"矩形"工具依据立面图绘制出窗框等轮廓（图14-79）。

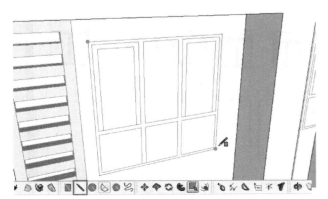

图14-77

图14-78

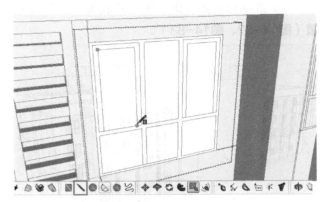

图14-79

2）使用"推/拉"工具推拉出40mm的厚度，并为其赋予材质（图14-80、图14-81）。

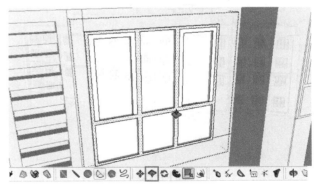

图14-80

图14-81

补充提示

　　制作好一个窗户后，可以复制到其他窗户位置，复制后应当精确调整窗户上下、左右的距离，不能存在重合的交错、漏缝等现象。如果希望在后期进行高精度的渲染，这些问题尤为关键。

　　同时，还要注意视图的观察角度，距离模型越近，推/拉的幅度就越大,距离模型越远，推/拉的幅度就显得越小。

　　3）依据立面图将窗户复制并放置到合适的位置（图14-82、图14-83）。

图14-82

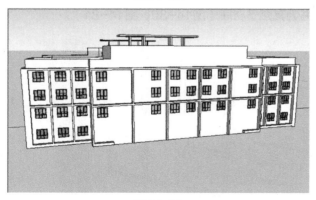

图14-83

　　4）使用相同的方法制作出其他样式的窗户并放置到合适的位置（图14-84、图14-85）。

　　5）制作大门也是先使用"矩形"工具依据立面图绘制出门框、挡雨棚等的轮廓（图14-86），使用"推/拉"工具推拉出合适的厚度，并为其赋予材质（图14-87、图14-88）。

　　6）接着使用"矩形"工具、"推/拉"工具等创建出挡雨棚的支撑结构、门把手等构造（图14-89）。

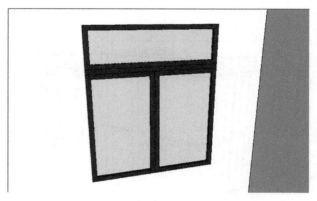

图14-84

图14-85

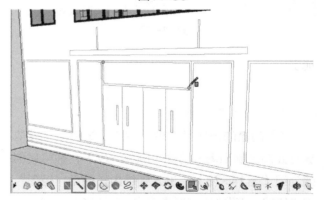

图14-86

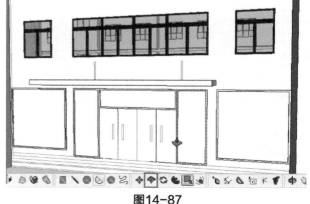

图14-87

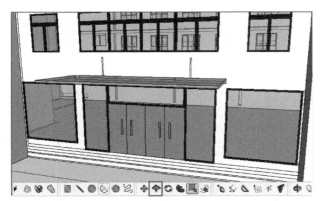

图14-88

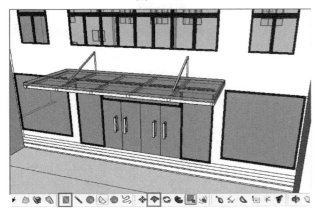

图14-89

7）使用"矩形"工具绘制出台阶的轮廓，使用"推/拉"工具依据立面图推拉出相应的长度（图14-90、图14-91）。

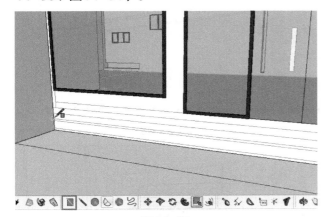

图14-90

8）用同样的方法制作出其他样式的门（图14-92~图14-94）。

9）建筑的北立面图有3个车库门，同样使用"矩形"工具绘制出门框轮廓（图14-95），并将其创建为组（图14-96），进入组内，使用"线

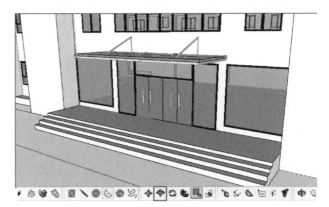

图14-91

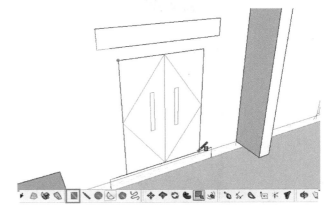

图14-92

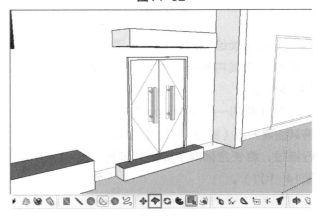

图14-93

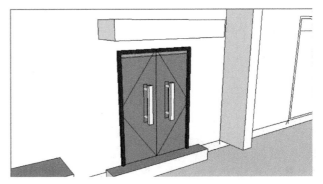

图14-94

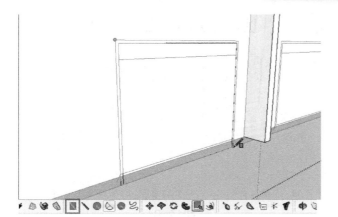

图14-95

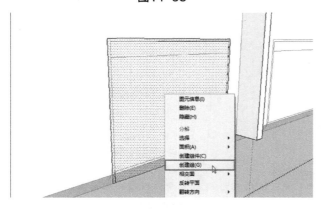

图14-96

条"工具继续绘制门框轮廓（图14-97），使用
"推/拉"工具将卷帘向内推拉300mm的深度（图
14-98）。

　　10）绘制一个100mm×100mm的正方形，并
将其创建为组（图14-99）。使用"推/拉"工具进
行推拉，将长方体向下复制并阵列（图14-100、
图14-101）。

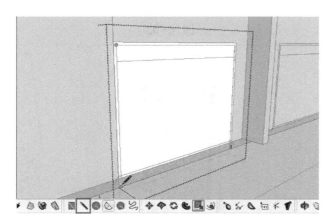

图14-97

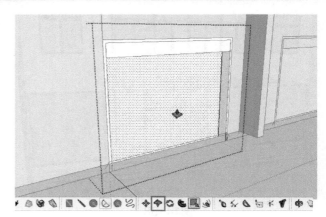

图14-98

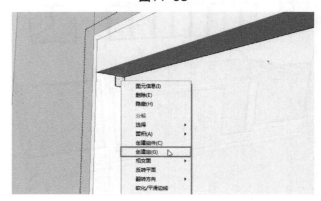

图14-99

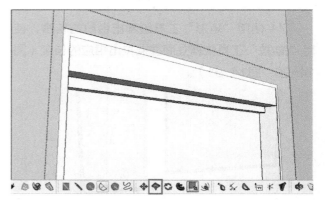

图14-100

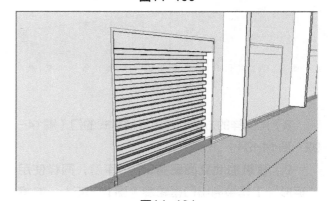

图14-101

11）制作完成后，给车库门赋予一个白色的材质，将其复制并移动到合适的位置（图14-102）。

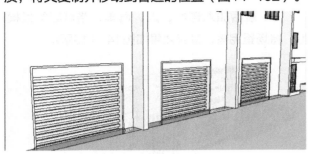

图14-102

12）此时楼体模型就基本上创建完成了，效果如图14-103、图14-104所示。最后打开本书附赠素材资料中的"第14章→模型库→墙壁转"贴图，将墙壁砖贴图赋予楼体，效果如图14-105、图14-106所示。

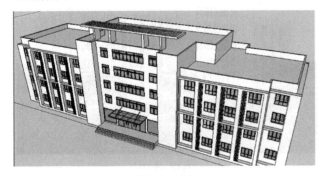

图14-103

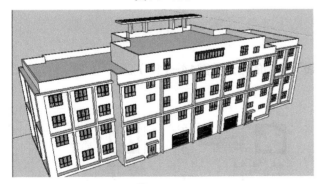

图14-104

图14-105

图14-106

14.3.6　完善模型

1）将之前隐藏的总平面图显示出来，将总平面图选中，单击鼠标右键，选择"分解"选项（图14-107）。

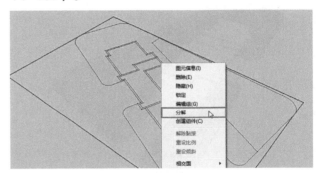

图14-107

2）在菜单栏单击"插件→Label Stray Lines"命令，使用标注线头插件将断线头识别出来（图14-108、图14-109）。

图14-108

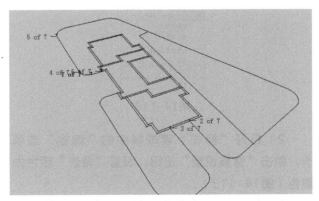

图14-109

3）使用"线条"工具进行封面操作（图14-110），并赋予草坪材质（图14-111）。

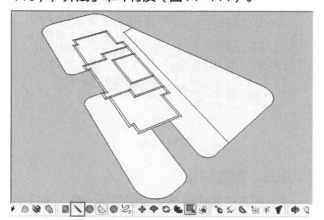

图14-110

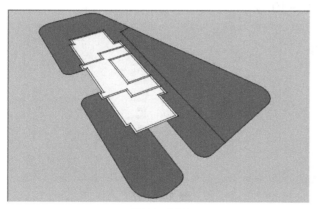

图14-111

4）使用"移动"工具将建好的楼体模型移至场地中（图14-112）。

5）最后加入树木、人、汽车、路灯等配景模型，将场景完善，最终效果如图14-113所示。

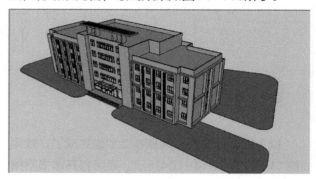

图14-112

图14-113

14.4 导出图像

14.4.1 设置场景风格

1）在菜单栏单击"窗口→样式"命令（图14-114），打开"样式"管理器。

图14-114

2）打开"样式"管理器中的"编辑"选项卡，单击"背景设置"按钮，设置"背景"颜色为黑色（图14-115）。

3）单击"边线设置"按钮，取消"显示边线"选项的勾选（图14-116）。

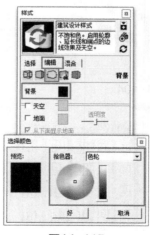

图14-115   图14-116

14.4.2　调整阴影显示

在菜单栏单击"窗口→阴影"命令（图14-117），打开"阴影设置"对话框（图14-118），激活"显示/隐藏阴影"按钮，在此设置"时间""日期"和光线亮暗，调节出满意的光影效果。

图14-117　　　　　图14-118

14.4.3　添加场景

1）阴影调整完成后，在菜单栏单击"窗口→场景"命令（图14-119），打开"场景"对话框，将视图调整到合适的角度，单击"场景"对话框中的"添加场景"按钮添加场景（图14-120）

图14-119

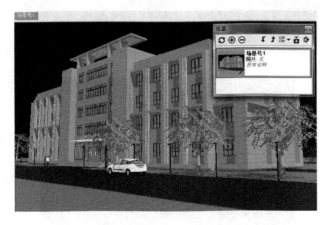

图14-120

2）将视图进行调整，单击"添加场景"按钮为场景添加其他场景（图14-121、图14-122）。

图14-121

图14-122

14.4.4　导出图像

1）在菜单栏中单击"文件→导出→二维图形"命令，打开"二维图形"对话框（图14-123），在此设置文件名，"输出类型"为"JPEG图像（*.jpg）"，单击"选项"按钮，在弹出的"导出JPG选项"对话框中进行相应的设置（图14-124）。

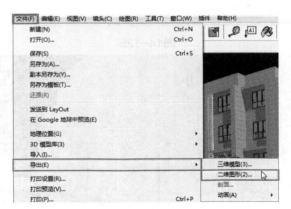

图14-123

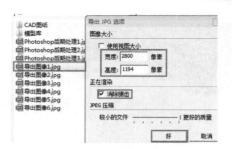

图14-124

2）设置完成后，单击"好"按钮关闭对话框，单击"导出"按钮将图像导出，导出的效果如图14-125所示。

图14-125

3）使用同样的方法将其他两个场景导出，导出的效果如图14-126、图14-127所示。

图14-126

图14-127

4）还需要导出线框图用于后期的处理，在菜单栏单击"窗口样式"命令（图14-128），打开"样式"管理器。在"样式"管理器中打开"编辑"选项卡，单击"平面设置"按钮，选择"以隐藏线模式显示"样式（图14-129）。

5）使用上述方法再将图像导出，效果如图14-130～图14-132所示。

图14-128　　　图14-129

图14-130

图14-131

图14-132

14.5 Photoshop后期处理

1）打开Photoshop软件，打开之前导出的图像（图14-133），按住〈Alt〉键并在"背景"图层上双击鼠标左键，将图层解锁（图14-134、图14-135）。

图14-133

图14-134　　　　　图14-135

2）打开之前导出的线框图，使用"移动"工具将其拖入到当前的文档中，使两张图片上下重叠（图14-136）。

图14-136

3）选择"图层1"，在菜单栏单击"图像→调整→反相"命令，将线框图颜色反相（图14-137、图14-138）。

图14-137

图14-138

4）将"图层1"的图层模式设置为"正片叠底"，设置"不透明度"为50%（图14-139）。

图14-139

5）选择"图层0"，选取工具箱中的"魔棒"工具，在工具设置栏设置"容差"为10，勾选"消除锯齿"选项（图14-140）。设置完成后，在黑色背景上单击鼠标左键将黑色背景选中（图14-141），选中后按〈Delete〉键删除（图14-142）。

6）将本书附赠素材资料中的"第14章→模型

图14-140

图14-141

图14-142

库→天空"图片打开，使用"移动"工具将其拖入当前的文档中，将天空图层置于图层最下方（图14-143），调整图层的大小与位置，效果如图14-144所示。

图14-143

7）在菜单栏单击"图像→调整→亮度/对比度"命令（图14-145），弹出"亮度/对比度"对话框（图14-146），在此设置"亮度"为12、"对比度"为12。

8）在菜单栏单击"滤镜→锐化→锐化"命令，提高图片清晰度（图14-147）。

图14-144

图14-145

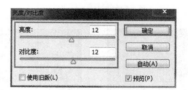
图14-146

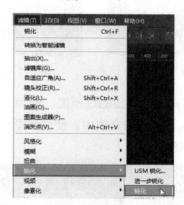
图14-147

9）将本书附赠素材资料中的"第14章→模型库→前景树、前景灌木"图片拖入到当前的文档中，并放置到合适的位置，丰富画面（图14-148）。使用"加深"工具在前景灌木上涂抹，增加进深感（图14-149）。

10）新建图层，按快捷键〈Ctrl+Shift+Alt+E〉，合并所有可见图层到新图层（图14-150、图14-151）。

11）选择"图层2"，在菜单栏单击"滤镜→模糊→高斯模糊"命令（图14-152），在弹出的

"高斯模糊"对话框中设置"半径"为4.2（图14-153）。

12）设置"图层2"的混合模式为"柔光"，"不透明度"为30%（图14-154），效果如图14-155所示。

13）此时，图像已经处理完成，将其另存。使用同样的方法完成另一张图像的处理，效果如图14-156、图14-157所示。

图14-148

图14-154

图14-149

图14-155

图14-150　　　　　图14-151

图14-156

图14-152　　　　　图14-153

图14-157

第15章　VRay for SketchUp高级渲染

操作难度☆★★★★

章节介绍

　　本章介绍SketchUp Pro 2019的渲染器插件VRay for SketchUp的操作方法。VRay for SketchUp能对SketchUp Pro 2019制作的三维模型进行渲染，使最终效果图具有很强的表现力与真实感。VRay for SketchUp的操作方法简单、实用，关键在于材质的编辑，本章重点介绍几种常见材质的参数设置，在操作时可以根据本书的参数规律编辑出更多实用材质。

15.1　VRay for SketchUp概述

　　虽然在SketchUp中已经可以输出不错的效果图，但如果想要更具有说服力的效果，就需要在空间的光影关系、材质质感上进行深入的刻画。

　　VRay for SketchUp这款渲染器可以与SketchUp完美结合，而且VRay for SketchUp参数较少、材质调节灵活、灯光简单强大，很容易制作出高质量的效果图。

　　以前处理效果图通常是将SketchUp模型导入到3ds Max中赋予材质，然后借助VRay for Max渲染器输出商业级效果图，然而这种方法制约了设计师对细节的掌控和完善。基于这种背景下VRay for SketchUp诞生了。VRay for SketchUp可以直接安装在SketchUp软件中，能够在SketchUp中渲染出照片级别的效果图。

15.1.1　优秀的全局照明

　　使用传统的渲染器应付复杂场景时，需要花费大量的时间和精力调整不同位置的多种灯光，包括灯光位置、色相、照度等，才可以得到均匀的照明效果。而使用全局照明则不同，它用一个类似于球状的发光体将整个场景包围，能够使场景的每一个角落都受到光线的照射。VRay for SketchUp支持全局照明，而且比同类渲染器的效果更好、速度更快，即使场景中不放置任何灯光，VRay for SketchUp也可以计算出较好的光线效果。

15.1.2　超强的渲染引擎

　　VRay for SketchUp提供了四种渲染引擎，分别是：发光贴图、光子贴图、准蒙特卡罗和灯光缓冲。每个渲染引擎都有各自的特性，计算方法不一样，渲染效果也就不一样。用户可以根据自己的需要选择合适的渲染引擎。

15.1.3　支持高动态贴图

　　一般24bit的图片无法完整表现真实世界中的亮度，户外的太阳强光要比白色（R：255、G：255、B：255）亮百万倍。而32bit的高动态贴图可记录场景环境的真实光线，所以高动态贴图对高亮度数值的真实描述能力就可以作为渲染程序模拟环境光源的依据。

15.1.4　强大的材质系统

　　VRay for SketchUp的材质功能系统非常强大，而且设置也很灵活。除了常见的漫射、反射、折射外，还有自发光的灯光材质，还支持透明贴图、双面材质、纹理贴图和凹凸贴图。每个主要材质层后面还可以增加第二层、第三层，以得到最真实的效果。可以控制光泽度得到磨砂玻璃、磨砂金属等磨砂材质的效果，还可以控制"光线分散"得到玉石、蜡、皮肤等表面稍透光的材质的效果。

15.1.5 便捷的布光方法

灯光照明在渲染图中扮演着非常重要的角色，如果没有好的照明肯定得不到好的渲染品质。光线的来源分为直接光源和间接光源。

Vray for SketchUp中的点光源、面光源、聚光灯等都是直接光源，环境选项里的环境光、间接照明选项里的一、二次反弹等都是间接光源。使用这些可以模拟出现实世界的光照效果。

15.1.6 超快的渲染速度

与同类的渲染程序相比，VRay 的渲染速度非常快。将默认灯光关闭，打开GI，其他参数保持默认，就可以得到不错的折射、反射和高品质的阴影效果。

15.1.7 简单易学

Vray for SketchUp的参数较少、材质调节灵活、灯光简单强大，只要学会了正确的方法就可以很容易做出照片级别的效果图。

15.2 渲染案例

15.2.1 表现思路

室内空间相对封闭，只有一两个洞口能够射进自然光，所以布光较难把握。该案例是一个现代风格的卧室空间，采光主要以窗户投射室外光线为主。材质方面，地板、壁纸、沙发等是材质调节的重点，最终效果如图15-1、图15-2所示。

图15-1

图15-2

图15-3

15.2.2 渲前的准备工作

1. 检查模型的面和材质

模型创建完成后，需要检查模型的正、反面是否正确、材质的分类是否无误等。

2. 调整角度、确定构图

1）打开本书附赠素材资料中的"第15章→家居卧室渲染案例"文件（图15-3）。

2）调整到合适的角度，单击"窗口→场景"命令，打开"场景管理器，单击"添加场景"按钮添加场景，再调整角度，添加第二个场景（图15-4、图15-5）。

图 15-4

图15-5

补充提示

Vray for SketchUp渲染器的工作原理与3ds Max的一样，都能达到逼真的效果。

正式渲染效果图之前应仔细检查模型的精确性，重新调整模型尺寸，注意每个家具与地面之间的关系，赋予模型的贴图应设置恰当的比例，避免图案的形态过于夸张。如果模型不精确，尤其是贴图与局部构造的尺寸有偏差，就会影响后期的渲染效果。

15.2.3 安装VRay for SketchUp

1）双击VRay for SketchUp安装图标（图15-6），即可打开安装程序对话框（图15-7），单击"下一步"按钮。

VRay 3.60.02
for SketchUp

图15-6

2）在弹出的对话框中选择"我同意该许可协议的条款"选项，单击"下一步"按钮（图15-8）。

图15-7

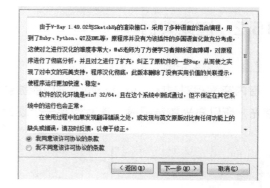

图15-8

3）在弹出的对话框中检查"SketchUp 2019"选项是否被勾选，再单击"下一步"按钮（图15-9）。

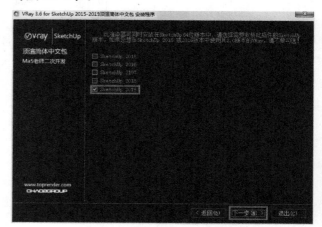

图15-9

4）在弹出的对话框中单击"下一步"按钮（图15-10），即可开始安装程序（图15-11）。

5）弹出安装成功的提示后单击"完成"按钮即可完成安装（图15-12）。

6）打开SketchUp，VRay for SketchUp工具栏就显示在菜单栏中（图15-13）。图15-14为"VRay for SketchUp"工具栏。

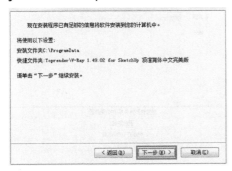

图15-10

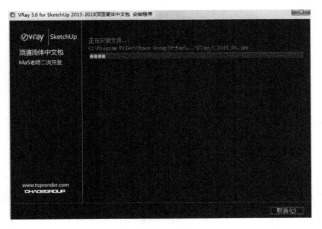

图15-11

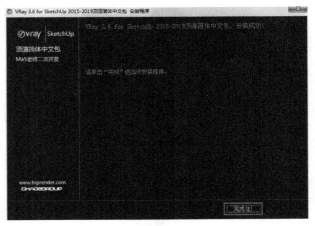

图15-12

图15-13

15.2.4　设置测试参数

在布光时需要进行大量的测试渲染，如果渲染参数设置过高，会花费很长的时间进行测试，浪费时间。

1）在VRay for SketchUp菜单栏单击"V-Ray渲染设置面板"按钮，即可打开"V-Ray渲染设置"面板（图15-15）。

2）单击"全局开关"，即可打开"全局开

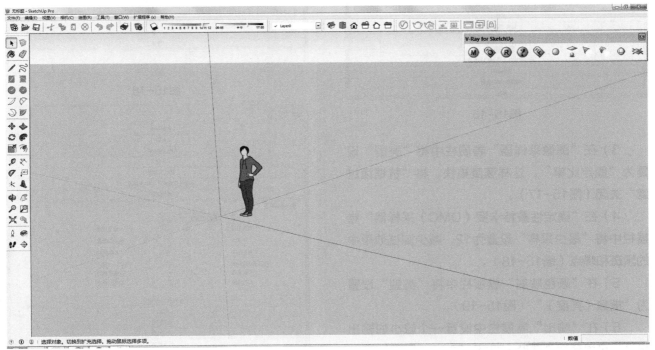

图15-14

图15-15

关"卷展栏，将"反射/折射"勾选取消（图15-16）。

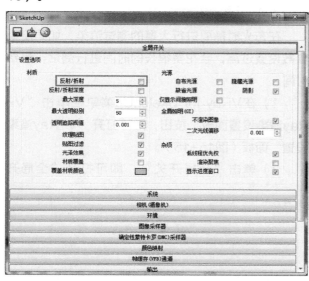

图15-16

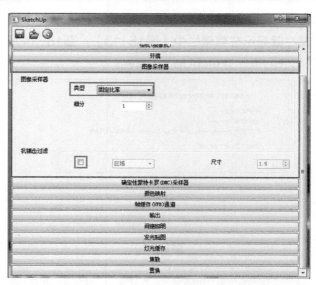

图15-17

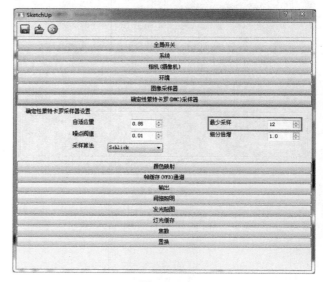

图15-18

3）在"图像采样器"卷展栏中将"类型"设置为"固定比率"，这样速度更快，将"抗锯齿过滤"关闭（图15-17）。

4）在"确定性蒙特卡罗（DMC）采样器"卷展栏中将"最少采样"设置为12，减少测试效果中的黑斑和噪点（图15-18）。

5）在"颜色映射"卷展栏中将"类型"设置为"指数（亮度）"（图15-19）。

6）在"输出"卷展栏中设置一个较小的输出尺寸，可提高渲染速度（图15-20）。

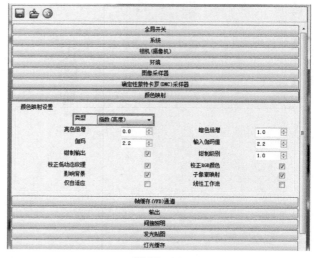

图15-19

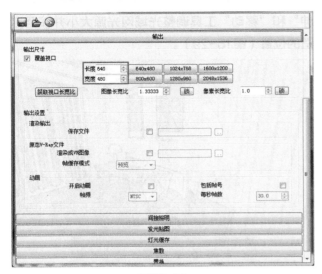

图15-20

图15-22

7）在"发光贴图"卷展栏中将"最小比率"设置为-5，"最大比率"设置为-3，"半球细分"设置为50，"插值采样"设置为20（图15-21）。

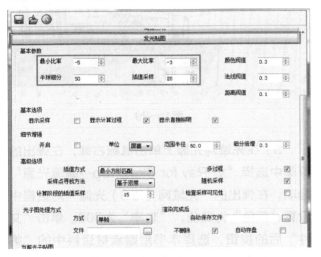

图15-21

8）在"灯光缓存"卷展栏中将"细分"设置为500（图15-22），此时完成了测试参数的设置。

15.2.5 布光

1）单击VRay for SketchUp菜单栏中的"面光源"按钮，在进光的洞口位置放一个与洞口大小相同的面光源（图15-23）。

2）选择面光源，单击鼠标右键，在弹出的菜

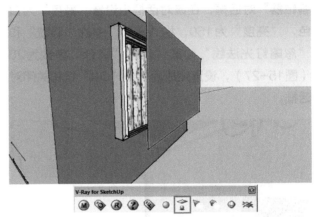

图15-23

单中选择"V-Ray for SketchUp→编辑光源"选项（图15-24），在弹出的"V-Ray光源编辑器"对话框中设置"颜色"为淡蓝色，"亮度"为500，将"选项"中的"隐藏"和"忽略灯光法线"勾选，设置"细分"参数为20（图15-25），完成后单击"OK"按钮关闭对话框。

图15-24

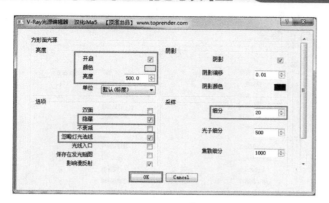

图15-25

3）在室内入口处创建一个面光源（图15-26），单击鼠标右键，选择"V-Ray for SketchUp→编辑光源"选项，打开"V-Ray光源编辑器"对话框，在该对话框中设置"颜色"为白色，"亮度"为150，将"选项"中的"隐藏"和"忽略灯光法线"勾选，设置"细分"参数为20（图15-27），设置完成后单击"OK"按钮关闭对话框。

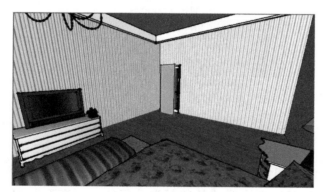

图15-26

图15-27

4）单击VRay for SketchUp菜单栏中的"光域网（IES）光源"按钮，在需要布灯的位置单击鼠标左键放置光域网光源（图15-28）。使用"拉

伸"和"移动"工具调整光域网光源大小并移至合适的位置（图15-29）。

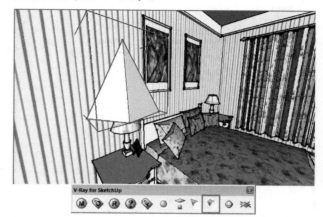

图15-28

图15-29

5）在光域网光源上单击鼠标右键，在弹出的菜单中选择"V-Ray for SketchUp→编辑光源"选项，在弹出的"光域网（IES）光源"对话框中设置"颜色"为黄色，"功率"为300。单击"文件"后的按钮，选择本书附赠素材资料中的"第15章→贴图与光域网文件→光域网文件"设置完成后单击"OK"按钮关闭对话框（图15-30）。

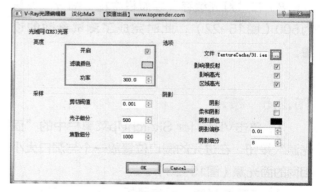

图15-30

6）在吊灯上也同样放置几个光域网光源（图15-31），参数设置如图15-32所示。

图15-31

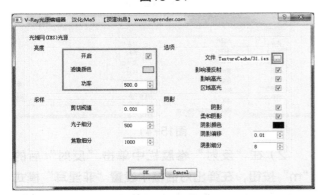

图15-32

15.2.6　Vray材质的设置

布光完成后可以对场景中的材质进行调节了，调节材质时先主后次，先调节对场景影响大的材质，如地面、墙面等。单击VRay for SketchUp菜单栏中的"V-Ray渲染设置面板"按钮，在"全局开关"卷展栏中将"反射/折射"勾选（图15-33）。

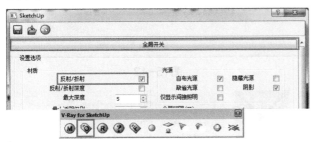

图15-33

1．木地板的材质设置

1）打开"使用层颜色材料"管理器，使用"样本颜料"工具在地板上单击鼠标左键提取材质

（图15-34），单击"V-Ray材质编辑器"按钮，VRay材质面板会自动跳到该材质的属性上。

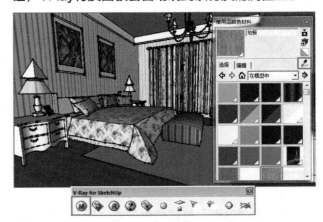

图15-34

2）选择该材质，单击鼠标右键，选择"地板→创建材质层→反射"命令（图15-35）。在"反射"卷展栏中单击"反射"后的"m"按钮，在弹出的对话框中设置"菲涅耳"模式（图15-36），完成后单击"OK"按钮关闭对话框。

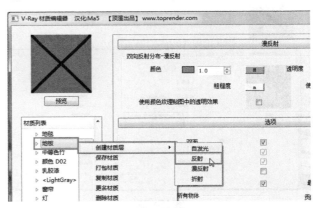

图15-35

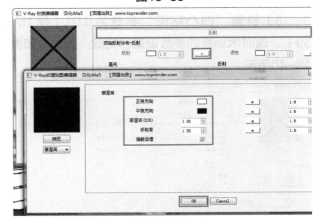

图15-36

3）在"反射"卷展栏中设置高光光泽度为0.85，反射光泽度也为0.85（图15-37）。

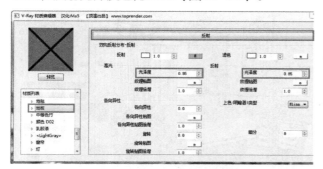

图15-37

4）在"贴图"卷展栏中单击"凹凸贴图"后的"m"按钮，在弹出的对话框中设置模式为"位图"，在"文件缓存"选项组中单击"文件"后的按钮，选择本书附赠素材资料中的"第15章→贴图与光域网文件→地板凹凸贴图"图片，设置完成后单击"OK"按钮关闭对话框（图15-38）。

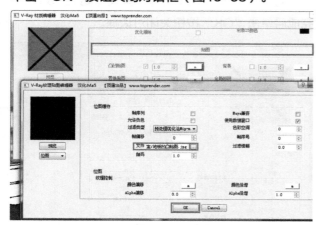

图15-38

5）设置"凹凸贴图"参数为0.01（图15-39）。这时木地板的参数设置已完成，其效果如图15-40所示。

图15-39

图15-40

2. 壁纸的材质设置

1）提取壁纸的材质后，打开"V-Ray材质编辑器"，创建"反射"材质层（图15-41）。

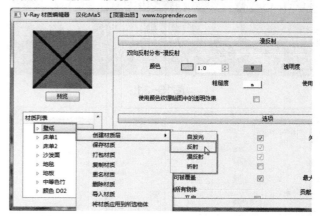

图15-41

2）在"反射"卷展栏中单击"反射"后的"m"按钮，在弹出对话框中设置"菲涅耳"模式（图15-42）。设置高光光泽度为0.35（图15-43）。

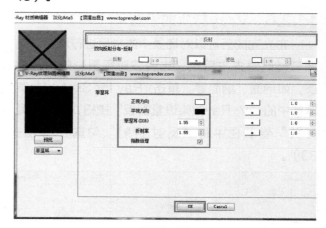

图15-42

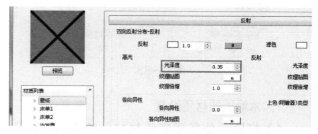

图15-43

3）打开"选项"卷展栏，取消"追踪反射"的勾选（图15-44）。壁纸的参数设置完成，效果如图15-45所示。

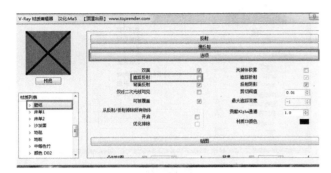

图15-44

图15-45

3. 乳胶漆的材质设置

1）提取乳胶漆的材质后，打开"V-Ray材质编辑器"，为其创建"反射"材质层（图15-46）。

图15-46

2）在"反射"卷展栏中单击"反射"后的"m"按钮，在弹出的对话框中设置"菲涅耳"模式（图15-47）。设置高光光泽度为0.25（图15-48）。

3）打开"选项"卷展栏，取消"追踪反射"的勾选（图15-49）。乳胶漆的参数设置完成，效果如图15-50所示。

图15-47

图15-48

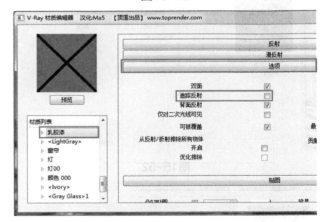

图15-49

图15-50

4. 沙发面的材质设置

1）提取沙发面的材质后，打开"V-Ray材质编辑器"，为其创建"反射"材质层（图15-51）。

2）在"反射"卷展栏中单击"反射"后的

"m"按钮，在弹出的对话框中设置"菲涅耳"模式（图15-52），设置高光光泽度为0.35（图15-53）。

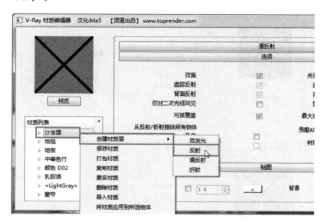

图15-51

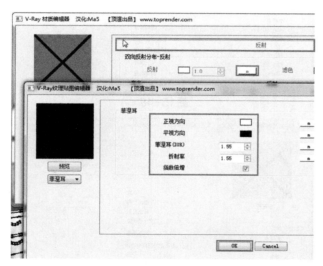

图15-52

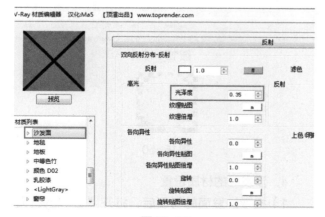

图15-53

3）在"选项"卷展栏中取消"追踪反射"的勾选（图15-54）。

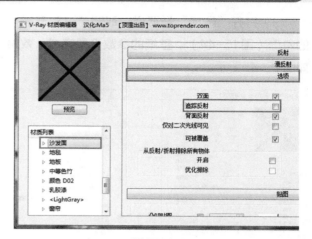

图15-54

4）在"贴图"卷展栏中单击"凹凸贴图"后的"m"按钮，在弹出的对话框中设置模式为"位图"，在"文件缓存"选项组中单击"文件"后的按钮，选择本书附赠素材资料中的"第15章→贴图与光域网文件→沙发凹凸贴图"图片，设置完成后单击"OK"按钮关闭对话框（图15-55）。沙发面的参数设置完成，效果如图15-56所示。

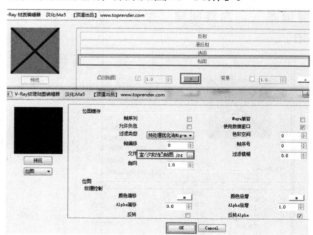

图15-55

图15-56

15.2.7　设置参数渲染出图

1）单击"V-Ray渲染设置面板"按钮，打开"V-Ray渲染设置"面板，单击"环境"卷展栏中"全局光颜色"后的"m"按钮，在弹出的对话框中设置"阴影"选项组中的"细分"为16（图15-57）。

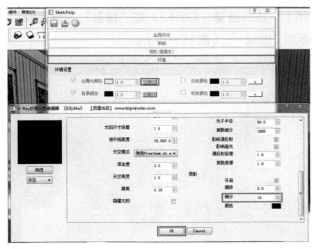

图15-57

2）在"图像采样器"卷展栏中设置"类型"为"自适应确定性蒙特卡罗"，将"最多细分"设置为16，这样设置可以提高细节区域的采样，将"抗锯齿过滤"开启，设置过滤器为"Catmull Rom"（图15-58）。

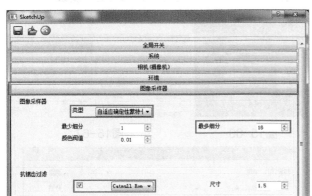

图15-58

3）在"确定性蒙特卡罗（DMC）采样器"卷展栏中设置"最少采样"为12，减少噪点（图15-59）。

4）在"输出"卷展栏中设置较大的输出尺寸（图15-60）。

5）在"发光贴图"卷展栏中设置"最小比率"为-3，"最大比率"为0（图15-61）。

6）在"灯光缓存"卷展栏中设置"细分"为1000（图15-62），渲染参数设置完成。

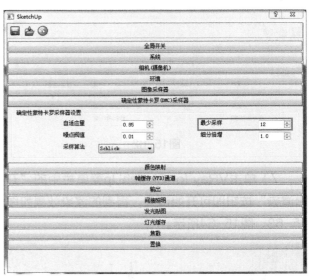

图15-59

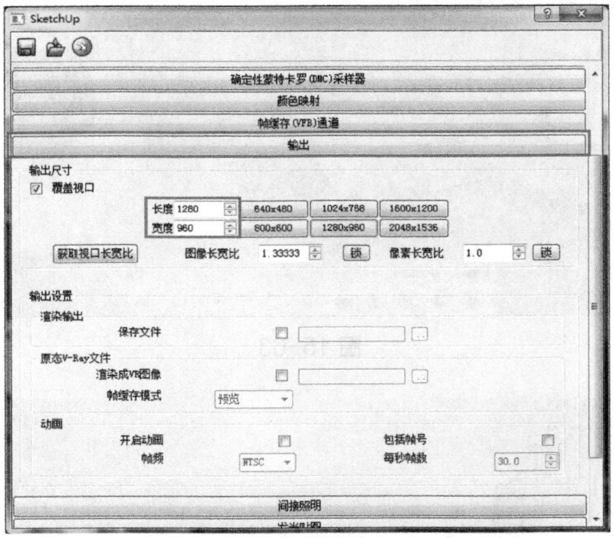

图15-60

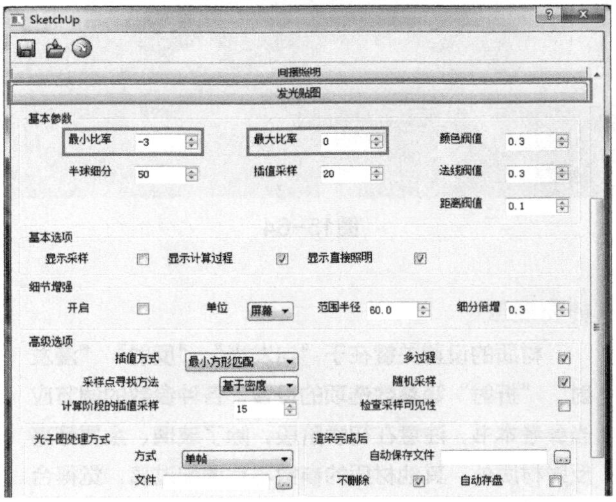

图15-61

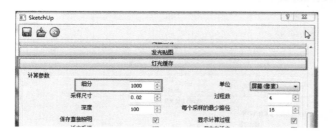

图15-62

7）单击VRay for SketchUp菜单栏中的"开始渲染"按钮即可开始渲染，得到的渲染效果如图15-63、图15-64所示。

图 15-63

图15-64

补充提示

材质的设置关键在于"自发光""反射""漫发射""折射"等参数选项的设置，各种参数的调节应当参考本书，注意在初学阶段，除了玻璃、金属等高反射材质外，其他材质的参数不宜调配过高。觉得合适的材质应当随时保存下来，方便日后随时调用。

15.2.8　后期处理

1）在Photoshop中打开渲染好的图（图 15-65），按快捷键〈Ctrl+J〉将"背景"图层复制，得到"图层1"（图15-66）。

图 15-65

2）在菜单栏单击"图像→调整→曲线"命令（图15-67），在弹出的"曲线"对话框中调整曲线（图15-68），调整后单击"确定"按钮。

图15-66　　　　　　图15-67

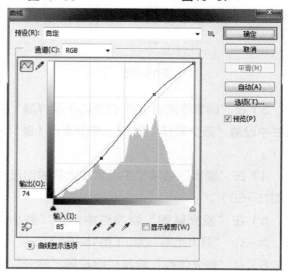

图15-68

3）在菜单栏单击"图像→调整→色阶"命令（图15-69），在弹出的"色阶"对话框中将黑色控制滑块向右拖动，将灰色控制滑块向左拖动（图15-70）。

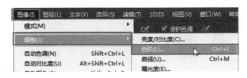

图15-69

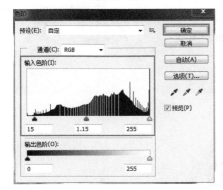

图15-70

　　4）在菜单栏单击"图像→调整→亮度/对比度"命令（图15-71），在弹出的"亮度/对比度"对话框中设置"亮度"为9，"对比度"为20（图15-72）。

图15-71

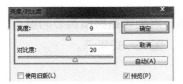

图15-72

　　5）此时的效果如图15-73所示，有些区域的曝光过度，选取工具箱中的"橡皮擦"工具，在工具属性栏设置相关属性（图15-74），设置完成后在曝光过度的区域进行涂抹（图15-75）。

　　6）选取工具箱中的"加深"工具在近处的地板上涂抹，增加进深感（图15-76）。

　　7）在菜单栏单击"滤镜→锐化→锐化"命令（图15-77），使图片更加清晰。

图15-73

图15-74

图15-75

图15-76

　　8）在菜单栏单击"图像→调整→色相/饱和度"命令（图15-78），在弹出的"色相/饱和度"

对话框中对"黄色"进行调整，设置"饱和度"为-19，减弱地板的黄色（图15-79）

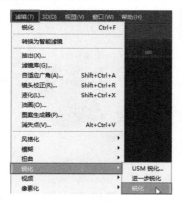

图15-77

图15-78

图15-79

9）此时，图片已处理完成，效果如图15-80所示。使用同样的方法对另一张渲染图进行处理，效果如图15-81所示。

图15-80

图15-81

15.3 专卖店渲染案例

15.3.1 表现思路

该案例是一个自行车专卖店的空间，采光主要以窗户投射室外光线和室内照明为主。材质方面，地面、墙面、展柜等是材质调节的重点，最终效果如图15-82、图15-83所示。

图15-82

图15-83

15.3.2　渲染前的准备工作

1．检查模型的面和材质

模型创建完成后，对模型的正反面是否正确、材质的分类是否无误等进行检查。

2．调整角度、确定构图

1）打开本书附赠素材资料中的"第15章→专卖店渲染案例"文件（图15-84）。

图15-84

2）将视图调整到一个合适的角度，在菜单栏单击"镜头→两点透视图"命令（图15-85），将场景以透视模式显示。

3）在菜单栏单击"窗口→场景"命令（图15-86），打开"场景"编辑器，单击"场景"编辑器中"添加场景"按钮添加场景，再调整角度，添加第二个场景（图15-87、图15-88）。

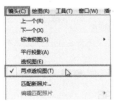

图15-85　　　　图15-86

3．调整阴影

1）在菜单栏单击"窗口→阴影"命令（图15-89），打开"阴影设置"面板，在此设置"时间""日期"等信息，调整阴影效果（图15-90）

2）调整完成后在场景标签上单击鼠标右键，

图15-87

图15-88

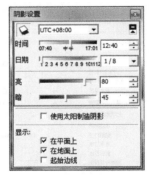

图15-89　　　　　　图15-90

选择"更新"选项将场景更新（图15-91）。

图15-91

4. 设置测试参数

在布光时需要进行进行大量的测试渲染，如果渲染参数设置过高会花费很长的时间进行测试，完全没有必要。

1）单击VRay for SketchUp菜单栏中的"V-Ray渲染设置面板"按钮，即可打开"V-Ray渲染设置"面板（图15-92）。

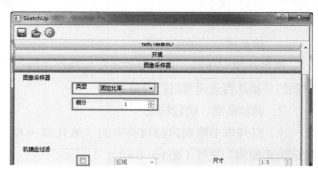

图15-92

2）在"全局开关"上单击鼠标左键即可打开"全局开关"卷展栏，将"反射/折射"勾选取消（图15-93）。

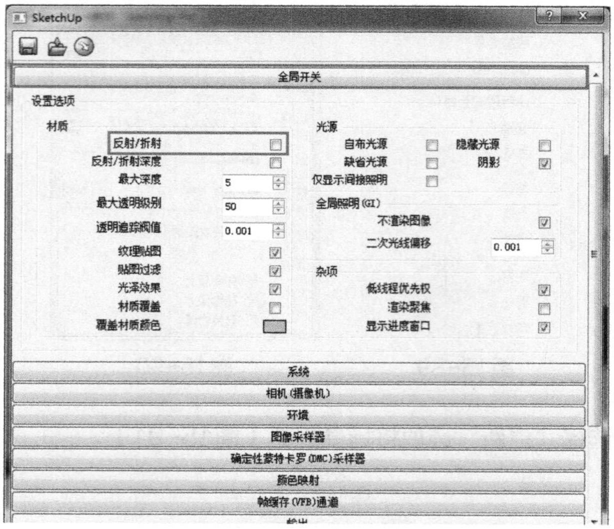

图15-93

3）在"图像采样器"卷展栏中将"类型"设置为"固定比率"，这样速度更快，将"抗锯齿过滤"关闭（图15-94）。

图15-94

4）在"确定性蒙特卡罗（DMC）采样器"卷展栏中将"最少采样"设置为12，减少测试效果中的黑斑和噪点（图15-95）。

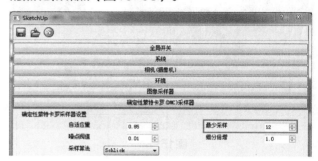

图15-95

5）在"颜色映射"卷展栏中将"类型"设置为"指数（亮度）"（图15-96）。

6）在"输出"卷展栏中设置一个较小的输出尺寸，可提高渲染速度（图15-97）。

图15-96

图15-97

7）在"发光贴图"卷展栏中将"最小比率"设置为-5，"最大比率"设置为"-3"，"半球细分"设置为50，"插值采样"设置为20（图15-98）。

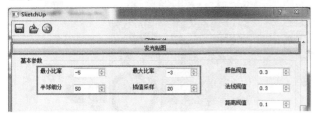

图15-98

8）在"灯光缓存"卷展栏中将"细分"设置为500（图15-99），此时完成了测试参数的设置。

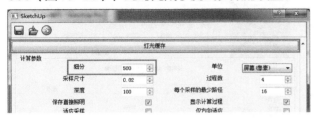

图15-99

5. 布光

1）单击VRay for SketchUp菜单栏中的"面光源"按钮，在洞口的位置放一个与洞口大小相同的面光源（图15-100）。

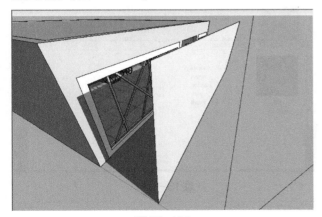

图15-100

2）选择面光源，单击鼠标右键，在弹出的菜单中选择"V-Ray for SketchUp→编辑光源"选项（图15-101），在弹出的"V-Ray光源编辑器"对话框中设置"颜色"为淡蓝色，模拟天光的效果，设置"亮度"为600，将"选项"中的"隐藏"和"忽略灯光发线"勾选，设置"细分"为

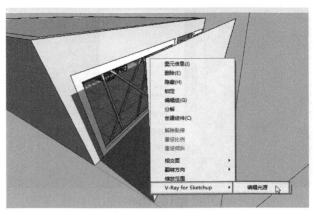

图15-101

20（图15-102）。设置完成后单击"OK"按钮关闭对话框。

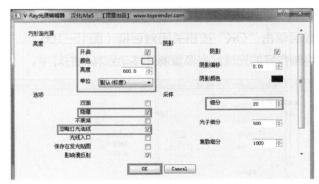

图15-102

3）单击VRay for SketchUp菜单栏中的"光域网（IES）光源"按钮，在射灯的位置单击鼠标左键放置光域网光源，并调整大小和位置（图15-103）。

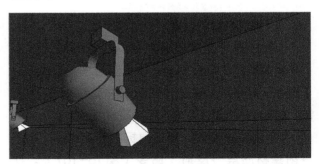

图15-103

4）在光域网光源上单击鼠标右键，在弹出的菜单中选择"V-Ray for SketchUp→编辑光源"选项（图15-104），弹出"V-Ray光源编辑器"对话框（图15-105）。

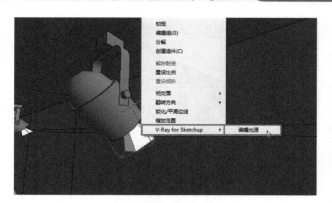

图15-104

5）在"V-Ray光源编辑器"对话框中设置"颜色"为黄色，设置"亮度"为150，单击"文件"后的按钮，选择本书附赠素材资料中的"第15章→贴图与光域网文件2→光域网文件"，设置完成后单击"OK"按钮关闭对话框（图15-105），将制作好的光域网光源复制并移动到其他射灯中。

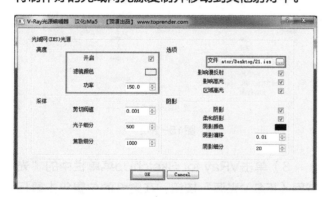

图15-105

15.3.3　VRay材质的设置

1. 地面石材的设置

1）打开"使用层颜色材料"管理器，使用"样本颜料"工具在地面上单击鼠标左键提取材质（图15-106）。单击"V-Ray材质编辑器"按钮，VRay材质面板会自动跳到该材质的属性上。

2）选择该材质，单击鼠标右键，选择"地板→创建材质层→反射"命令（图15-107）。在"反射"卷展栏中单击"反射"后的"m"按钮，在弹出的对话框中设置"菲涅耳"模式（图15-108），设置完成后单击"OK"按钮关闭对话框。

3）在"反射"卷展栏中设置高光光泽度为0.4，反射光泽度为0.4（图15-109）。

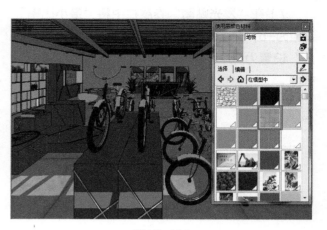

图15-106

图15-107

图15-108

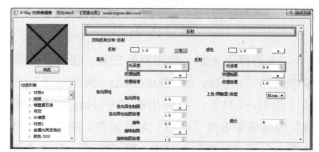

图15-109

4）在"贴图"卷展栏中单击"凹凸贴图"后的"m"按钮，在弹出的对话框中设置模式为"位图"，在"文件缓存"选项组中单击"文件"后的按钮，选择本书附赠素材资料中的"第15章→15.3贴图与光域网文件2→地板"图片，设置完成后单击"OK"按钮关闭对话框（图15-110）。地面石材设置完成，效果如图15-111所示。

2. 吊顶铝合金材质设置

1）提取吊顶材质后，打开"V-Ray材质编辑器"，为其创建"反射"材质层（图15-112）。

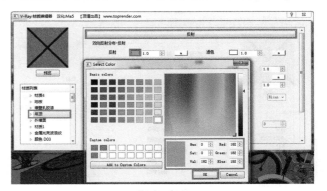

图15-113

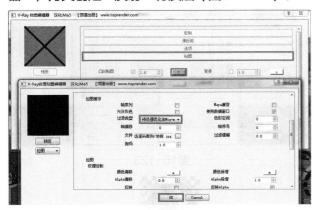

图15-110

图15-114

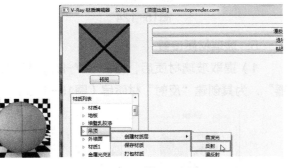

图15-111　　　　图15-112

2）在"反射"卷展栏中设置"反射"为灰白色（R：182、G：182、B：182）（图15-113），反射光泽度为0.6。在"各向异性"选项组中设置"上色（明暗器）类型"为"Ward"，"各向异性"为0.4（图15-114）。吊顶铝合金材质设置完成，效果如图15-115所示。

3. 乳胶漆材质的设置

1）提取乳胶漆材质后，打开"V-Ray材质编辑器"，为其创建"反射"材质层（图15-116）。

2）在"反射"卷展栏中单击"反射"后的

图15-115　　　　图15-116

"m"按钮，在弹出的对话框中设置"菲涅耳"模式（图15-117）。设置高光光泽度为0.25（图15-118）。

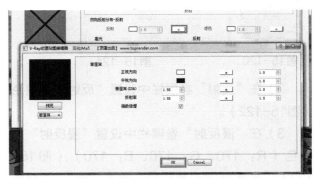

图15-117

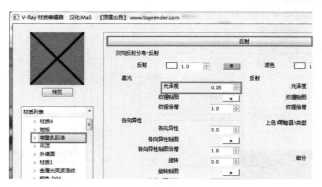

图15-118

3）打开"选项"卷展栏，取消"追踪反射"的勾选（图15-119）。乳胶漆参数设置完成，效果如图15-120所示。

4．金属材质设置

1）提取金属材质后，打开"V-Ray材质编辑器"，为其创建"反射"材质层（图15-121）。

图15-119

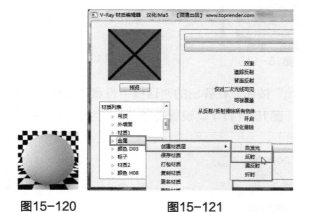

图15-120　　　　　图15-121

2）在"反射"卷展栏中设置"反射"为白色（图15-122）。

3）在"漫反射"卷展栏中设置"漫反射"为灰色（R：170、G：170、B：170）（图15-123）。金属材质设置完成，效果如图15-124所示。

图15-122

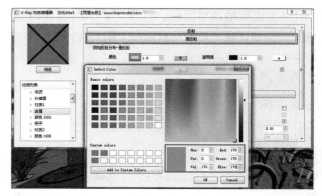

图15-123

图15-124

5．玻璃材质设置

1）提取玻璃材质后，打开"V-Ray材质编辑器"，为其创建"反射"材质层（图15-125）。

图15-125

2）在"反射"卷展栏中单击"反射"后的"m"按钮，在弹出的对话框中设置"菲涅耳"模式（图15-126）。

3）在"反射"卷展栏中设置"透明度"为白色（图15-127），玻璃材质设置完成，效果如图15-128所示。

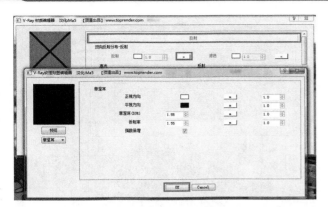

图15-126

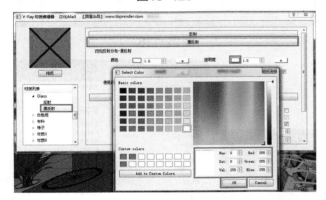

图15-127

图15-128

15.3.4 设置参数渲染出图

1）在"图像采样器"卷展栏中设置"类型"为"自适应确定性蒙特卡罗"，将"最多细分"设置为16，这样设置可以提高细节区域的采样，将"抗锯齿过滤"开启，设置过滤器为"Catmull Rom"（图15-129）。

2）在"确定性蒙特卡罗（DMC）采样器"卷展栏中设置"最少采样"为12，减少噪点（图15-130）。

3）在"输出"卷展栏中设置一个较大的输出尺寸（图15-131）。

4）在"发光贴图"卷展栏中设置"最小比率"为-3，"最大比率"为0（图15-132）。

5）在"灯光缓存"卷展栏中设置"细分"为1000（图15-133），此时渲染参数设置完成。

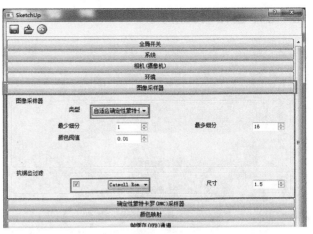

图15-129

图15-130

图15-131

图15-132

图15-133

6）单击VRay for SketchUp菜单栏中的"开始渲染"按钮即可开始渲染，得到的渲染效果如图

15-134、图15-135所示。

图15-134

图15-136

图15-135

图15-137　　　　图15-138

15.3.5　后期处理

1）在Photoshop中打开渲染出的图像（图15-136），按快捷键（Ctrl+J）将"背景"图层复制，得到"图层1"（图15-137）。

2）在菜单栏单击"图像→调整→曲线"命令（图15-138），在弹出的"曲线"对话框中对曲线进行调整（图15-139），调整完成后单击"确定"按钮。

3）在菜单栏单击"图像→调整→色阶"命令（图15-140），在弹出的"色阶"对话框中将黑色控制滑块向右拖动，将灰色控制滑块向左拖动（图15-141）。

4）在菜单栏单击"图像→调整→亮度/对比度"命令（图15-142），在弹出的"亮度/对比

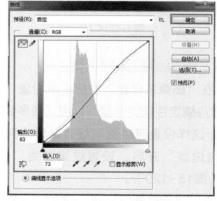

图15-139

图15-140

度"对话框中设置"亮度"为12，"对比度"为22（图15-143）。

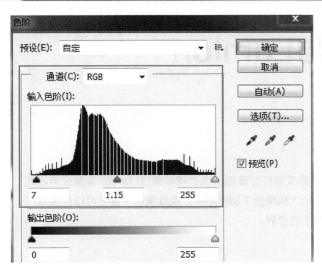

图15-141

图15-142

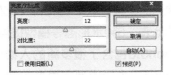

图15-143

5）此时有些区域曝光过度，选取工具箱中的"橡皮擦"工具，在工具属性栏设置相关属性（图15-144），设置完成后在曝光过度的区域进行涂抹（图15-145）。

6）选取工具箱中的"加深"工具在近处的地板上涂抹，增加进深感（图15-146）。

图15-144

图15-145

图15-146

7）在菜单栏单击"滤镜→锐化→锐化"命令（图15-147），使图片更加清晰。

图15-147

8）此时，图片已处理完成，效果如图15-148所示，使用同样的方法对另一张渲染图进行处理，效果如图15-149所示。

图15-148

图15-149

第16章　SketchUp与Lumion

操作难度☆★★★★

章节介绍

　　本章主要介绍Lumion的基本用法，使读者快速入门，为后期实践打好基础。读者能够通过Lumion直接在自己的计算机上创建虚拟现实。通过渲染高清电影比以前更快，Lumion大幅降低了制作时间。视频演示了读者可以在短短几秒内就创造惊人的建筑可视化效果。Lumion给我们带来一个全新的世界。

16.1　Lumion的基本介绍

16.1.1　什么是Lumion

　　Lumion是由荷兰Act-3D公司开发的一个实时的3D可视化工具，用来制作电影和静帧作品，它也可以传递现场演示。该工具面世以来，在短时间内就被世界上的各个行业广泛运用，涉及的领域包括建筑、规划和设计。Lumion的强大就在于它能够提供优秀的图像，并将快速和高效工作流程结合在了一起，能够节省时间、精力和金钱。

　　Lumion采用图形化操作界面，完美兼容了Google SketchUp、3ds max等多种软件的DAE、FBX、MAX、3DS、OBJ、DXF格式，同时支持TGA、DDS、PSD、JPG、BMP、HDR和PNG等格式图像的导入。

　　1. Lumion的基本功能

　　1）渲染和场景创建时间缩短到只需几分钟。

　　2）从Google SketchUp、Autodesk产品和许多其他的3D软件包导入3D内容。

　　3）增加了3D模型和材质。

　　4）通过使用GPU渲染技术，能够实时编辑3D场景。

　　5）使用内置的视频编辑器，创建非常有吸引力的视频。

　　6）输出HD MP4文件、立体视频和打印高分辨率图像。

　　7）支持现场演示。

　　Lumion本身包含了一个庞大而丰富的内容库，里面有建筑、汽车、人物、动物、街道、街饰、地表、石头等。

　　总共466种材质，分别为94种植物、54种建筑形态、20种动画人物、84种静态人物、147种动物、71种运输工具、182种街饰（比如椅子和长凳）、28种地表、6种水形态等模型提供材质。

　　而Lumion6.0包含了很多新的人物模型，这些模型比Lumion5.0中的模型有更多的细节，模型不仅有正常的纹理，而且还增加了眼睛的细节移动和闪烁。Lumion6.0包含了来自多个世界各地不同的人，有不同的肤色，人物的类型更加广泛。新增了很多新的姿势，躺坐在椅子上、翻阅手机、读报或骑滑板等。

　　2. 环境要求

　　（1）最低配置要求：

　　系统：Windows XP、Vista或者Windows7 32位或64位；

　　内存：2GB；

　　显卡：NVidia GeForce 8800或相近ATI、AMD显卡，同时配备最低512MB显存。

　　（2）推荐配置要求：

　　系统：Windows XP、Vista或者Windows7 32位或64位；

　　内存：最低4GB；

　　显卡：NVidia 460GTX / ATI HD5850以上。

16.1.2 Lumion的初始界面

启动Lumion后出现的窗口为Lumion的初始界面，包含了导航栏和辅助栏（图16-1）。辅助栏在界面的右下角。

图16-1

1. 导航栏

导航栏位于初始界面的上方，由5个图形化按钮构成，它们分别是Home（主菜单）、New（新建）、Example（示例）、Load（加载）、Import（导入）。单击这5个按钮可以打开不同的界面，下面分别进行介绍。

图16-2

（1）Home（主菜单） 单击Home（主菜单）按钮（图16-2），进入Home（主菜单）界面，中文版如图16-3所示，英文版如图16-4所示；该界面主要是对账号和软件的参数进行设置。

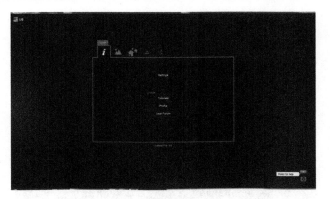

图16-4

在Home（主菜单）界面中单击Settings（设置）按钮，打开Settings（设置）界面。该界面主要对软件的操作方式、图像显示的精度、软件显示的分辨率、图形的单位及账号的授权等参数进行设置（图16-5）。

（2）New（新建） 单击New（新建）按钮（图16-6），进入New（新建）界面（图16-7）；该界面提供了9种不同地貌和天气的场景，单击任意一个场景，可建立相应的场景文件。

（3）Example（示例） 单击Example（示例）按钮（图16-8），进入Example（示例）界面（图16-9）；该界面内包含了官方提供的多个不

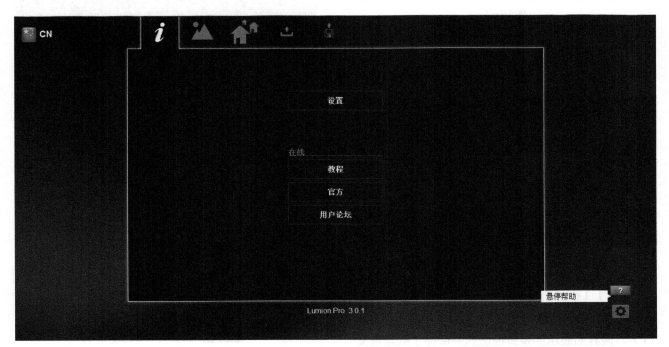

图16-3

同类型的场景，单击任意一个场景，便可打开相应的示例场景。

图16-5

图16-6

图16-7

图16-8

图16-9

（4）Load（加载）　单击Load（加载）按钮（图16-10），进入Load（加载）界面（图16-11），该界面显示的是曾经创建并保存了的场景文件。

图16-10

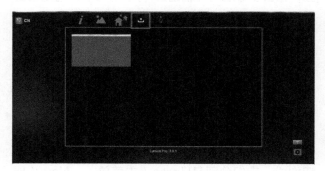

图16-11

（5）Import（导入）　单击Import（导入）按钮（图16-12），进入Import（导入）界面（图16-13），可以导入LS3文件。

图16-12

图16-13

2. 辅助栏

辅助栏位于初始界面的右下角（图16-14）共包含了两个图形化按钮，一个是Help（帮助）按钮（图16-15），帮助用户正确解读界面中各种工具和命令的使用方法（图16-16）。另一个是Settings（设置）按钮（图16-17），单击"设置"按钮可以自定相机目标的命令功能。

相机目标功能如下：

图16-14　　　　图16-15

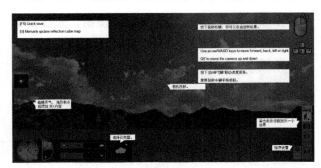

图16-16

图16-18

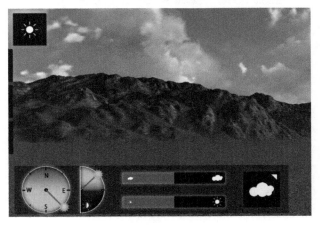

图16-17

<Ctrl> + 鼠标左键：方形选区。

<Alt> + 移动鼠标：复制所选物体。

<W / 上箭头>：向前移动摄像机。

<S / 下箭头>：向后移动摄像机。

<A / 左箭头>：向左移动摄像机。

<D / 右箭头>：向右移动摄像机。

<Q>：向上移动摄像机。

<E>：向下移动摄像机。

<Shift>+ [W/S/A/D/Q/E]：双倍速移动摄像机。

按下鼠标右键 + 移动鼠标 摄像机四处环顾。

按下鼠标中键 + 移动鼠标 平移摄像机。

<F1>：显示质量1。

<F2>：显示质量2。

<F3>：显示质量3。

<F4>：显示质量4。

<F5>：快速保存（自动覆盖）。

图16-19

图16-20

16.1.3 Lumion的操作界面

在导航栏中单击New（新建）按钮，进入New（新建）界面，然后单击选择第5个场景（Flatlands场景），进入Lumion的操作界面（图16-18）。

Lumion的操作界面分为3个部分，分别是"输入系统""输出系统""操作平台"（图16-19~图16-21）。

1. 输入系统

"输入系统"位于操作界面的左下方，主要用于调节天气，建立或调整地形，导入并编辑模型材质、添加物体等。有4个弹出式导航按钮，从上往下分别是：Weather（天气）、Landscape（景观）、Import（导入）和Object（物体）（图16-22）。

图16-21   图16-22

（1）Weather（天气）　单击Weather（天气）按钮，进入天气参数界面（图16-23）。该界面主要用于调节场景中的天气，包括太阳（月亮）的位置、光的亮度、云的密集度和类型等（图16-24～图16-28）。

图16-23

图16-24　　图16-25　　　图16-27　　　图16-28

（2）Landscape（景观）　单击Landscape（景观）按钮，进入景观参数界面（图16-29、图16-30）。该界面主要用于对建立地形、水面、大海以及导入地形和对地面的材质与地貌类型等参数进行调整修改（图16-31～图16-35）。

图16-29

图16-30

图16-31　　图16-32　　图16-33

图16-34　　　图16-35

1）Height（地形修改）。该界面主要用于制作一些简单的地形，对地形进行抬升、降低、平整、抖动、平滑等处理，也可以更改地貌的类型。

◆Raise（抬升）按钮（图16-36），用来抬升地面的高度，使地面隆起形成山体，操作如下：

图16-36

步骤一：单击Raise（抬升）按钮，光标会变成圆形的笔刷形状（图16-37）。

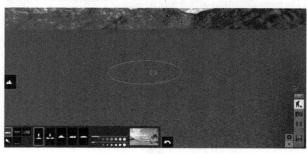

图16-37

步骤二：按住鼠标左键不放，在地面上需要抬升的地方进行拖曳（图16-38）。

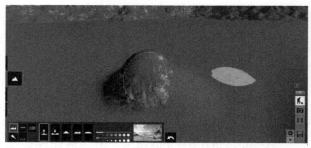

图16-38

◆Lower（降低）按钮（图16-39），用于将地面向下挤压，使地面凹陷，操作如下：

图16-39

步骤一：单击Lower（降低）按钮，光标会变成圆形的笔刷形状（图16-40）。

图16-40

步骤二：按住鼠标左键不放，在地面上需要降低的地方进行拖曳（图16-41）。

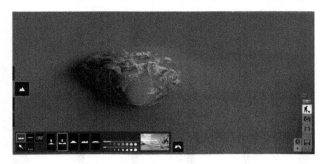

图16-41

◆Flatten（整平）按钮（图16-42），用于将笔刷范围内的地形高差向同一个高度整平，操作如下：

图16-42

步骤一：单击Flatten（整平）按钮，鼠标光标会变成圆形的笔刷形状（图16-43）。

图16-43

步骤二：按住鼠标左键不放，在地面上需要整平的地方进行拖曳（图16-44）。

图16-44

◆Jitter（抖动）按钮（图16-45），用于将笔刷范围内的地形随机上下起伏，操作如下：

图16-45

步骤一：单击Jitter（抖动）按钮，光标会变成圆形的笔刷形状（图16-46）。

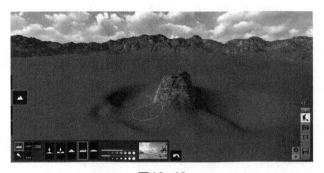

图16-46

步骤二：按住鼠标左键不放，在地面上需要起伏的地方进行拖曳（图16-47）。

图16-47

◆Smooth（平滑）按钮（图16-48），用于柔化笔刷范围内的地形，使地面高差的起伏变得平滑，操作如下：

图16-48

步骤一：单击Smooth（平滑）按钮，光标会变成圆形的笔刷形状（图16-49）。

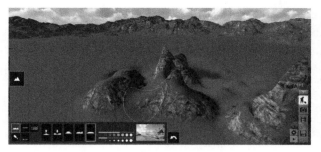

图16-49

步骤二：按住鼠标左键不放，在地面上需要平滑的地方进行拖曳（图16-50）。

图16-50

◆Brush Speed（笔刷速度），用于控制在相同时间内地形变化的程度，从左到右，由小到大。数值越小，变化的速度越小；数值越大，变化的速度也越大。

◆Brush Size（笔刷大小），用于控制笔刷范围的大小。数值越小，笔刷范围越小，地形变化的范围也越小；数值越大，笔刷范围越大，地形变化的范围也越大（图16-51）。

◆Choose landscape（选择景观），选择景观按钮，打开地貌系统列表，包含多种地貌（图16-52），如草地、沙漠、沙石、雪地等（图16-53）。

图16-51　　　　　图16-52

2）Water（水体）。该界面用于在场景中添加、修改、删除平面水体（图16-54）。

图16-53

图16-54

◆Place Object（放置物体）按钮。用于在场景中放置平面水体（图16-55），操作如下：

单击Place Object（放置物体）按钮，在需要添加水体的地方单击鼠标左键，拉出需要的大小（图16-56）。

图16-55

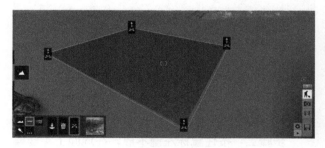

图16-56

◆Delete Object（删除物体）按钮（图16-57），用于删除场景中创建的水体，操作如下：

单击Delete Object（删除物体）按钮，场景中水体中心出现一个灰白色的圆形标记，单击该圆形标记可删除水体（图16-58）。

◆Move Object（修改水体的边界）按钮（图16-59），用于调整水体的边界，改变水体的面积大小，操作如下：

单击Move Object（修改水体的边界）按钮，此时水体的4个角会出现移动标记（图16-60），其中Up（高度修改）（图16-61），用于调整水平面的高低；Stretch（拉伸边界）（图16-62），调整水体的大小。

◆Type（水体类型）按钮（图16-63），单击该按钮可打开水体类型的列表，包括池塘、海水、冰面等（图16-64）。

图16-57

图16-58

图16-59

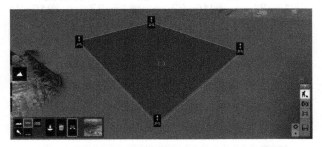

图16-60

图16-61

图16-62

图16-63

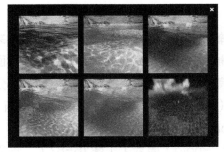

图16-64

3）Ocean（海洋）。该界面主要用于在场景中打开或关闭海洋（图16-65），可以调节波浪强度、风速、水体浊度、海平面高度、风向、颜色预设、模拟发光等。单击Ocean on/off（海洋开/关）按钮（图16-66），打开海洋调节界面（图16-67），在此对海洋参数进行调节。打开海洋开关按

图16-65

钮前如图16-68所示，打开海洋开关后如图16-69所示。

图16-66

图16-67

图16-68

图16-69

4）Color（颜色）。该界面主要是用于调节地形材质、颜色等参数。在一种地貌类型中最多可添加4种材质。选择需要的材质，选择相应的笔刷大小和硬度，在场景地面上刷出材质来（图16-70）。

图16-70

5）Terrain（高级地形），该界面主要用于快速调整和生成地形（图16-71）。

◆Make Flat（整平地形）（图16-72）用于整平地形。

图16-71

◆Make Mountain（创建小型山体）（图16-73），用于创建小型山体。

◆Make Large Mountain（创建巨型山脉）（图16-74），用于创建巨型山脉。

图16-72　　　　图16-73　　　　图16-74

◆Load Terrain Map（载入地形图）（图16-75），用于载入地形图。

◆Save Terrain Map（保存地形图）（图16-76），用于保存地形图。

◆Toggle Rock（打开岩石显示）（图16-77），用于打开岩石显示。

图16-75　　　　图16-76　　　　图16-77

（3）Import（导入）　单击Import（导入）按钮（图16-78），该界面主要用于导入SketchUp、3ds max、Maya等软件导出的模型，并可对模型的材质、位置、大小等参数进行设置。

图16-78

1）Place Object（添置物体）（图16-79），用于将模型文件添加到场景中。

2）Add a new model（导入新模型）（图16-80），用于将外部模型导入Lumion模型库中。

图16-79　　　　图16-80

3）Movie Object（移动模型）（图16-81），用于沿地面移动添加到场景中的模型。

4）Size Object（缩放模型）（图16-82），用于调整模型的尺寸大小。

5）Change height（调整模型高度）（图16-83），用于沿垂直方向移动添加到场景中的模型。

6）Rotate Object（旋转模型）（图16-84），用于以模型坐标原点为旋转轴在场景中旋转模型。

图16-81　　　图16-82　　　图16-83　　　图16-84

（4）Object（物体）　单击Object（物体）按钮（图16-85），打开添加组件的界面，该界面主要用于在场景中添加系统自带的植物、运输工具、音效、特效、建筑、室内配饰、人与动物、灯具和实用工具等组件。

图16-85

2. 输出系统

"输出系统"位于操作界面右下方，用来保存输出静帧图片、制作输出影片动画、保存界面、切换界面等。该界面有3个按钮，从上往下，分别是Photo（照片）、Movie（影片动画）、Homepage（主页）（图16-86）。

1）Photo（照片）（图16-87）。该界面用于将场景中显示的画面渲染为静帧图片。

2）Movie（影片动画）（图16-88）。该界面主要用于将制作好的场景文件进行动画走镜设置，并输出为MP4格式的视频。

3）Homepage（主页）（图16-89）。该界面与初始界面差不多，可新建场景、加载场景、保存场景，导入和导出场景、参数设置等。

图16-86　　　图16-87　　　图16-88　　　图16-89

16.2 导入、导出与保存

Lumion的导入与导出，是指将SketchUp中的模型导入到Lumion中，在Lumion中对导入的模型进行进一步的装饰，以及将Lumion中的画面进行渲染，渲染出静帧图片并导出。导入、导出经常使用，保存场景相比之下较少用到。为了防止出现意外情况，导致数据丢失，所以要养成保存的习惯。

16.2.1 Lumion的导入

1）进入到Lumion的操作界面，单击Import（导入）按钮，再单击Add a new model（导入新模型）（图16-90），此时就会弹出"打开"对话框（图16-91），在该对话框内找到"file2.dae"文件（图16-92）。

图16-90

图16-91

图16-92

2）找到需要导入的模型文件后，单击打开案例将其导入，导入时可以为模型命名。如果导入的是动态组件，可以勾选Import animations（导入动画）选项（图16-93）。

图16-93

3）将模型导入后，在操作平台上光标的位置会出现一个长方形的黄色线框，该线框为导入模型的边界预览（图16-94）。

图16-94

4）在模型需要被放置的地方，单击鼠标左键，便可将模型添加到场景中（图16-95）。

图16-95

16.2.2　Lumion的导出

1）单击操作界面右下角的"拍照模式"按钮，进入渲染图片界面（图16-96）。

图16-96

图16-96的界面主要用于显示画面或者将页面渲染为静帧图片。在此界面占据最大位置的是预览窗口，预览窗口的上面是页面窗口，显示着保存的页面视图（图16-97）。

图16-97

2）预览窗口的下面则是渲染尺寸的窗口，有4种不同的渲染尺寸。单击选择一种渲染尺寸，便可渲染出该尺寸的静帧图片。在页面窗口选中需要渲染的页面，在渲染尺寸窗口里选择一种渲染尺寸，此时便会弹出一个"另存为"对话框，在此对话框中选择图片的导出位置（图16-98）。

16.3　Lumion的简单案例

本案例介绍Lumion的简单应用，如何将SketchUp中的模型导出，导入到Lumion中，并在Lumion中进行进一步的修饰，并渲染出静帧图片。

1）打开SketchUp中要导出的模型，单击菜单栏中的"窗口→模型信息→单位"，将单位改成"毫米"。然后单击菜单栏中的"文件→导出→三维模型"，弹出"输出模型"对话框（图16-100），在此对话框中可以为模型文件命名，用英文和数字命名，输出格式为"COLLADA File（*.dae）"。再单击"输出模型"对话框右下角的"选项"按钮（图16-101），勾取相应选项，单击"确定"按钮。最后单击"输出"按钮。

3）选好导出位置，单击"保存"按钮开始渲染。

图16-98

16.2.3　Lumion的保存

单击"保存"按钮，进入系统的Homepage（主页）（图16-99），保存场景界面，给场景命名，单击右下角的小勾"保存"，即可将场景保存。

图16-99

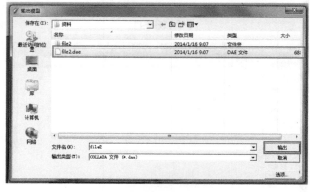

图16-100

2）导出模型后，再选定导出位置（图16-102）中的两个图标，一个是文件夹，里面包含模型在SketchUp中的贴图，另一个则是可以导入到Lumion的DAE文件。

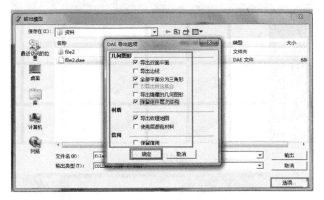

图16-101

图16-102

3）打开Lumion，单击New（新建）按钮，新建场景，单击选择第6个场景（Island场景），进入Lumion的操作界面（图16-103、图16-104）。

图16-103

图16-104

4）把相机目标移动海面上，导入SketchUp的模型，将模型添置到场景中（图16-105）。

图16-105

5）接下来给模型添加一些物件。单击Object（物体）（图16-106），可以在模型上添加一些植物。单击"自然"按钮，再单击"放置对象"按钮（图16-107），单击上方的图片方框，便会出现"自然模型库"（图16-108）。在需要放置植物的地方（图16-109），单击鼠标左键（图16-110），添置好植物。添置其他的植物也是用同样的方法。修饰好后，效果如图16-111所示。

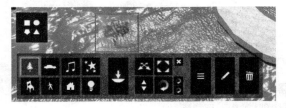

图16-106

图16-107

图16-108

图16-109

图16-110

图16-111

图16-113

图16-114

图16-115

6）当把所有的植物添置好后，还可以添加一些装饰物品，例如太阳伞、座椅、路灯、垃圾桶、自动售卖机、花卉盆栽等，单击"室外"按钮，再单击"放置对象"按钮，单击上方的图片方框（图16-112），便会出现"室外模型库"（图16-113）。装饰效果如图16-114～图16-119所示。

7）添加完装饰物品后，可以在场景中添加人物或者是动物，单击"人和动物"按钮，再单击"放置对象"按钮，再单击上方的图片方框（图

图16-112

图16-116

图16-117

图16-118

图16-123

图16-119

图16-120

图16-124

16-120），便会出现包含人物和动物的"角色模型库"（图16-121）。人物和动物的模型有静态的和动态的，可以按自己喜好挑选，选好了人物，单击鼠标左键，放置到适当的地方。装饰效果如图16-122～图16-126所示。

图16-125

图16-121

图16-122

图16-126

8）还可以添加一些运输工具，例如帆船、快艇、游船等。单击"交通工具"按钮，再单击"放置对象"按钮，单击上方的图片方框（图16-127），便会出现"运输工具模型库"（图16-128）。选好了运输工具，单击鼠标左键，放置到适当的地方。装饰效果如图16-129、图16-130所示。

图16-127

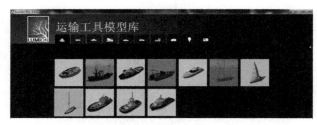

图16-128

图16-129

图16-130

9）场景布置完成，选好角度，按〈Ctrl〉＋0至9，保存10个摄像机位置。0至9，载入所保存的对应的摄像机的位置。按下〈Ctrl〉＋数字时，会

有如同照相的咔嚓声，说明摄像机位置已保存。

10）单击操作界面右下角的"拍照模式"按钮，进入渲染图片的界面中（图16-131）。在页面窗口选中需要渲染的页面，在渲染尺寸窗口选择一种渲染尺寸，弹出"导出位置"对话框，在此对话框中选择图片的导出位置（图16-132）。

图16-131

图16-132

11）选好导出位置，单击"保存"按钮后开始渲染，左下角的数字显示渲染图片的进度。渲染后的图片如图16-133所示。

图16-133